Current Topics in
Developmental Biology
Volume 42

Cumulative Subject Index
Volumes 20–41

Series Editors

Roger A. Pedersen and **Gerald P. Schatten**
Reproductive Genetics Division   Departments of Obstetrics–Gynecology
Department of Obstetrics, Gynecology,   and Cell and Developmental Biology
and Reproductive Sciences   Oregon Regional Primate Research Center
University of California   Oregon Health Sciences University
San Francisco, California 94143   Beaverton, Oregon 97006-3499

Editorial Board

Peter Grüss
Max Planck Institute of Biophysical Chemistry
Göttingen, Germany

Philip Ingham
University of Sheffield, United Kingdom

Mary Lou King
University of Miami, Florida

Story C. Landis
National Institutes of Health/
National Institute of Neurological Disorders and Stroke,
Bethesda, Maryland

David R. McClay
Duke University, Durham, North Carolina

Yoshitaka Nagahama
National Institute for Basic Biology, Okazaki, Japan

Susan Strome
Indiana University, Bloomington, Indiana

Virginia Walbot
Stanford University, Palo Alto, California

Founding Editors

A. A. Moscona
Alberto Monroy

Current Topics in Developmental Biology
Volume 42

Cumulative Subject Index
Volumes 20–41

Edited by

Roger A. Pedersen
*Reproductive Genetics Division
Department of Obstetrics, Gynecology,
  and Reproductive Sciences
University of California
San Francisco, California*

Gerald P. Shatten
*Departments of Obstetrics–Gynecology,
  and Cell and Developmental Biology
Oregon Regional Primate Research Center
Oregon Health Sciences University
Beaverton, Oregon*

Academic Press
San Diego   London   Boston   New York   Sydney   Tokyo   Toronto

This book is printed on acid-free paper. ∞

Copyright © 1999 by ACADEMIC PRESS

All Rights Reserved.
No part of this publication may be reproduced or transmitted in any form or by any means, electronic or mechanical, including photocopy, recording, or any information storage and retrieval system, without permission in writing from the Publisher.
The appearance of the code at the bottom of the first page of a chapter in this book indicates the Publisher's consent that copies of the chapter may be made for personal or internal use of specific clients. This consent is given on the condition, however, that the copier pay the stated per copy fee through the Copyright Clearance Center, Inc. (222 Rosewood Drive, Danvers, Massachusetts 01923), for copying beyond that permitted by Sections 107 or 108 of the U.S. Copyright Law. This consent does not extend to other kinds of copying, such as copying for general distribution, for advertising or promotional purposes, for creating new collective works, or for resale. Copy fees for pre-1998 chapters are as shown on the title pages. If no fee code appears on the title page, the copy fee is the same as for current chapters.
0070-2153/99 $30.00

Academic Press
a division of Harcourt Brace & Company
525 B Street, Suite 1900, San Diego, California 92101-4495, USA
http://www.apnet.com

Academic Press
24-28 Oval Road, London NW1 7DX, UK
http://www.hbuk.co.uk/ap/

International Standard Book Number: 0-12-153142-2

PRINTED IN THE UNITED STATES OF AMERICA
98 99 00 01 02 03 EB 9 8 7 6 5 4 3 2 1

Contents

Contents of Volumes 20–41   vii

Subject Index   1

Contributor Index   193

Contents of Volumes 20–41

Volume 20
Commitment and Instability in Cell Differentiation

Chapter 1 Conversion of Retina Glia Cells into Lenslike Phenotype Following Disruption of Normal Cell Contacts
A. A. Moscona   1

Chapter 2 Instability in Cell Commitment of Vertebrate Pigmented Epithelial Cells and Their Transdifferentiation into Lens Cells
Goro Eguchi   21

Chapter 3 Transdifferentiation of Skeletal Muscle into Cartilage: Transformation or Differentiation?
Mark A. Nathanson   39

Chapter 4 Transdifferentiated Hepatocytes in Rat Pancreas
M. Sambrasiva Rao, Dante G. Scarpelli, and Janardan K. Reddy   63

Chapter 5 Transdifferentiation of Amphibian Chromatophores
Hiroyuki Ide   79

Chapter 6 Multipotentiality in Differentiation of the Pineal as Revealed by Cell Culture
Kenji Watanabe   89

Chapter 7 Transdifferentiation of Endocrine Chromaffin Cells into Neuronal Cells
Masaharu Ogawa, Tomoichi Ishikawa, and Hitoshi Ohta   99

Chapter 8 Neural Crest and Thymic Myoid Cells
Harukazu Nakamura and Christiane Ayer-Le Lièvre   111

Chapter 9 The Potential for Transdifferentiation of Differentiated Medusa Tissues *in Vitro*
Volker Schmid and Hansjürg Alder   117

Chapter 10 The Presence of Extralenticular Crystallins and Its Relationship with Transdifferentiation to Lens
R. M. Clayton, J.-C. Jeanny, D. J. Bower, and L. H. Errington   137

Chapter 11 Dual Regulation of Expression of Exogenous δ-Crystallin Gene in Mammalian Cells: A Search for Molecular Background of Instability in Differentiation
Hisato Kondoh and T. S. Okada   153

Chapter 12 Neurotransmitter Phenotypic Plasticity in the Mammalian Embryo
G. Miller Jonakait and Ira B. Black   165

Chapter 13 Development of Neuronal Properties in Neural Crest Cells Cultured *in Vitro*
Catherine Ziller   177

Chapter 14 Phenotypic Diversification in Neural Crest-Derived Cells: The Time and Stability of Commitment during Early Development
James A. Weston   195

Chapter 15 On Neuronal and Glial Differentiation of a Pluripotent Stem Cell Line, RT4-AC: A Branch Determination
Noboru Sueoka and Kurt Droms   211

Chapter 16 Transitory Differentiation of Matrix Cells and Its Functional Role in the Morphogenesis of the Developing Vertebrate CNS
Setsuya Fujita   223

Chapter 17 Prestalk and Prespore Differentiation during Development of *Dictyostelium discoideum*
Ikuo Takeuchi, Toshiaki Noce, and Masao Tasaka   243

Chapter 18 Transdifferentiation Occurs Continuously in Adult Hydra
Hans Bode, John Dunne, Shelly Heimfeld, Lydia Huang, Lorette Javois, Osamu Koizumi, John Westerfield, and Marcia Yaross   257

Chapter 19 Nematocyte Differentiation in Hydra
Toshitaka Fujisawa, Chiemi Nishimiya, and Tsutomu Sugiyama   281

Chapter 20 The Microenvironment of T and B Lymphocyte Differentiation in Avian Embryos
N. Le Douarin   291

Chapter 21 Differential Commitment of Hemopoietic Stem Cells Localized in Distinct Compartments of Early *Xenopus* Embryos
Chiaki Katagiri, Mitsugu Maéno, and Shin Tochinai   315

Chapter 22 Probable Dedifferentiation of Mast Cells in Mouse Connective Tissues
Yukihiko Kitamura, Takashi Sonoda, Toru Nakano, and Yoshio Kanayama   325

Chapter 23 Instability and Stabilization in Melanoma Cell Differentiation
Dorothy C. Bennett   333

Chapter 24 Differentiation of Embryonal Carcinoma Cells: Commitment, Reversibility, and Refractoriness
Michael I. Sherman   345

Chapter 25 Embryo-Derived Stem Cells: A Tool for Elucidating the Developmental Genetics of the Mouse
Allan Bradley and Elizabeth Robertson   357

Chapter 26 Phenotypic Stability and Variation in Plants
Frederick Meins, Jr.   373

Chapter 27 Flexibility and Commitment in Plant Cells during Development
Daphne J. Osborne and Michael T. McManus   383

Chapter 28 Induction of Embryogenesis and Regulation of the Developmental Pathway in Immature Pollen of *Nicotiana* Species
Hiroshi Harada, Masaharu Kyo, and Jun Imamura   397

Chapter 29 Instability of Chromosomes and Alkaloid Content in Cell Lines Derived from Single Protoplasts of Cultured *Coptis japonica* Cells
Yasuyuki Yamada and Masanobu Mino   409

Volume 21
Neural Development Part IV
Cellular and Molecular Differentiation

Chapter 1 Cell Patterning in Vertebrate Development: Models and Model Systems
Lawrence Bodenstein and Richard L. Sidman   1

Chapter 2 Position-Dependent Cell Interactions and Commitments in the Formation of the Leech Nervous System
Marty Shankland   31

Chapter 3 Roles of Cell Lineage in the Developing Mammalian Brain
Karl Herrup   65

Chapter 4 The Insect Nervous System as a Model System for the Study of Neuronal Death
James W. Truman   99

Chapter 5 Brain-Specific Genes: Strategies and Issues
Robert J. Milner, Floyd E. Bloom, and J. Gregor Sutcliffe   117

Chapter 6 Changes in Intermediate Filament Composition during Neurogenesis
Gudrun S. Bennett   151

Chapter 7 Plasmalemmal Properties of the Sprouting Neuron
Karl H. Pfenninger   185

Chapter 8 Carbonic Anhydrase: The First Marker of Glial Development
Ezio Giacobini   207

Chapter 9 Changes in Axonal Transport and Glial Proteins during Optic Nerve Regeneration in *Xenopus laevis*
Ben G. Szaro and Y. Peng Loh   217

Chapter 10 Monoclonal Antibody Approaches to Neurogenesis
Shinobu C. Fujita   255

Chapter 11 Synapse Formation in Retina Is Influenced by Molecules That Identify Cell Position
David Trisler   277

Chapter 12 Axon–Target Cell Interactions in the Developing Auditory System
Thomas N. Parks, Hunter Jackson, and John W. Conlee   309

Chapter 13 Neural Reorganization and Its Endocrine Control during Insect Metamorphosis
Richard B. Levine   341

Chapter 14 Norepinephrine Hypothesis for Visual Cortical Plasticity: Thesis, Antithesis, and Recent Development
Takuji Kasamatsu   367

Contents of Volumes 20–41   xi

Chapter 15 Development of the Noradrenergic, Serotonergic, and Dopaminergic Innervation of Neocortex
Stephen L. Foote and John H. Morrison   391

Volume 22
The Molecular and Developmental Biology of Keratins

Chapter 1 Introduction
Howard Green   1

Chapter 2 The Human Keratin Genes and Their Differential Expression
Elaine Fuchs, Angela L. Tyner, George J. Giudice, Douglas Marchuk, Amlan RayChaudhury, and Marjorie Rosenberg   5

Chapter 3 Expression and Modification of Keratins during Terminal Differentiation of Mammalian Epidermis
P. E. Bowden, H.-J. Stark, D. Breitkreutz, and N. E. Fusenig   35

Chapter 4 The Experimental Manipulation of Keratin Expression and Organization in Epithelial Cells and Somatic Cell Hybrids
Loren W. Knapp and Clive L. Bunn   69

Chapter 5 Patterns of Keratin Expression Define Distinct Pathways of Epithelial Development and Differentiation
W. Michael O'Guin, Sharon Galvin, Alexander Schermer, and Tung-Tien Sun   97

Chapter 6 Development Expression of Human Epidermal Keratins and Filaggrin
Beverly A. Dale and Karen A. Holbrook   127

Chapter 7 Cytokeratins in Oocytes and Preimplantation Embryos of the Mouse
Eero Lehtonen   153

Chapter 8 Role of Epidermal Growth Factor in Embryonic Development
Robert M. Pratt   175

Chapter 9 Regulation of Keratin Gene Expression during Differentiation of Epidermal and Vaginal Epithelial Cells
Dennis R. Roop   195

Chapter 10 Abnormal Development in the Skin of the Pupoid Fetus (*pf/pf*) Mutant Mouse: Abnormal Keratinization, Recovery of a Normal Phenotype, and Relationship to the Repeated Epilation (*Er/Er*) Mutant Mouse
Chris Fisher   209

Chapter 11 Expression of β–Keratin Genes during Development of Avian Skin Appendages
Rose B. Shames and Roger H. Sawyer   235

Chapter 12 Concluding Remarks and Future Directions
A. Gedeon Matoltsy   255

Volume 23
Recent Advances in Mammalian Development

Chapter 1 Mammalian Development Futures, 1987
C. F. Graham   1

Chapter 2 Cytoskeletal Alterations and Nuclear Architectural Changes during Mammalian Fertilization
Gerald Schatten and Heide Schatten   23

Chapter 3 Development Potency of Gametic and Embryonic Genomes Revealed by Nuclear Transfer
John Aronson and Davor Solter   55

Chapter 4 Ovum Factor and Early Pregnancy Factor
Halle Morton, Barbara E. Rolfe, and Alice C. Cavanagh   73

Chapter 5 Development of the Human Preimplantation Embryo *in Vitro*
Virginia N. Bolton and Peter R. Braude   93

Chapter 6 Cell Lineage Analysis in Mammalian Embryogenesis
J. Rossant   115

Chapter 7 Cellular Interactions of Mouse Fetal Germ Cells in *in Vitro* Systems
Massimo De Felici and Susanna Dolci   147

Chapter 8 Testis Determination and the H–Y Hypothesis
Anne McLaren   163

Chapter 9 Cell Heterogeneity in the Myogenic Lineage
Giulio Cossu and Mario Molinaro   185

Chapter 10 Immunological Aspects of Implantation and Fetal Survival: The Central Role of Trophoblast
W. D. Billington   209

Chapter 11 Homeo Box Genes in Murine Development
Allen A. Fienberg, Manuel F. Utset, Leonard D. Bogarad, Charles P. Hart, Alexander Awgulewitsch, Anne Ferguson-Smith, Abraham Fainsod, Mark Rabin, and Frank H. Ruddle   233

Volume 24
Growth Factors and Development

Chapter 1 Developmental Activities of the Epidermal Growth Factor Receptor
Eileen D. Adamson   1

Chapter 2 Epidermal Growth Factor and Transforming Growth Factor-α in the Development of Epithelial–Mesenchymal Organs of the Mouse
Anna-Maija Partanen   31

Chapter 3 Fibroblast Growth Factor and Its Involvement in Developmental Processes
Denis Gospodarowicz   57

Chapter 4 Transforming Growth Factor-β and Its Actions on Cellular Growth and Differentiation
Marit Nilsen-Hamilton   95

Chapter 5 The Insulin Family of Peptides in Early Mammalian Development
Susan Heyner, Martin Farber, and I. Y. Rosenblum   137

Chapter 6 Nerve Growth Factor and the Issue of Mitosis in the Nervous System
I. B. Black, E. DiCicco-Bloom, and C. F. Dreyfus   161

Chapter 7 Developmental Roles for Growth Factor-Regulated Secreted Proteins
Richard T. Hamilton and Albert J. T. Millis   193

Chapter 8 Growth Factor-Regulated Proteases and Extracellular Matrix Remodeling during Mammalian Development
Lynn M. Matrisian and Brigid L. M. Hogan   249

Chapter 9 The Role of Growth Factors in Embryonic Induction in Amphibians
Igor B. Dawid, Thomas D. Sargent, and Frédéric Rosa   261

Chapter 10 Homologs of Vertebrate Growth Factors in *Drosophila melanogaster* and Other Invertebrates
Marc A. T. Muskavitch and F. Michael Hoffmann   289

Volume 25

Chapter 1 How Do Sperm Activate Eggs?
Richard Nuccitelli   1

Chapter 2 Dorsal–Ventral Pattern Formation in the *Drosophila* Embryo: The Role of Zygotically Active Genes
Edwin L. Ferguson and Kathryn V. Anderson   17

Chapter 3 Inducing Factors and the Mechanism of Body Pattern Formation in Vertebrate Embryos
Jonathan Cooke   45

Chapter 4 Patterning of Body Segments of the Zebrafish Embryo
Charles B. Kimmel, Thomas F. Schilling, and Kohei Hatta   77

Chapter 5 Proteoglycans in Development
Paul F. Goetinck   111

Chapter 6 Sequential Segregation and Fate of Developmentally Restricted Intermediate Cell Populations in the Neural Crest Lineage
James A. Weston   133

Chapter 7 Development of Mouse Hematopoietic Lineages
Shelly Heimfeld and Irving L. Weissman   155

Chapter 8 Control of Cell Lineage and Cell Fate during Nematode Development
Paul W. Sternberg   177

Volume 26
Cytoskeleton in Development

Introduction
Elaine L. Bearer   1

Chapter 1 Actin Organization in the Sea Urchin Egg Cortex
Annamma Spudich   9

Contents of Volumes 20–41　　　　　　　　　　　　　　　　　　　　　　xv

Chapter 2　Localization of *bicoid* Message during *Drosophila* Oogenesis
Edwin C. Stephenson and Nancy J. Pokrywka　23

Chapter 3　Actin and Actin-Associated Proteins in *Xenopus* Eggs and Early Embryos: Contribution to Cytoarchitecture and Gastrulation
Elaine L. Bearer　35

Chapter 4　Microtubules and Cytoplasmic Reorganization in the Frog Egg
Evelyn Houliston and Richard P. Elinson　53

Chapter 5　Microtubule Motors in the Early Sea Urchin Embryo
Brent D. Wright and Jonathan M. Scholey　71

Chapter 6　Assembly of the Intestinal Brush Border Cytoskeleton
Matthew B. Heintzelman and Mark S. Mooseker　93

Chapter 7　Development of the Chicken Intestinal Epithelium
Salim N. Mamajiwalla, Karl R. Fath, and David R. Burgess　123

Chapter 8　Developmental Regulation of Sarcomeric Gene Expression
Charles P. Ordahl　145

Volume 27

Chapter 1　Determination to Flower in *Nicotiana*
Carl N. McDaniel　1

Chapter 2　Cellular Basis of Amphibian Gastrulation
Ray Keller and Rudolf Winklbauer　39

Chapter 3　Role of the Extracellular Matrix in Amphibian Gastrulation
Kurt E. Johnson, Jean-Claude Boucaut, and Douglas W. DeSimone　91

Chapter 4　Role of Cell Rearrangement in Axial Morphogenesis
Gary C. Schoenwolf and Ignacio S. Alvarez　129

Chapter 5　Mechanisms Underlying the Development of Pattern in Marsupial Embryos
Lynne Selwood　175

Chapter 6　Experimental Chimeras: Current Concepts and Controversies in Normal Development and Pathogenesis
Y. K. Ng and P. M. Iannaccone　235

Chapter 7　Genetic Analysis of Cell Division in *Drosophila*
Pedro Ripoll, Mar Carmena, and Isabel Molina　275

Chapter 8 Retinoic Acid Receptors: Transcription Factors Modulating Gene Regulation, Development, and Differentiation
Elwood Linney   309

Chapter 9 Transcription Factors and Mammalian Development
Corrinne G. Lobe   351

Volume 28

Chapter 1 Lateral Inhibition and Pattern Formation in *Dictyostelium*
William F. Loomis   1

Chapter 2 Genetic and Molecular Analysis of Leaf Development
Neelima Sinha, Sarah Hake, and Michael Freeling   47

Chapter 3 *Drosophila* Cell Adhesion Molecules
Thomas A. Bunch and Danny L. Brower   81

Chapter 4 Cell Cycle Control during Mammalian Oogenesis
Dineli Wickramasinghe and David F. Albertini   126

Chapter 5 Axis Determination in the Avian Embryo
Oded Khaner   155

Chapter 6 Gene and Enhancer Trapping: Mutagenic Strategies for Developmental Studies
David P. Hill and Wolfgang Wurst   181

Volume 29

Chapter 1 Homeobox Gene Expression during Development of the Vertebrate Brain
John L. R. Rubenstein and Luis Puelles   1

Chapter 2 Homeobox and *pax* Genes in Zebrafish Development
Anders Fjose   65

Chapter 3 Evolution of Developmental Mechanisms: Spatial and Temporal Modes of Rostrocaudal Patterning
David A. Weisblat, Cathy J. Wedeen, and Richard G. Kostriken   101

Chapter 4 Axonal Guidance from Retina to Tectum in Embryonic *Xenopus*
Chi-Bin Chien and William A. Harris   135

Contents of Volumes 20–41   xvii

Chapter 5 The *in Vivo* Roles of Müllerian-Inhibiting Substance
Richard R. Behringer   171

Chapter 6 Growth Factor Regulation of Mouse Primordial Germ Cell Development
Peter J. Donovan   189

Chapter 7 Mechanisms of Genomic Imprinting in Mammals
Joseph D. Gold and Roger A. Pedersen   227

Chapter 8 Mechanisms of Nondisjunction in Mammalian Meiosis
Ursula Eichenlaub-Ritter   281

Chapter 9 Timing of Events during Flower Organogenesis: *Arabidopsis* as a Model System
Elizabeth M. Lord, Wilson Crone, and Jeffrey P. Hill   325

Volume 30

Chapter 1 Sperm–Egg Recognition Mechanisms in Mammals
Paul M. Wassarman and Eveline S. Litscher   1

Chapter 2 Molecular Basis of Mammalian Egg Activation
Richard M. Schultz and Gregory S. Kopf   21

Chapter 3 Mechanisms of Calcium Regulation in Sea Urchin Eggs and Their Activities during Fertilization
Sheldon S. Shen   65

Chapter 4 Regulation of Oocyte Growth and Maturation in Fish
Yoshitaka Nagahama, Michiyasu Yoshikuni, Masakane Yamashita, Toshinobu Tokumoto, and Yoshinao Katsu   103

Chapter 5 Nuclear Transplantation in Mammalian Eggs and Embryos
Fang Zhen Sun and Robert M. Moor   147

Chapter 6 Transgenic Fish in Aquaculture and Developmental Biology
Zhiyuan Gong and Choy L. Hew   177

Chapter 7 Axis Formation during Amphibian Oogenesis: Re-evaluating the Role of the Cytoskeleton
David L. Gard   215

Chapter 8 Specifying the Dorsoanterior Axis in Frogs: 70 Years since Spemann and Mangold
Richard P. Elinson and Tamara Holowacz   253

Volume 31
Cytoskeletal Mechanisms during Animal Development

Section I
Cytoskeletal Mechanisms in Nonchordate Development

Chapter 1 Cytoskeleton, Cellular Signals, and Cytoplasmic Localization in *Chaetopterus* Embryos
William R. Eckberg and Winston A. Anderson   5

Chapter 2 Cytoskeleton and Ctenophore Development
Evelyn Houliston, Danièle Carré, Patrick Chang, and Christian Sardet   41

Chapter 3 Sea Urchin Microtubules
Kathy A. Suprenant and Melissa A. Foltz Daggett   65

Chapter 4 Actin–Membrane Cytoskeletal Dynamics in Early Sea Urchin Development
Edward M. Bonder and Douglas J. Fishkind   101

Chapter 5 RNA Localization and the Cytoskeleton in *Drosophila* Oocytes
Nancy Jo Pokrywka   139

Chapter 6 Role of the Actin Cytoskeleton in Early *Drosophila* Development
Kathryn G. Miller   167

Chapter 7 Role of the Cytoskeleton in the Generation of Spatial Patterns in *Tubifex* Eggs
Takashi Shimizu   197

Section II
Cytoskeletal Mechanisms in Chordate Development

Chapter 8 Development and Evolution of an Egg Cytoskeletal Domain in Ascidians
William R. Jeffery   243

Chapter 9 Remodeling of the Specialized Intermediate Filament Network in Mammalian Eggs and Embryos during Development: Regulation by Protein Kinase C and Protein Kinase M
G. Ian Gallicano and David G. Capco   277

Chapter 10 Mammalian Model Systems for Exploring Cytoskeletal Dynamics during Fertilization
Christopher S. Navara, Gwo-Jang Wu, Calvin Simerly, and Gerald Schatten   321

Chapter 11 Cytoskeleton in Teleost Eggs and Early Embryos: Contributions to Cytoarchitecture and Motile Events
Nathan H. Hart and Richard A. Fluck   373

Chapter 12 Confocal Immunofluorescence Microscopy of Microtubules, Microtubule-Associated Proteins, and Microtubule-Organizing Centers during Amphibian Oogenesis and Early Development
David L. Gard, Byeong Jik Cha, and Marianne M. Schroeder   383

Chapter 13 Cortical Cytoskeleton of the *Xenopus* Oocyte, Egg, and Early Embryo
Carolyn A. Larabell   433

Chapter 14 Intermediate Filament Organization, Reorganization, and Function in the Clawed Frog *Xenopus*
Michael W. Klymkowsky   455

Volume 32

Chapter 1 The Role of *SRY* in Cellular Events Underlying Mammalian Sex Determination
Blanche Capel   1

Chapter 2 Molecular Mechanisms of Gamete Recognition in Sea Urchin Fertilization
Kay Ohlendieck and William J. Lennarz   39

Chapter 3 Fertilization and Development in Humans
Alan Trounson and Ariff Bongso   59

Chapter 4 Determination of Xenopus Cell Lineage by Maternal Factors and Cell Interactions
Sally Moody, Daniel V. Bauer, Alexandra M. Hainski, and Sen Huang   103

Chapter 5 Mechanisms of Programmed Cell Death in *Caenorhabditis elegans* and Vertebrates
Masayuki Miura and Junying Yuan   139

Chapter 6 Mechanisms of Wound Healing in the Embryo and Fetus
Paul Martin   175

Chapter 7 Biphasic Intestinal Development in Amphibians: Embryogenesis and Remodeling during Metamorphosis
Yun-Bo Shi and Atsuko Ishizuya-Oka 205

Volume 33

Chapter 1 MAP Kinases in Mitogenesis and Development
James E. Ferrell, Jr. 1

Chapter 2 The Role of the Epididymis in the Protection of Spermatozoa
Barry T. Hinton, Michael A. Palladino, Daniel Rudolph, Zi Jian Lan, and Jacquelyn C. Labus 61

Chapter 3 Sperm Competition: Evolution and Mechanisms
T. R. Birkhead 103

Chapter 4 The Cellular Basis of Sea Urchin Gastrulation
Jeff Hardin 159

Chapter 5 Embryonic Stem Cells and *in Vitro* Muscle Development
Robert K. Baker and Gary E. Lyons 263

Chapter 6 The Neuronal Centrosome as a Generator of Microtubules for the Axon
Peter W. Baas 281

Volume 34

Chapter 1 *SRY* and Mammalian Sex Determination
Andy Greenfield and Peter Koopman 1

Chapter 2 Transforming Sperm Nuclei into Male Pronuclei *in Vivo* and *in Vitro*
D. Poccia and P. Collas 25

Chapter 3 Paternal Investment and Intracellular Sperm–Egg Interactions during and Following Fertilization in *Drosophila*
Timothy L. Karr 89

Chapter 4 Ion Channels: Key Elements in Gamete Signaling
Alberto Darszon, Arturo Liévano, and Carmen Beltrán 117

Chapter 5 Molecular Embryology of Skeletal Myogenesis
Judith M. Venuti and Peter Cserjesi 169

Chapter 6 Developmental Programs in Bacteria
Richard C. Roberts, Christian D. Mohr, and Lucy Shapiro   207

Chapter 7 Gametes and Fertilization in Flowering Plants
Darlene Southworth   259

Volume 35

Chapter 1 Life and Death Decisions Influenced by Retinoids
Melissa B. Rogers   1

Chapter 2 Developmental Modulation of the Nuclear Envelope
Jun Liu, Jacqueline M. Lopez, and Mariana F. Wolfner   47

Chapter 3 The EGFR Gene Family in Embryonic Cell Activities
Eileen D. Adamson and Lynn M. Wiley   71

Chapter 4 The Development and Evolution of Polyembronic Insects
Michael R. Strand and Miodrag Grbić   121

Chapter 5 β-Catenin Is a Target for Extracellular Signals Controlling Cadherin Function: The Neurocan–GalNAcPTase Connection
Jack Lilien, Stanley Hoffman, Carol Eisenberg, and Janne Balsamo   161

Chapter 6 Neural Induction in Amphibians
Horst Grunz   191

Chapter 7 Paradigms to Study Signal Transduction Pathways in *Drosophila*
Lee Engstrom, Elizabeth Noll, and Norbert Perrimon   229

Volume 36
Cellular and Molecular Procedures in Developmental Biology

Chapter 1 The Avian Embryo as a Model in Developmental Studies: Chimeras and *in Vitro* Clonal Analysis
Elisabeth Dupin, Catherine Ziller, and Nicole M. Le Douarin   1

Chapter 2 Inhibition of Gene Expression by Antisense Oligonucleotides in Chick Embryos *in Vitro* and *in Vivo*
Aixa V. Morales and Flora de Pablo   37

Chapter 3 Lineage Analysis Using Retroviral Vectors
Constance L. Cepko, Elizabeth Ryder, Christopher Austin, Jeffrey Golden, and Shawn Fields-Berry   51

Chapter 4 Use of Dominant Negative Constructs to Modulate Gene Expression
Giorgio Lagna and Ali Hemmati-Brivanlou   75

Chapter 5 The Use of Embryonic Stem Cells for the Genetic Manipulation of the Mouse
Miguel Torres   99

Chapter 6 Organoculture of Otic Vesicle and Ganglion
Juan J. Garrido, Thomas Schimmang, Juan Represa, and Fernando Giráldez   115

Chapter 7 Organoculture of the Chick Embryonic Neuroretina
Enrique J. de la Rosa, Begoña Díaz, and Flora de Pablo   133

Chapter 8 Embryonic Explant and Slice Preparations for Studies of Cell Migration and Axon Guidance
Catherine E. Krull and Paul M. Kulesa   145

Chapter 9 Culture of Avian Sympathetic Neurons
Alexander v. Holst and Hermann Roher   161

Chapter 10 Analysis of Gene Expression in Cultured Primary Neurons
Ming-Ji Fann and Paul H. Patterson   183

Chapter 11 Selective Aggregation Assays for Embryonic Brain Cells and Cell Lines
Shinichi Nakagawa, Hiroaki Matsunami, and Masatoshi Takeichi   197

Chapter 12 Flow Cytometric Analysis of Whole Organs and Embryos
José Serna, Belén Pimentel, and Enrique J. de la Rosa   211

Chapter 13 Detection of Multiple Gene Products Simultaneously by *in Situ* Hybridization and Immunohistochemistry in Whole Mounts of Avian Embryos
Claudio D. Stern   223

Chapter 14 Cloning of Genes from Single Neurons
Catherine Dulac   245

Chapter 15 Methods for Detecting and Quantifying Apoptosis
Nicola J. McCarthy and Gerard I. Evan   259

Chapter 16 Methods in *Drosophila* Cell Cycle Biology
Fabian Feiguin, Salud Llamazares, and Cayetano González   279

Chapter 17 Single Central Nervous System Neurons in Culture
Juan Lerma, Miguel Morales, and María de los Angeles Vicente   293

Chapter 18 Patch-Clamp Recordings from *Drosophila* Presynaptic Terminals
Manuel Martínez-Padrón and Alberto Ferrús   303

Volume 37
Meiosis and Gametogenesis

Chapter 1 Recombination in the Mammalian Germ Line
Douglas L. Pittman and John C. Schimenti   1

Chapter 2 Meiotic Recombination Hotspots: Shaping the Genome and Insights into Hypervariable Minisatellite DNA Change
Wayne P. Wahls   37

Chapter 3 Pairing Sites and the Role of Chromosome Pairing in Meiosis and Spermatogenesis in Male *Drosophila*
Bruce D. McKee   77

Chapter 4 Functions of DNA Repair Genes during Meiosis
W. Jason Cummings and Miriam E. Zolan   117

Chapter 5 Gene Expression during Mammalian Meiosis
E. M. Eddy and Deborah A. O'Brien   141

Chapter 6 Caught in the Act: Deducing Meiotic Function from Protein Immunolocalization
Terry Ashley and Annemieke Plug   201

Chapter 7 Chromosome Cores and Chromatin at Meiotic Prophase
Peter B. Moens, Ronald E. Pearlman, Walther Traut, and Henry H. Q. Heng   241

Chapter 8 Chromosome Segregation during Meiosis: Building an Unambivalent Bivalent
Daniel P. Moore and Terry L. Orr-Weaver   263

Chapter 9 Regulation and Execution of Meiosis in *Drosophila* Males
Jean Maines and Steven Wasserman   301

Chapter 10 Sexual Dimorphism in the Regulation of Mammalian Meiosis
Mary Ann Handel and John J. Eppig   333

Chapter 11 Genetic Control of Mammalian Female Meiosis
Patricia A. Hunt and Renée LeMaire-Adkins   359

Chapter 12 Nondisjunction in the Human Male
Terry J. Hassold   383

Volume 38

Chapter 1 Paternal Effects in *Drosophila:* Implications for Mechanisms of Early Development
Karen R. Fitch, Glenn K. Yasuda, Kelly N. Owens, and Barbara T. Wakimoto   1

Chapter 2 *Drosophila* Myogenesis and Insights into the Role of *nautilus*
Susan M. Abmayr and Cheryl A. Keller   35

Chapter 3 Hydrozoa Metamorphosis and Pattern Formation
Stefan Berking   81

Chapter 4 Primate Embryonic Stem Cells
James A. Thomson and Vivienne S. Marshall   133

Chapter 5 Sex Determination in Plants
Charles Ainsworth, John Parker, and Vicky Buchanan-Wollaston   167

Chapter 6 Somitogenesis
Achim Gossler and Martin Hrabě de Angelis   225

Volume 39

Chapter 1 The Murine Allantois
Karen M. Downs   1

Chapter 2 Axial Relationships between Egg and Embryo in the Mouse
R. L. Gardner   35

Chapter 3 Maternal Control of Pattern Formation in Early *Caenorhabditis elegans* Embryos
Bruce Bowerman   73

Chapter 4 Eye Development in *Drosophila:* Formation of the Eye Field and Control of Differentiation
Jessica E. Treisman and Ulrike Heberlein   119

Chapter 5 The Development of Voltage-Gated Ion Channels and Its Relation to Activity-Dependent Developmental Events
William J. Moody   159

Chapter 6 Molecular Regulation of Neuronal Apoptosis
Santosh R. D'Mello   187

Chapter 7 A Novel Protein for Ca^{2+} Signaling at Fertilization
J. Parrington, F. A. Lai, and K. Swann   215

Chapter 8 The Development of the Kidney
Jonathan Bard   245

Volume 40

Chapter 1 Homeobox Genes in Cardiovascular Development
Kristin D. Patterson, Ondine Cleaver, Wendy V. Gerber, Matthew W. Grow, Craig S. Newman, and Paul A. Krieg   1

Chapter 2 Social Insect Polymorphism: Hormonal Regulation of Plasticity in Development and Reproduction in the Honeybee
Klaus Hartfelder and Wolf Engels   45

Chapter 3 Getting Organized: New Insights into the Organizer of Higher Vertebrates
Jodi L. Smith and Gary C. Schoenwolf   79

Chapter 4 Retinoids and Related Signals in Early Development of the Vertebrate Central Nervous System
A. J. Durston, J. van der Wees, W. W. M. Pijnappel, and S. F. Godsave   111

Chapter 5 Neural Crest Development: The Interplay between Morphogenesis and Cell Differentiation
Carol A. Erickson and Mark V. Reedy   177

Chapter 6 Homeoboxes in Sea Anemones and Other Nonbilaterian Animals: Implications for the Evolution of the Hox Cluster and the Zootype
John R. Finnerty   211

Chapter 7 The Conflict Theory of Genomic Imprinting: How Much Can Be Explained?
Yoh Iwasa   255

Volume 41

Chapter 1 Pattern Formation in Zebrafish—Fruitful Liaisons between Embryology and Genetics
Lilianna Solnica-Krezel   1

Chapter 2 Molecular and Cellular Basis of Pattern Formation during Vertebrate Limb Development
Jennifer K. Ng, Koji Tamura, Dirk Büscher, and Juan Carlos Izpisúa-Belmonte   37

Chapter 3 Wise, Winsome, or Weird? Mechanisms of Sperm Storage in Female Animals
Deborah M. Neubaum and Mariana F. Wolfner   67

Chapter 4 Developmental Genetics of *Caenorhabditis elegans* Sex Determination
Patricia E. Kuwabara   99

Chapter 5 Petal and Stamen Development
Vivian F. Irish   133

Chapter 6 Gonadotropin-Induced Resumption of Oocyte Meiosis and Meiosis-Activating Sterols
Claus Yding Andersen, Mogens Baltsen, and Anne Grete Byskov   163

Subject Index

A

Abbreviations, epidermal growth factor receptor genes, **35:**110–111
Abdominal ganglia, neural reorganization, **21:**345, 352
Abdominal musculature, motor neuron recycling, **21:**345–346, 348–349
  dendritic growth, **21:**350
  gin-trap reflex, **21:**358
AB genes
  blastomere identity control, **39:**91–92
  cytoskeleton polarization, **39:**80, 87–89
Abortion
  genomic imprinting, dose-dependent effects, **40:**271–273
  induction, EPF disappearance in serum, **23:**79, 82
  spontaneous recurrent, immunotherapeutic treatment
    antigen involvement, **23:**227
    pregnancy-depleted immunoregulatory factor, **23:**228
Abscisic acid
  cell line culture in, *Coptis japonica*, **20:**410–416
  effect on leaf morphology, **28:**70
  pollen embryogenesis induction, tobacco, **20:**401
Abscission zone, dwarf bean
  ethylene induction
    B-1, 4-glucanhydrolase, **20:**389, 391–392
      inhibition by auxin, **20:**390–392
    dictyosome conformation, auxin effect, **20:**391–392
    specific antigen, **20:**390
    secondary in cortical parenchyma, induction by auxin, **20:**393–394
Ab-TOP, synapse formation in retina
  distribution, **21:**298–300
  gradient, duration, **21:**300–301
  overview, **21:**306–307

A23187 calcium ionophore
  acrosome reaction induction, **32:**65–66
  axonal guidance studies, **29:**161
  sea urchin egg activation, **30:**65
Acetylcholine
  brain-specific genes, **21:**147
  egg activation role, **30:**40
    treatment of egg, **30:**40–41
  neural crest cells on cell-free medium, **20:**187
  trunk and cephalic crest cultures, **20:**179–181
Acetylcholine receptors
  muscarinic, ml, human, **30:**40
  sarcomeric gene expression, **26:**152–153, 156–157, 164
  satellite cells, muscle, **23:**195–196
Acetylcholinesterase
  brain neuron clusters expressing, **29:**83
  sarcomeric gene expression, **26:**152
Acidic epididymal glycoprotein, mRNA expression, **33:**64–66
Acid phosphatase 2, isozyme in prestalk cells, *Dictyostelium discoideum*, **20:**245
Acp36DE, female sperm storage role, **41:**87–88
Acrodysplasia, transgene methylation, **29:**252
Acrosome reaction
  description, **30:**33
  human sperm, **32:**64–67
  inositol 1,4,5-triphosphate effect, **30:**31
  invertebrate sperm, **23:**24–25
  ion channel signaling, **34:**131–144
    mammals, **34:**137–144
    sea urchin, **34:**131–136
    starfish, **34:**136–137
  mammalian sperm, **23:**25–26
  phorbol diester treatment, **30:**33
  sea urchin sperm, **32:**44–45, 47, 49
  species specificity, **30:**11
  sperm ZP3-binding site, **30:**10, 12, 23
Acrosomes
  calcium release, **30:**85–86
  egg receptors in sperm, **30:**49

1

Actin
　anural developers, **31**:266
　assembly in microfilaments
　　fertilization
　　　not required for sperm incorporation, **23**:26–29, 31, 38
　　　required for pronuclear apposition, **23**:28–30, 38–39
　　sperm during fertilization
　　　not required in mouse, **23**:26, 29
　　　required in invertebrates, **23**:24–26
　　unfertilized, dynamics, **23**:31–34
　axis formation, **30**:231
　bicoid message localization, **26**:28
　brush border cytoskeleton, **26**:94–98, 112–113, 115
　　differentiation, **26**:109–110
　　embrayogenesis, **26**:102, 104–107
　cables, **31**:390–391
　cadherin control, *see* Cadherins
　cardiac, **26**:153, 155–157, 160, 164
　chicken intestinal epithelium, **26**:126, 129, 131–135, 137
　component of unfertilized egg, **31**:344–348
　cortical, *Xenopus* oocytes, **31**:435–436, 443–444, 446–447
　cross-linking proteins, **31**:111–115
　cytokeratins, **22**:156
　cytoskeleton
　　cortical, developmental role, **31**:204–221
　　dynamics during egg fertilization, **31**:104–107
　　positional information, **26**:2–3
　　role in early *Drosophila* development, **31**:167–193
　　sarcomeric gene expression, **26**:153, 155–159, 164
　　subcortical, developmental role, **31**:223–225
　epidermal growth factor receptor gene response, **35**:104
　experimental manipulation, **22**:72, 78
　filamentous
　　actin-binding proteins, **26**:41
　　actin organization in sea urchin egg cortex, **26**:11, 16
　　brush border cytoskeleton, **26**:95–96, 104–107, 109
　　bundles
　　　early embryo, **31**:170
　　　equatorial, **31**:210–211

　　　marginal cell cortex, **31**:368
　　　ring, **31**:207–208, 222
　　cell organization, **30**:231, 242, 244
　　chicken intestinal epithelium, **26**:134, 136
　　contractile arcs, **31**:218–220
　　contractile ring, **31**:218–220
　　cortical
　　　bipolar organization, **31**:202–204
　　　reorganization, **31**:206–207
　　　reorganization upon activation, **31**:200–202
　　cortical network formation, **31**:281–282
　　endoplasmic population, **31**:105
　　epiboly, **31**:365–368
　　fibers, within cytoplasmic islands, **31**:170–171
　　identification with rhodamine-phalloidin, **31**:345–348
　　microfilaments, **31**:355–356
　　microtubles and intermediate filament interactions, **31**:463
　　oocyte polarity, **30**:222–223, 226
　　reorganization, **31**:349–350
　　required for endocytosis, **31**:393–394
　　subcortical, distribution changes, **31**:224
　　visualization, **31**:339
　gastrulation, **26**:4
　human keratin gene expression, **22**:5, 7
　inhibition, nondisjunction, **29**:304–305
　intermediate filament composition, **21**:152–153
　lattice
　　contractions, **31**:215
　　polar cortical, during early cleavage, **31**:221–223
　membrane
　　cross-linking proteins, **31**:111–115, 221–223
　　dynamics during early embryogenesis, **31**:115–123
　　reorganization, **31**:102–104
　monomeric
　　actin organization in sea urchin egg cortex, **26**:11, 15–16
　　brush border cytoskeleton, **26**:105–106, 109, 113
　　chicken intestinal epithelium, **26**:134
　network
　　egg shape change, **31**:2
　　endoplasmic, disruption, **31**:212–214
　nonfilamentous, **31**:107–108, 116–118, 347–348

Subject Index

optic nerve regeneration, **21:**219, 222, 241
organization
    fertilization-induced changes, **31:**348–352
    mammalian species, **31:**327–328
    rodent, **31:**322–325
    sea urchin egg cortex, **26:**9–10, 18–19
        actin-binding proteins, **26:**16–18
        assemble states, **26:**11–14
        fertilization cone, **26:**14
        organization changes, **26:**14–16
    polymerization, **31:**211–213, 349–350
    sarcomeric gene expression, **26:**153, 155–160, 164
    tissue-specific cytoskeletal structures, **26:**4–5
Actin-binding proteins
    actin organization in sea urchin egg cortex, **26:**16–18
    biochemical preparation, **31:**123–126
    brush border cytoskeletal structures, **26:**94, 104, 107, 112
    characteristics, **31:**107–108
    chicken intestinal epithelium, **26:**129, 135–136
    egg cortex, **31:**437–438
    function in actin cytoskeleton, **31:**175–188
    Xenopus, **26:**35, 50–51
        fertilization, **26:**37–38
        gastrulation, **26:**38–41
        MAb 2E4 antigen, **26:**41–50
        oogenesis, **26:**36–37
Actin cap
    apical orientation, **31:**170–173
    localization of actin-binding proteins, **31:**182–184
    role of 13D2 protein, **31:**187–188
Actinidia deliciosa, sex determination, **38:**204–205
Actinomycin D
    neuronal death, **21:**113
    pollen embryogenesis induction, **20:**401–402
Action potential
    cardiomyocytes, **33:**265–266
    control, terminal differentiation expression patterns, **39:**166, 168
Activin
    axis induction, **30:**269–271
    induction of mesoderm, **33:**37–38
    mRNA, **30:**270
    neural induction, **35:**197–198, 201–202, 207
    notochord induction, **30:**271
    organizer formation, **30:**274

    receptor, **30:**262
    role in early embryogenesis, **27:**356–357
    subfamilies, DA inducers, **25:**57–61
    transforming growth factor-β, **24:**96, 123, 127
Activin-like signaling, synergy with fibroblast growth factor, **32:**117–118
Activity-dependent developmental events, voltage-gated ion channel development
    early embryos, **39:**160–164
        cell cycle modulation role, **39:**162–164
        fertilization, **39:**162
        oocytes, **39:**160–162, 175
    overview, **39:**159–160, 175–179
    terminal differentiation expression patterns, **39:**164–175
        action potential control, **39:**166, 168
        activity-dependent development, **39:**166, 169–171, 173, 179
        ascidian larval muscle, **39:**166–170
        channel development, **39:**171, 177–178
        developmental sensitivity, **39:**165–166
        embryonic channel properties, **39:**169–170
        mammalian visual system, **39:**171–173, 175
        potassium ion currents, **39:**166
        resting potential role, **39:**168
        spontaneous activity control, **39:**168–170, 175–176
        weaver mouse mutation, **39:**173–175
        Xenopus
            embryonic skeletal muscle, **39:**170–171, 178
            spinal neurons, **39:**164–165, 175–178
Actolinkin, complex with actin, **31:**109
Actomyosin
    chicken intestinal epithelium, **26:**126
    cortical contraction, **31:**446
Acute promyelocytic leukemia, retinoic acid treatment, **27:**329
AC/VU decision, cell fate, **25:**200–204
Adenocarcinomas
    brush border cytoskeleton, **26:**133–114
    chicken intestinal epithelium, **26:**135
Adenohypophysis, δ-crystallin, chicken embryo, **20:**138, 147–148
Adenomatous polyposis coli protein, tumor formation, **35:**180–181
Adenosine diphosphate, *see also* Cyclic adenosine diphosphate-ribose
    actin organization in sea urchin egg cortex, **26:**11

Adenylate cyclase
  Dictyostelium development, 28:6–7
  epidermal growth factor, 22:187–188
Adhesion
  actin-binding proteins, 26:40
  archenteron, 33:230–231
  blastomere-blastomere, in marsupial cleavage, 27:201–202
  blastomere-zona, in marsupial cleavage, 27:198–199
  cadherin function control
    β-catenin role, 35:162–163, 177–181
    GalNAcPTase interaction, 35:164–169
    glycosyltransferase association, 35:162–163
    kinase role, 35:175–177
    neurocan ligand–GalNAcPTase interaction
      β-catenin tyrosine phosphorylation, 35:169–172
      characteristics, 35:164–165
      cytoskeleton association, 35:169–172
      neural development, 35:165–169
      signal transduction, 35:172–173
    overview, 35:161–162
    phosphatase role, 35:175–177
  cell sorting driven by (*Dictyostelium*), 28:29
  differential, cell sorting driven by (*Dictyostelium*), 28:29
  dominant negative mutation studies, 36:93–94
  embryonic brain cell aggregation assays, 36:197–209
    analysis, 36:207–209
      marker visualization, 36:207–208
      segregation pattern classification, 36:208–209
    calcium ion role, 36:199–202, 206
    cell aggregation, 36:205–207
      long-term culture, 36:206–207
      mixed cell assay, 36:207
      short-term culture, 36:205–206
    disaggregation principles, 36:199–200
    overview, 36:197–198
    reaggregation principles, 36:199–200
    single-cell suspension preparation, 36:201–205
      cadherin management, 36:201–202
      cell dissociation, 36:203–205
      cell preparation, 36:202
      glassware coating, 36:201
      trypsin treatment, 36:202–203
    solutions, 36:200–201

  epidermal growth factor receptor gene response, 35:103–104
  fibronection-coated substrata, 27:112–113
  to hyaline layer, 33:220–224
  ingastrulation, 27:94–95
  migrating mesodermal cells, 27:63–64
  optic nerve regeneration, 21:218, 221
  related changes accompanying PMC ingression, 33:219–220
  somitogenesis, 38:238–239
  sperm–egg recognition, 30:15
  synapse formation in retina, 21:305
Adhesion molecules, *see specific types*
Adhesion plaque protein, 30:223
Adipose cells
  insulin family of peptides, 24:140, 148, 153
  proteases, 24:220
ADP, actin organization in sea urchin egg cortex, 26:11
Adrenal chromaffin cells, conversion into neuronal cells
  culture from neonatal rat
    catecholamine redistribution, 20:102
    cholinergic synaptic transmission, 20:105–107
    delayed outgrowth induction, 20:100–102
    inhibition by dexamethasone, 20:108–109
    dendritic network, 20:102–103
    ultrastructure, 20:102, 104–105
  in situ, induction
    autologous transplantation in adult guinea pig, rat, 20:107–108
    nerve growth factor injection to neonatal rat, 20:107
Adrenocorticotropic hormone, transforming growth factor-β, 24:122
Aequorin, sperm-induced calcium oscillation, 30:26–27, 65–66, 70
  coinjection with fluorescein, 31:361
Afferents
  axon-target cell interactions
    posthatching development, 21:331–336
    synaptic connections, 21:319, 323–326, 328–329
  neocortex innervation, 21:391–393
    monoaminergic, 21:403, 418
    noradrenergic, 21:394–398, 417
    serotonergic, 21:399, 411
  neural reorganization
    endocrine control, 21:360, 362

Subject Index

mechanosensory neurons, **21:**355
neurogenesis, **21:**343–344
agamous mutant, **29:**343–344, 352, 353
　expression pattern, **29:**350
　floral histology, **29:**343
　flower development staging and timing, **29:**344, 347
　plastochron determinations, **29:**344
Agarose gel electrophoresis, apoptosis measurement, **36:**265–266
Age
　aging hypothesis, epididymis, **33:**62
　folliculogenesis compromise, **37:**367–368
　human male nondisjunction relationship, **37:**394–396
Aggrecan monomer, chick embryonic, **25:**114–115
　comparisons of domestic structures, **25:**116–117
Aggregation, *see* Adhesion
agouti gene, identified as affecting teratocarcinogenesis, **29:**194
Alkaline phosphatase
　germ cell, **29:**189–191
　multiple gene product detection, *in situ* hybridization
　　combined colors, **36:**235–236
　　ELF yellow-green fluorescence, **36:**232–233
　　fast red tetrazolium precipitate, **36:**232
　　NBT–BCIP blue precipitate, **36:**231
　　persistent alkaline phosphatase activity, **36:**242
　retroviral library lineage analysis, polymerase chain reaction
　　babe-derived oligonucleotide library, **36:**69–72
　　chick oligonucleotide library, **36:**64–68
Allantois, development, **39:**1–29
　bud formation, **39:**7–8
　chorioallantoic fusion, **39:**11–15
　　characteristics, **39:**11
　　genetic control, **39:**14–15
　　mechanisms, **39:**12–15
　　proliferation verses fusion, **39:**15
　exocoelomic cavity development, **39:**3–7
　fetal membrane characteristics, **39:**2–3
　fetal therapy, **39:**26–29
　function, **39:**20–26
　　erythropoietic potential, **39:**23–26
　　vasculogenesis, **39:**20–23
　growth, **39:**8–10

　morphology, **39:**15–18
　　Brachyury, **39:**15–18
　　genetic control, **39:**16–18
　overview, **39:**1–2, 29
　primordial germ cell formation, **39:**18–20
　vasculogenesis, **39:**11–12
All-fish gene cassette, **30:**194–195
α-Actinin
　brush border cytoskeleton, **26:**109
　chicken intestinal epithelium, **26:**129, 133
　cytokeratins, **22:**156
　egg enrichment in cortical region, **31:**113
　embryonic induction in amphibians, **24:**266, 269, 273–277, 283
17α,20b-dihydroxy-4-pregnen-3-one
　cDNA clone, **30:**124
　cyclin B, **30:**135
　oocyte maturation, **30:**119–125, 138
　production, **30:**120–124
α Fetoprotein
　cis-regulatory elements, transgenic mouse, **23:**17–18
　H19 imprinting, **29:**239
17α-Hydroxyprogresterone, **30:**121–124
α-Keratin, **22:**248, 258–260
α1T mutation *(Drosophila),* **27:**285
α4T mutation *(Drosophila),* **27:**285
Alport syndrome, characteristics, **39:**262
Alzheimer's disease, eleveated interleukin-1, **32:**156
Amacrine cells, synapse formation, retina, **21:**277, 281, 285
Amblystoma, lateral inhibition in, **28:**36
Amino acids, *see also* Peptides; Protein; *specific types*
　axon-target cell interactions, **21:**311, 332
　β-keratin genes, **22:**240
　brain-specific genes, **21:**129, 147
　　brain-specific protein 1B236, **21:**129–132, 139
　　rat brain myelin proteolipid protein, **21:**141
　epidermal growth factor, **22:**176, 191, **24:**14, **32:**33
　fibroblast growth factor, **24:**60–61, 63, 69
　filaggrin developmental expression, **22:**129
　insulin family of peptides, **24:**138–140, 144
　intermediate filament composition, **21:**153
　keratin, **22:**2
　keratin gene expression
　　human, **22:**7, 21, 23, 24
　　　keratin filament, **22:**8, 11, 15

Amino acids *(continued)*
   regulation, **22:**195, 206
      differentiation state, **22:**197
      subunit structure, **22:**204–205
   microtubule motors in sea urchin, **26:**80
   monoclonal antibodies, **21:**271–272
   nerve growth factor, **24:**164, 167
   optic nerve regeneration, **21:**222, 225, 232–234
   proteases, **24:**225, 229
   protective systems, **22:**261–262
   proteins, **24:**196, 200
   pupoid fetus skin, **22:**222
   sarcomeric gene expression, **26:**151
   transforming growth factor-β, **24:**96
   vertebrate growth factor homologs, **24:**308, 317–318, 321–322
Ammonia, hydrozoa metamorphosis control, **38:**88–90
Amniocentesis, keratin, developmental expression, **22:**128, 145
Amniochorion, human, cytotrophoblastic cells, aberrant class I MHC antigen detection *in vitro,* **23:**223–224
Amnion
   carbonic anhydrase, **21:**212
   epidermal growth factor receptor, **24:**4, 7
   keratins
      developmental expression, **22:**132, 145–146
      experimental manipulation, **22:**86
      expression patterns, **22:**119
Amnioserosa and dorsal epidermis, **25:**27–35
Amphibians, *see specific species*
Amygdala, **21:**136
Anabaena, **25:**202
Anaerobiosis, pollen embryogenesis induction, **20:**399–400
Anagallis arvensis, timing of events in, **29:**232
Anaphase
   abnormal *(Drosophila),* **27:**293–294
   metaphase–anaphase transition
      chiasmata role, **37:**370–371
      female meiosis regulation, **37:**370–374
      mammalian spermatogenesis gap$_2$/mitotic phase transition regulation, **37:**350
Anchor cells, vertebrate growth factor homologs, **24:**308–309
Androgen
   epidermal growth factor receptor, **24:**3
   regulation
      epididymal functions, **33:**66–67
      expression of GGT mRNAs, **33:**85

Androgenesis
   genetic imprinting, **29:**233–234
   hydatidiform moles, **29:**234
Androgenetic embryo, **30:**167–168
Androgenones
   imprinted genes, **29:**266
   parthenogenones, phenotypes, **29:**234
Anemone, *see* Sea anemone
Aneuploidy, *see also* Nondisjunction
   age-related, **29:**307–308
   defined, **29:**281–282
   Drosophila, **27:**293–294
   human male chromosome nondisjunction
      environmental components, **37:**400
      etiology, **37:**383–384
      future research directions, **37:**400–402
      overview, **37:**383–384
      study methods, **37:**384–393
         livebirths, **37:**384–386
         male germ cells, **37:**387–393
         trisomic fetuses, **37:**384–386
   keratins, **22:**3
   meiotic versus mitotic, **29:**281–281, 283
   pathogenesis, chimeric studies, **27:**261
   rates, **29:**283, **32:**82–84
Angelman syndrome, *Snrpn* gene region, **29:**241
Angiogenesis
   epidermal growth factor in mice, **24:**40, 46
   fibroblast growth factor, **24:**96
      ECM, **24:**82
      nervous system, **24:**67
      oncogenes, **24:**62
      ovarian follicles, **24:**71
      vascular development, **24:**74–75, 77–81
   proteases, **24:**224, 236–240, 246–247
   proteins, **24:**210
   pupoid fetus skin, **22:**232
   transforming growth factor-β, **24:**120, 125
Angiotensin II, transforming growth factor-β, **24:**123
Anillin, nuclear localization, **31:**184
Animal cap
   dorsal, **30:**271
   explant, identification of mesoderm-inducing signals, **33:**36–38
   isolated during gastrulation, **33:**233–234
   mesoderm induction assay, **30:**259–260
   ventral, **30:**271
Animal–vegetal axis
   animal pole target, for SMCs, **33:**231–217
   asymmetry of keratin and vimentin organization, **31:**459–460

Subject Index

cortex, **30:**220–222
egg–embryo axial relationships
  conventional view, **39:**36–41
  primitive streak specification, **39:**61–62
  zygote–early blastocyst relationship, **39:**50, 53–54
formation, **30:**215–217, 236, 244, 246
  microtubule array polarization, **31:**392–394
gravity influence, **30:**263
microtubule, **30:**224, 238, 240
mitochondrial mass, **30:**232–233
movements of inclusions along, **31:**360–361
mRNA distribution, **30:**218–219
oocyte maturation, **30:**235–242, 257–258
polarization, **30:**218–225
  built-in polarity, **31:**257
specification, **30:**232–233
Xenopus
  egg, **30:**262
  embryo, **32:**105
  oocyte polarization, **30:**218, 224, **31:**385–386, **32:**118–123
Aniridia syndrome, in *Pax-6* mutation heterozygotes, **29:**36
Ankyrin
modification, **31:**268–269
Molgula oocytes, **31:**262
Annelid
homology between arthropod, **29:**113–115
segmentation, temporal and spatial modes, **29:**105–107
Annexins, chicken intestinal epithelium, **26:**136–138
Annulin, in axonal guidance, **29:**153
antennapedia-bithorax cluster
fruit fly, **29:**5
metazoan, **29:**5–8
antennapedia mutant, **29:**351
Anterior–posterior patterning
cytoskeleton polarization, **39:**80
Danio rerio pattern formation, **41:**20–22
egg–embryo axial relationship, **39:**39, 63–64
embryonic growth factors, **27:**357–358
sequence origins, **25:**54–56
vertebrate limb formation, **41:**46–52
  Hox gene role, **41:**45–46, 49–51
  polarizing activity characteristics, **41:**46–49
  positional information, **41:**46–49
  region specification, **41:**51–52
Xenopus embryo, **32:**105
Antheridiogen, fern sex determination, **38:**206–207

Antibodies, *see also* Immunofluorescence microscopy; Immunolocalization; Monoclonal antibodies
actin, **31:**346–347, 443–444
  organization in sea urchin egg cortex, **26:**12, 17
actin-binding proteins, **26:**37, 41, 44, 48, 50
AE1/AE3, **31:**293–295, 471
antisperm, **30:**48–49
antitrophoblast, formation in pregnancy, human, **23:**225–226
brain-specific genes, **21:**119, 129–131, 134–136, 139
brush border cytoskeleton, **26:**107–108
cytokeratins, **22:**159–168, 170
developmental expression
  epidermal development, **22:**133, 134
  genetic disorders, **22:**146, 147
  immunohistochemical staining, **22:**140, 142
  localization, **22:**144–145
directed against cytoskeletal proteins, **31:**290–293
embryonic induction in amphibians, **24:**266, 279
epidermal growth factor receptor
  embryonal carcinoma cells, **24:**21
  mammalian development, **24:**2, 5, 7, 11
  regulation of expression, **24:**19, 20
fibroblast growth factor, **24:**63–64, 75–76
insulin family of peptides, **24:**142, 145, 150, 153, 156
intermediate filament composition, **21:**153, 155, 157, 159, 170
mammalian protein meiotic function analysis, **37:**211–214
microtubule motors in sea urchin, **26:**76–77, 79
monoclonal, *see* Monoclonal antibodies
multiple gene product detection, *in situ* hybridization
  antibody incubation, **36:**230–231
  chromogenic alkaline phosphatase detection, **36:**231–234
  endogenous phosphatase activity, **36:**241
  multiple color detection time-table, **36:**236–237
  nonspecific binding, **36:**240–241
  overview, **36:**223–224
  persistent phosphatase activity, **36:**242
myosin and actin, **31:**373–374
neocortex innervation, **21:**407
nerve growth factor, **24:**165, 168, 170

Antibodies *(continued)*
  optic nerve regeneration, **21:**218, 221, 239
  production by B cells, bursectomy effect, avian embryo, **20:**302–303
  proteases, **24:**235
  pupoid fetus skin, **22:**225
  quail–chick embryo chimera marker, **36:**3
  reorganization in frog egg, **26:**59–60, 67
  sister-cohesion protein analysis, **37:**282–283
  synapse formation, **21:**279–285
    TOP, **21:**289–291, 299, 302–306
  transforming growth factor-β, **24:**99
  TROMA-1 and ENDO-B, **31:**281
  vertebrate growth factor homologs, **24:**322
  vimentin, **31:**459–460
Anti-cancer agents, retinoids as, **27:**330
Anti-fibronectin IgG, Fab' fragments, **27:**113
Anti-filaggrin, pupoid fetus skin, **22:**229
Antifreeze protein, **30:**191
Antifreeze protein gene
  ocean pout, **30:**193–196
  regulatory region, **30:**201
  species comparison, **30:**195
Antigens, *see also specific types*
  abscission zone-specific, ethylene-induced, dwarf bean, **20:**390
  actin-binding proteins, *Xenopus*, **26:**41–50
  B6, spore-specific, *Dictyostelium discoideum*, **20:**253–254
  brain-specific genes, **21:**136
  C1, stalk-specific, *Dictyostelium discoideum*
    during development, **20:**249, 252–254
    glucose effect on synthesis, **20:**249–251
  cell lineage, **21:**72, 73
  cytokeratins
    blastocyst-stage embryos, **22:**166
    oocytes, **22:**163–164
    preimplantation development, **22:**155
  denatured, modification, **31:**192
  epidermal development, **22:**133
  flowering-specific, long day-induced, mustard, **20:**387
  HLA, human
    aberrant on amniochorion cytotrophoblastic cells *in vitro*, **23:**223–224
    on extravillous cytotrophoblast, **23:**214–215
  H-Y, male-specific, histocompatibility
    antibody response to, **23:**171
    control by Y chromosome gene, **23:**178–179
    expression in females, human, mouse, **23:**176–177
    required for spermatogenesis, mouse, **23:**178
    T-cell-mediated *H-2*-restricted response to, **23:**170–171
    testis development induction in XY embryo hypothesis, **23:**172–173
    negative results, **23:**176–178
  hydra epitheliomuscular cells, differentiation changes, **20:**263, 265–267
  Ia on thymic cells in cortex and medulla, avian embryo, **20:**306–309
  intermediate filament composition, **21:**167, 175
  keratin
    experimental manipulation, **22:**90
    expression patterns, **22:**121
  major histocompatibility complex, H-2, paternally inherited, rodent
    on trophoblast, **23:**210–212, 213–214
    on yolk sac endodermal cells *in vitro*, murine, **23:**224
  MB1, on hemangioblasts, avian embryo, **20:**296–297
  monoclonal antibodies, **21:**255–256, 266–267, 274
    gene, **21:**271–273
    neural tube, **21:**257
    optic nerve, **21:**266
    photoreceptor, **21:**267–271
    spinal tract, **21:**259, 261
  MP26, lens cell membrane, chicken embryo, **20:**14
    appearance in gliocytes in monolayer culture, **20:**14–16
  nuclear, peripheral, during fertilization, **23:**40–43
  optic nerve regeneration, **21:**219
  plasmalemma, **21:**190–194
  proteins, **24:**200
  pupoid fetus skin, **22:**217
  R-cognin, retina-specific, chicken embryo
    loss in gliocytes during conversion into lentoids, **20:**12–14
    on neurons and glia cells, **20:**5
  SDM (serologically detectable male)
    control by Y chromosome gene, **23:**178–179
    ovarian differentiation in birds, **23:**175–176
    positive tests in female mammals, **23:**175
    recognition by B cells, **23:**171–172
    testicular differentiation in mammals, **23:**173–175

Subject Index

synapse formation, **21**:280–285, 287–295, 306
transforming growth factor-β, **24**:121
trophoblast-lymphocyte cross-reactive, human, **23**:226–227
Anti-integrain IgG, Fab' fragments, **27**:113–115
Antikeratin antibodies, cytokeratin, **22**:74, 81
Antimitotic drugs, experimental manipulation
  cytokeratin organization, **22**:74, 77–78, 81–82, 85
  somatic cell hybrids, **22**:91
Anti-Müllerian hormone, *see* Müllerian-inhibiting substance
Antineural genes, *Drosophila* eye development, differentiation progression
  gene function, **39**:144–145
  proneural–antineural gene coordination, **39**:145–146
Antiorganizers, neural induction, **35**:211–214
Antioxidants, *see also specific types*
  defense mechanisms, epididymis, **33**:73–74
  functions in testis, **33**:85
  pathway, bcl-2 role, **32**:154–155
Antirrhinum, flower development, **41**:134–135, 138
Antisense oligonucleotides
  avian embryo gene expression inhibition
    delivery methods, **36**:45–47
    oligodeoxynucleotide application, **36**:43–45
  oligodeoxynucleotide design
    specificity, **36**:38
    stability, **36**:39
    transport, **36**:39
    uptake, **36**:39
  optimization methods, **36**:45–47
  overview, **36**:37–38, 47
  specificity controls
    control sequences, **36**:40
    direct target mRNA measurement, **36**:40
    efficiency demonstration, **36**:41–42
  gastrulation blockage probes, **27**:119–120
Antisense RNA, **30**:204
Antisperm antibodies, **30**:48–49
Anti-Top antibody, synapse formation, **21**:298–306
Anurans, *see also* Urodeles; *specific species*
  bottle cell ingressions, **27**:47–48
  convergence and extension in, **27**:67–68
  convergent evolution, **31**:266
  evolutionary changes in MCD, **31**:260–264
  fate maps, **27**:92–93

fibrillar ECM in, **27**:101
integrin expression, **27**:104
phylogenetic analysis, **31**:258–260
apetala gene
  characteristics, **29**:339, 352
  expression pattern, **29**:350
  flower development role, **29**:344, 346, **41**:138–143, 153
  plastochron determinations, **29**:344
Aphidius ervi, endoparasitism, **35**:148–151
Apical ectodermal maintenance factor, limb bud posterior part, chicken, **23**:251
Apical ectodermal ridge, limb development, vertebrates
  dorsal–ventral axis, **41**:53–54, 58–59
  proximal–distal axis differentiation, **41**:40–42
  gene expression, **41**:43–46
  quail-chicken transplants, **23**:192
Apical lamina, localization of fibropellins, **33**:222–223
Apical meristem, development, **28**:50–51
Apical tractoring model, **33**:189–193
Apis, embryo development, segmentation regulation, **35**:128
Apoptosis
  central nervous system development, retinoid role, **40**:118–119
  c-myc-induced, **32**:160
  external cell regulating signals, **35**:26–31
    epidermal growth factor, **35**:27
    extracellular matrix, **35**:30–31
    Fas-mediated cell death, **35**:29–30
    fibroblast growth factors, **35**:28–29
    insulinlike growth factors, **35**:26–27
    platelet-derived growth factor, **35**:26–27
    transforming growth factor-α, **35**:27
    transforming growth factor-β, **35**:27–28
  germ cell, **29**:198
  kidney development regulation, **39**:255
  leukemia inhibitory factor, **29**:206
  mammals, **32**:150
  measurement
    methods, **36**:262–267
      agarose gel electrophoresis, **36**:265–266
      caspase activity analysis, **36**:269–272
      cell-free models, **36**:271–272
      cell viability determination, **36**:263–265
      chromium release assay, **36**:264
      DNA analysis, **36**:265–269
      electron microscopy, **36**:273
      flow cytometric analysis, **36**:267–269

Apoptosis *(continued)*
    fluorescence microscopy, **36:**272
    light microscopy, **36:**272
    mitochondrial function assay,
        36:264–265
    time-lapse video microscopy,
        36:273–277
    TUNEL staining method, **36:**266–267
    vital dye exclusion method, **36:**263–264
    Western blot analysis, **36:**269–271
    pitfalls, **36:**260–261
  mechanism of action, **29:**206
  neuronal cell development regulation,
    39:187–207
    cytoplasmic regulators, **39:**200–207
      caspases, **39:**200–202
      cellular component interactions,
        39:206–207
      oxidative stress, **39:**202–204
      phosphoinositide 3-kinase–Akt pathway,
        39:204–205
      p75 neurotrophin receptor, **39:**205–206
      reactive oxygen species, **39:**202–204
    genetic controls, **39:**192–200
      AP-1 transcription factors, **39:**193–194
      bcl-2 gene family, **39:**196–200
      cell-cycle-associated genes, **39:**195–196
    overview, **39:**187–189
    in vitro systems, **39:**189–191
      nerve growth factor deprivation,
        39:189–190
      potassium deprivation, **39:**190–191
      serum deprivation, **39:**190
  neuroretina cells, **36:**139–140, 142
  nondisjunction, **29:**306
  overview, **36:**259–260
  p53 role, **32:**159
  reactive oxygen species in, **32:**154
  retinoid life-and-death decision influence
    commitment, **35:**5
    direct proliferation modulation, **35:**17–26
      Bc12 protein, **35:**24–25
      breast cancer cell lines, **35:**22–23
      C-*myc* proto-ongocene, **35:**23–24
      death machinery, **35:**24–26
      inner-cell-mass–like cells, **35:**19–22
      myeloid cells, **35:**23
      neuroblastoma cells, **35:**23
      tissue transglutaminase, **35:**25–26
    receptor function, **35:**13–14
Apoptotic bodies, primary epithelial, **32:**213
Apterous, LIM domains in, **29:**38

AP transcription factors
  cell cycle regulation, **35:**73
  extracellular matrix regulation, **35:**30–31
  Fas-mediated cell death, **35:**29–30
  neuronal apoptosis regulation, **39:**193–194
  retinoic acid regulation, **27:**333, 362
  retinoid–transcription factor interactions,
    35:16–17
Aquaculture, **30:**192–196, 199, 206
Arabidopsis
  flower development, **41:**134–136, 138
    gynoecium, **29:**334–335
    sepal, petal, and stamen initiation, **29:**337
    timing of events, **29:**331
    wild-type flower, **29:**334–337
  histology, **29:**334
  meristic mutant, **29:**344–347
  mutantations, leaf greening without light
    exposure, **28:**69
  organ identity mutants, **29:**338–344
    plastochron determinations in, **29:**344
  organogenesis timing, **29:**349–350
  transformations, **29:**351
Archenteron
  elongation
    heterotopies, **33:**240–242
    invagination, **33:**183–211
    overview, **27:**151–154
  formation, **33:**169–170
Arenaria uniflora, **29:**332
Arg-Gly-Asp peptides, **27:**115–116
Arginine esterase, epidermal growth factor,
  22:176
Armadillo protein, related to cadherin-binding
  proteins, **31:**473
ar mutation (maize), **28:**68
Aromatase
  activity, **30:**113, 116
  induction mechanism, **30:**112–113
  medaka, **30:**116
  Müllerian-inhibiting substance, **29:**175
Arthropods, *see also specific species*
  en expression in, **29:**123–124
  homology between annelid, **29:**113–115
  segmentation, temporal and spatial modes,
    29:105–107
Ascidians, *see also specific species*
  development, **31:**244–249
  egg studies, methodology, **31:**270–272
  evolutionary changes in development,
    31:257–260
  myogenesis, **38:**66

Subject Index

myoplasmic cytoskeletal domain, **31**:249–257
voltage-gated ion channel development, terminal differentiation expression patterns, **39**:166–170
Ascorbic acid
  functions in testis, **33**:85
  PEC transdifferentiation, **20**:30, 32
Asparagus officinalis, sex determination, **38**:204
Aspargine, brain-specific genes, **21**:131
asp mutation
  Drosophila, **27**:281, 294, 298
  maternal effect of *(Drosophila),* **27**:286
Asters
  cytoplasmic, **31**:333
  driven cytoplasmic redistribution, **31**:225
  microtubules
    associated motor proteins, **31**:255
    interaction with
      CCD, **31**:25, 30
      cell cortex, **31**:228–229
    long, return at anaphase, **31**:328–333
  mitotic, **31**:229
  reorganization in frog egg, **26**:58, 62
  sperm
    cortical rotation, **30**:263–264
    directing pronuclei movements, **31**:67
    microtubules, **31**:245
    multiple, **31**:337
    organelle accumulation at, **31**:51
    role of microtubule elongation rate, **31**:416–417
    specification of dorsal-ventral axis, **31**:401–405
Astrocytes
  brain-specific genes, **21**:117
  carbonic anhydrase, **21**:210–211
  intermediate filament composition, **21**:155, 161, 177
Asymmetry
  actin-binding proteins, **26**:38–39
  bicoid message localization, **26**:23, 27
  bilateral, **25**:193–194
  cell migrations and polarity reversals, **25**:197–200
  creation and breakage of symmetry, **25**:191–193
  cytoskeleton positional information, **26**:1, 3
  development and evolution, **25**:194–195
  founder cell lineage, **25**:188–189, 188–191
  intermediate filament composition, **21**:151
  phase shifts, **25**:195–197

postembryonic cell lineage mutants, **25**:189–191
reorganization in frog egg, **26**:53–54, 60, 62, 64
segregation, pole plasms, **31**:223–224
Ataxia–telangiectasia, meiotic protein function analysis, **37**:224–226, 230
atonal genes, *Drosophila* eye development, differentiation progression
  gene function, **39**:142–144, 146
  proneural–antineural gene coordination, **39**:145–146
ATP
  sea urchin microtubule motors, **26**:71, 76–77, 79–80, 82
  Xenopus actin-binding proteins, **26**:38, 41
ATPase
  actin organization, **26**:11
  microtubule motors, **26**:75–77, 79–80, 82, 86
Atresia, female, primordial germ cell, **29**:191
Audiogenic seizures, studies using aggregation chimeras, **27**:263
Auditory system
  auditory ganglia
    inner ear development, **36**:126–128
    organotypic culture
      dissociated cell culture, **36**:123–126
      overview, **36**:115–116
      proliferating culture, **36**:121–122
      whole ganglia culture, **36**:122–123
  axon-target cell interactions, **21**:309–310
    early development, **21**:314–318
    organization, **21**:310–314
    posthatching, **21**:329–331
      nucleus laminaris, **21**:335–338
      nucleus magnocellularis, **21**:331–335
    synaptic connections
      experimental manipulation, **21**:324–325
      nucleus magnocellularis, **21**:326–329
      refinement, **21**:319–324
      synaptogenesis, **21**:318–319
  ear development, *pax* gene role, **29**:87
aurora mutation *(Drosophila),* **27**:285–294
Autophosphorylation, insulin family of peptides, **24**:142, 153
Autoradiography
  epidermal growth factor, **22**:188
  filaggrin developmental expression, **22**:129
  insulin family of peptides, **24**:144–145, 155
  keratin gene expression, **22**:199
  nerve growth factor, **24**:178
  neural reorganization, **21**:359

Autoradiography *(continued)*
   optic nerve regeneration, **21:**222, 229, 232–233, 243
   plasmalemma, **21:**196
   synapse formation, **21:**288
   visual cortical plasticity, **21:**370
Autosomal loci, interactive, **32:**16–17
Autosomal trisomies, **29:**282
Auxin
   effects on abscission zone
      dwarf bean
         interaction with ethylene, **20:**390–392
         leaf blade replacement, **20:**390
         secondary induction, **20:**393–394
      flow in maize leaf, **28:**66–67
Aves
   embryos, *see* Chick embryos
   evidence for involvement of homologous molecules in related steps of specification, **25:**71–72
   gene expression inhibition by antisense oligonucleotides
      delivery methods, **36:**45–47
      oligodeoxynucleotide application, **36:**43–45
      oligodeoxynucleotide design
         specificity, **36:**38
         stability, **36:**39
         transport, **36:**39
         uptake, **36:**39
      optimization methods, **36:**45–47
      overview, **36:**37–38, 47
      specificity controls
         control sequences, **36:**40
         direct target mRNA measurement, **36:**40
         efficiency demonstration, **36:**41–42
   multiple gene product detection, *in situ* hybridization, **36:**223–242
      alkaline phosphatase detection methods, **36:**231–233, 235–236
      antibody incubation, **36:**230–231
      controls design, **36:**238–239
      detection methods, **36:**231–236
      embryo preparation, **36:**227–228
      horseradish peroxidase detection, **36:**234–235
      labeled riboprobe synthesis, **36:**224–227
      multiple color detection time-table, **36:**236–237
      overview, **36:**223–224
      photography, **36:**236–237
      trouble shooting, **36:**239–242
      wash protocols, **36:**228–230
      whole mount histologic sections, **36:**237–238
   myogenesis, **38:**63
   neural crest cell cloning, *in vitro*, **36:**12–25
      cell fate, **36:**25–26
      cell potentiality analysis, **36:**12–14
      culture technique, **36:**15–20
         clone analysis, **36:**20
         cloning procedure, **36:**14–15, 17–19
         isolation methods, **36:**16–17
         materials, **36:**15–16
         subset study, **36:**19–20
         3T3 cell feeder layer preparation, **36:**16
      developmental repertoire, **36:**20–23
      gangliogenesis analysis, **36:**24–25
   organotypic cell culture, *see* Organoculture
   overview, **36:**1–2, 29
   quail–chick chimeras, **36:**2–12
      applications
         oligodendrocyte precursors, **36:**7–10
         rhombomere plasticity, **36:**10–12
      characteristics, **36:**2
      markers, **36:**3–4
         antibodies, **36:**3
         nucleic probes, **36:**3–4
         nucleolus, **36:**3
      materials, **36:**4–6
         dissecting microscope, **36:**5
         eggs, **36:**4
         incubator, **36:**5
         microsurgical instruments, **36:**5
      transplantation technique, **36:**6–7
         donor embryo explanation, **36:**6
         neural tissue transplantation, **36:**6–7
         recipient embryo preparation, *in ovo*, **36:**6
   retroviral vector lineage analysis method, neural tube infection protocol, **36:**62–64
   skin appendages, b-keratin gene expression, **22:**235, 236, 251–252
      development, **22:**236–237
      keratins, **22:**238–239
      mRNA expression, **22:**239–240, 243–247
         mRNA localization, **22:**247–248
         pCSK-12 probe studies, **22:**240–243
         polypeptide identification, **22:**248–251
   sperm competition mechanisms, **33:**137–143
   sympathetic neuron culture, **36:**161–180
      culture protocol

Subject Index

culture dish preparation, **36:**172–173
serum-free media, **36:**175–176
serum-supplemented media, **36:**173–175, 184–186
exogenous gene transfection, **36:**176–178
ganglia dissection, **36:**161–166
lumbosacral sympathetic ganglia, **36:**162–163
superior cervical ganglia, **36:**163–166
ganglia dissociation
lumbosacral sympathetic ganglia, **36:**166–167
superior cervical ganglia, **36:**167
glial cell population identification, **36:**171–172
media, **36:**179–180
neuronal cell population identification, **36:**171–172
neuronal selection methods, **36:**168–171
complement-mediated cytotoxic kill selection, **36:**170–171
negative selection, **36:**170–171
panning, **36:**169–170
preplating, **36:**168
overview, **36:**161–162
solutions, **36:**178–179

Axillary buds
N. silvestris, developmental behavior, **27:**12–16
N. tabacum, **27:**8–10

Axogenesis, *see also* Embryogenesis; Pattern formation
animal–vegetal axis
amphibian oocyte, **31:**385–386
animal pole target, for SMCs, **33:**231–217
asymmetry of keratin and vimentin organization, **31:**459–460
built-in polarity, **31:**257
cortex, **30:**220–222
early *Xenopus* embryo, **32:**105
egg–embryo axial relationships
conventional view, **39:**36–41
primitive streak specification, **39:**61–62
zygote–early blastocyst relationship, **39:**50, 53–54
formation, **30:**215–217, 236, 244, 246
formation, microtubule array polarization, **31:**392–394
gravity influence, **30:**263
microtubule, **30:**224, 238, 240
mitochondrial mass, **30:**232–233

movements of inclusions along, **31:**360–361
mRNA distribution, **30:**218–219
oocyte maturation, **30:**235–242, 257–258
polarization, **30:**218–225
specification, **30:**232–233
Xenopus egg, **30:**262
Xenopus oocyte polarization, **30:**218, 224, **32:**118–123
anterior–posterior axis
cytoskeleton polarization, **39:**80
Danio rerio pattern formation, **41:**20–22
egg–embryo axial relationship, **39:**39, 63–64
embryonic, growth factors, **27:**357–358
sequence origins, **25:**54–56
vertebrate limb formation, **41:**46–52
Hox gene role, **41:**45–46, 49–51
polarizing activity characteristics, **41:**46–49
positional information, **41:**46–49
region specification, **41:**51–52
Xenopus
early embryo, **32:**105
specification, **30:**255
blastocyst formation, **27:**226
cardinal, early *Xenopus* embryo, **32:**105–106
cell interactions, **21:**41
cytoplasmic, **30:**232–233
determination (check embryo)
bilateral symmetry determination, **28:**159–161
marginal zone
developmental potential, **28:**161–166
inductive and inhibitory effects in, **28:**166–169
quantification of developmental potential, **28:**169–170
mesodermal layer formation, **28:**175–176
dorsal determinants, **32:**115–123
dorsal–ventral axis
Danio rerio, **41:**2–4
determinants, **31:**248–249
Drosophila
amnioserosa and dorsal epidermis, **25:**27–35
mesoderm, **25:**23–27
neurogenic ectoderm, **25:**35–39
pattern, **25:**18–21
protein, **25:**21–23
specification, **31:**147–148

Axogenesis *(continued)*
  embryonic induction in amphibians, **24:**272–273, 283
  vertebrate limb formation, **41:**52–58
    apical ectodermal ridge formation, **41:**53–54
    dorsal positional cues, **41:**54–57
    dorsoventral boundary, **41:**53–54
    ectoderm transplantation studies, **41:**52–53
    mesoderm transplantation studies, **41:**52–53
    ventral positional cues, **41:**57–58
  Xenopus
    overview, **32:**105–106
    specification, **30:**255, **31:**401–405
  zebrafish, **29:**78–79
  dorsoanterior axis, **30:**261, 263, 268–273
  early activation cues, **34:**189–190
  ectopic, **30:**260–262
  nuclear/cytoplasmic, **30:**226, 228–231
  rostral brain patterning, **29:**87
Axolemma, sprouting neuron, **21:**197, 200–201
Axonemes, microtubule motors in sea urchin, **26:**71–72, 75–79, 82
Axon guidance, *see* Cell migration
Axons
  auditory target cell interactions, **21:**309–310
    early development, **21:**314–318
    organization, **21:**310–314
    posthatching, **21:**329–331
      nucleus laminaris, **21:**335–338
      nucleus magnocellularis, **21:**331–335
    synaptic connections
      experimental manipulation, **21:**324–325
      nucleus magnocellularis, **21:**326–329
      refinement, **21:**319–324
      synaptogenesis, **21:**318–319
  centrosomal microtubules transported into, **33:**288–289
  elongation
    axon-target cell interactions, **21:**326
    neocortex innervation, **21:**411
    optic nerve regeneration, **21:**218, 221, 229, 234, 237, 251
  growth, inhibition of microtubule nucleation, **33:**287–288
  microtubule origination, **33:**283–284
  reorganization in frog egg, **26:**58
  retinal, time-lapse studies, **29:**144–146
  retinotectal, normal pathfinding, **29:**139–148
    time-lapse studies, **29:**144–146
  RT-B and RT-E lines, **20:**217–218
  scaffolding, early brain detection, **29:**137
  transport, optic nerve regeneration in *Xenopus laevis*, **21:**220–234, 241–242

B

Babe-derived oligonucleotide library with alkaline phosphatase vector, retroviral library lineage analysis, polymerase chain reaction
  library creation, **36:**69–71
  virus evaluation, **36:**71–72
Bacillus subtilis, starvation-induced endospore formation, **34:**211–215
Bacteria, *see also specific species*
  cellular differentiation control, **34:**226–245
    chromosome replication, **34:**226–229
    protein degradation timing, **34:**241–245
    protein targeting, **34:**238–241
    transcription location, **34:**229–238
  concepts, **34:**207–208
  development, **34:**207–245
  future research directions, **34:**245
  normal differentiation events, **34:**209–210
  screening with trapping vectors, **28:**191
  starvation-induced events
    endospore formation, **34:**211–215
    fruiting body development, **34:**215–218
    sporulation, **34:**218–221
  stationary phase adaptation, **34:**224–226
  symbiotic relationships, **34:**221–224
BAG virus, sibling relationship determination, **36:**56–59
Balbioni body, **30:**232–233, 235
Bandlets, position dependent cell interactions, **21:**60–61
  commitment events, **21:**50–51, 54–55, 57–58
  embryonic development, **21:**34–37
  O and P cell lines, **21:**37–38, 42–49
BAPTA, egg activation, **30:**27–28
Basal lamina
  sea urchin embryo, associated protein, **33:**223–227
  wounding and reepithelialization, **32:**181
Basement membranes
  fibroblast growth factor, **24:**76, 78
  proteases, **24:**220–221, 235, 239, 248
  proteins, **24:**205–207
  proteoglycan, **25:**117–118
  transforming growth factor-β, **24:**116

Subject Index

Basic helix-loop-helix, ectopic expression, **33:**266–267
Bax, interaction with Bcl-2, **32:**153
B cells
　avian embryo
　　functions, **20:**291–292
　　　bursectomy effect, **20:**302–303
　　production in bursa of Fabricius, **20:**293
　maturation, changes in syndecan structure during, **25:**122
　response to SDM antigen, **23:**171–172
bcl-2 gene family
　expression, **32:**151–152
　neuronal apoptosis regulation, **39:**196–200
　overexpression, **32:**150–155
　protein interactions, **32:**152–153
Bcl-2 protein, **32:**152–155, **35:**24–25
Beckwith–Wiedemann's syndrome
　characteristics, **39:**262
　genetic imprinting, **29:**239
Behavior
　breeding, **33:**110–112
　guarding, male zebra finch, **33:**110–112, 145–147
　microtubules, at centrosome, **33:**292
　SMCs, **33:**211–217
Behavioral ecology, approach to sexual selection, **33:**104–106
Benomyl, microtubules, **29:**300
6-Benzylaminopurine, induction of mRNAs for ribose-1,5-biphosphate carboxylase subunits, cucumber, **20:**388
Berberine, *Coptis japonica*
　analogs, cultured cells, **20:**410
　cell lines, instability, **20:**415–416
β-Adrenergic antagonists, **21:**383–385
β-Adrenergic receptor, visual cortical plasticity
　antagonists, **21:**383–385
　overview, **21:**372, 383, 385–386
　postnatal ontogeny, **21:**378–379
β-Aminoproprionitrile, effect on embryos, **33:**224–226
β-Catenin
　ARM-like protein, **31:**473
　cadherin function control, **35:**162–163, 177–181
　dorsal blastula organizer establishment role, **41:**4–7
　ectopic axis formation induction, **30:**262, 272–273
　gastrula organizer induction, **41:**7–9
　nuclear localization, **31:**474–475
　tyrosine phosphorylation, **35:**169–172
β-Galactosidase
　cell lineage, **21:**72–74
　as reporter in promoter trap vectors, **28:**195–196
　sibling relationship determination, **36:**56–59
β-1,4-Glucanhydrolase, abscission zone, induction by ethylene, **20:**389, 391–392
　inhibition by auxin, **20:**390–392
β-Glucuronidase
　cell lineage, **21:**72, 88
　in situ histochemical localization, **27:**237
3β-Hydroxysteroid dehydrogenase, **30:**107, 124–125
3β-Hydroxysteroid dehydrogenase-isomerase, **30:**114–115
20β-Hydroxysteroid dehydrogenase, **30:**121, 123–124
β-Keratin, **22:**258
β-*Keratin* genes, avian skin appendages
　development, **22:**236–237
　keratins, **22:**238–239
　mRNA
　　expression, **22:**239–240, 243–247
　　　pCSK-12 probe studies, **22:**240–243
　　localization, **22:**247–248
　overview, **22:**235–236, 251–252
　polypeptide identification, **22:**248, 251
β-Transducin, WD-40 repeats, **31:**74
β-Tubulin, embryonic induction in amphibians, **24:**266, 281
β-*Tubulin* gene, mutations *(Drosophila)*, **27:**300–302
bicoid gene
　cytoskeleton positional information, **26:**2
　Drosphila, **27:**354
　message localization, **26:**23–33
　　cell biology, **26:**24–31
　　genes required, **26:**31–33
Bicoid protein, **28:**37, **29:**38, 105, 118, 128
Big brain neurogenic gene, **25:**36
bimG gene product, **28:**136
Bindin
　sperm–egg interactions, **30:**24, 52, 84–85
　sperm ligand, gamete adhesion role, **32:**43
Binocularity, visual cortical plasticity
　exogenous NE, **21:**379–380
　LC, **21:**382–383
　6-OHDA, **21:**370–373, 375–376
　overview, **21:**375, 380–382
Bipolar cells, synapse formation, **21:**277, 280–281, 304

Birds, *see* Aves
Bithorax gene complex, neural reorganization, **21**:363
Blastocoel matrix
  actin-binding proteins, **26**:39–41, 48
  extracellular matrix, **27**:54–57
  fibrillar ECM on basal surface, **27**:98–101
  fibrils, **27**:55
  fibronectin, **27**:55–56
  gastrulation in *Xenopus* lacking, **27**:75
  inversion, **27**:111
  mesodermal involution, **27**:77
  migration of PMCs within, **33**:168–169
  pattern formation, **33**:217
  proteoglycans, **33**:228–231
Blastocysts
  cell numbers, **32**:80–81
  development, **32**:90–91
  epidermal growth factor receptor, **24**:11, 20
  marsupial
    bilaminar
      complete, **27**:217
      embryonic area versus medullary plate, **27**:216–217
      formation, **27**:211–214
      polarity renewal, **27**:215
      primary endoderm cells, **27**:215–216
    trilaminar
      cell lineages in, **27**:219–220
      formation, **27**:217–218
      mesoderm formation, **27**:218–219
    unilaminar
      characterization, **27**:205–206
      expansion and growth, **27**:209–211
      formation, **27**:207
      structure, **27**:207–209
  octamer-binding protein expression, **27**:355–356
  oocyte development, **35**:79–83
  stages, **32**:76–77
  symmetry determination, **39**:56–58
  zygote axis relationship, **39**:49–55
Blastoderm
  bicoid message localization, **26**:32
  maternal-effect mutations, **31**:180–182
  nuclear positioning, **31**:167–170
  peripherally limited, **31**:363–365
  position dependent cell interactions, **21**:59
  syncytial
    actin cytoskeletal function, **31**:183–188
    actin distribution, **31**:174–175
  ventrolateral region, **25**:35–36

Blastodisc
  formation, **31**:359–361
  ooplasm movement into, **31**:354–355
Blastomeres, *see also* Micromeres
  actin-binding proteins, **26**:39, 48, 50
  animal, containing maternal RNA, **32**:122–123
  asymmetry, **31**:57
  blastomere-blastomere adhesion, marsupial cleavage, **27**:201–202
  blastomere-zone adhesion, marsupial cleavage, **27**:198–199
  cell interactions, **21**:32–33
  cell lineage, **21**:70
  Chaetopterus embryos, **31**:7–8
  developmental fate alteration, **31**:278–280
  disaggregated, **32**:81
  dorsal information location, **30**:267–269
  external and middle, **31**:43–45
  individual fate, **32**:104
  maternal embryo pattern formation control, **39**:90–113
    AB descendants, **39**:91–92
    anterior specificity, **39**:102–106
    development pathways, **39**:111–113
    intermediate group genes, **39**:106–111
    P_1 descendants, **39**:91–102
    posterior cell-autonomous control, **39**:92–97
    specification control, **39**:91–92
    Wnt-mediated endoderm induction, **39**:97–102
  microtubule motors in sea urchin, **26**:76, 79, 86
  polarity establishment, *see* Pattern formation
  potentials, **25**:179–180
    EMS, **25**:181
  reorganization in frog egg, **26**:61
  response to dorsal mesoderm inductive signaling, **32**:123–125
  tracer injection, **32**:104, 106, 119–121
Blastopores, closure during secondary invagination, **33**:205–207
Blastula
  actin-binding protein, **26**:48
  egg spectrin activity, **31**:114–115
  formation
    cell patterning, **21**:17
    embryonic induction in amphibians, **24**:263
      dorsalization, **24**:279
      modern view, **24**:268–271, 273–274
      research, **24**:284
      XTC-MIF, **24**:278

vertebrate growth factor homologs, **24**:311
mesoderm induction assay, **30**:259
reorganization in frog egg, **26**:59–60
tissue architecture, **33**:165–168
wrinkled, indirect developers, **33**:244
Blastula organizer, *see* Dorsal blastula organizer
BLE1, localization of bcd RNA, **31**:145, 156
Blebbing, during early secondary invagination, **33**:200–202
Blood cells, *see specific types*
Blood–epididymis barrier, as sperm protector, **33**:68–69
Body metamerism, Goodrich hypothesis, **25**:83–84, 104–105
Body patterning, *see* Axogenesis; Pattern formation
Bone
  apoptosis regulation, morphogenetic proteins, **35**:28
  cell types, *see specific types*
  development
    epidermal growth factor receptor gene effects, **35**:97–98
    protease role, **24**:240
  epidermal growth factor in mice, **24**:34
  fibroblast growth factor, **24**:67–68, 86
  insulin family of peptides, **24**:150
  matrix, chondrogenic activity
    loss by guanidine extraction, **20**:58–59
    restoration by guanidine extract precipitation on collagen, **20**:58–60
    skeletal muscle conversion into cartilage, **20**:43–50
  proteases, **24**:249
    ECM, **24**:220, 222
    inhibitors, **24**:228
    regulation, **24**:237, 240, 242–246
  proteins, **24**:207–208
  transforming growth factor-β, **24**:96, 117–119, 124
  vertebrate growth factor homologs, **24**:312, 317
Bone marrow cells
  chimeras, immunological tolerance, **27**:259–260
  cultures, growth analysis, **25**:168–170
  epidermal growth factor receptor, **24**:3
  fibroblast growth factor, **24**:62
  injection into mast cell-deficient mutants, mouse, **20**:326–327, 329–330
  proteases, **24**:246
  transforming growth factor-β, **24**:122

Bone morphogenetic proteins
  anterior–posterior patterning, **41**:20–22
  bone matrix synthesis, **24**:240–242
  dorsal–ventral patterning, **41**:14–20
  ectoderm differentiation, **35**:196–203, 211–213
  kidney development role, **39**:278
  mesoderm–ectoderm dorsalization, **41**:12–14
  neural crest cell induction, **40**:181–182
  ventral mesoderm induction, **30**:260, 269
  vertebrate heart formation, **40**:20–21
Boss gene
  interaction with Sev, **33**:25–26
  spanning plasma membrane seven time, **33**:24–25
Bottle cells
  actin-binding proteins, **26**:39, 50
  formation
    dorsoventral progression, **27**:50
    evolution, **27**:51
    function during gastrulation, experimental tests, **27**:50–51
    types, **27**:49
  gastrulation in *Xenopus* lacking, **27**:75
  ingressions
    anurancs, **27**:47–48
    function, **27**:48–49
    mechanism, **27**:48
    somitic and notochordal mesoderm in urodeles, **27**:47
  invagination
    apical constriction, **27**:41–43
    behavior, **27**:41
    context dependency, **27**:43–44
    invasiveness, **27**:44–45
    pattern of formation, **27**:45
    respreading, **27**:45–46
    tissue interactions, **27**:46–47
Botulinum ADP-ribosyltransferase C3, **30**:41
Boutons
  cholinergic, adrenal chromaffin cells in culture, rat, **20**:105–107
  presynaptic terminal patch-clamp recording, **36**:303–311
    electrophysiologic recordings, **36**:306–307
    larval dissection, **36**:305
    overview, **36**:303–305
    synaptic boutons, **36**:305–306
    technical considerations, **36**:307–311
Bovine serum albumin, embryonic brain cell culture, **36**:201
Brachydanio rerio, crest cells, **25**:148

Brachyury gene
  homeobox, **29:**72
  morphology, allantois development, **39:**15–18
Bracon hebetor, endoparasitism, **35:**148–151
Bradynema rigidum, nematode development, **25:**198, 200
B-Raf, linking Ras to Mek-1, **33:**14
Brain, *see also* specific regions
  development, retinoid role, **40:**117–118
  embryonic, vimentin detection, **20:**230–231, 233
  medial view, **29:**11
  morphogenesis, **29:**8–12
  postnatal, GFAP detection, **20:**232–233
  rostral patterning, **29:**80–87
    axogenesis, **29:**87
    eye development in, **29:**86–87
    midbrain–hindbrain boundary determination, **29:**84–86
    neuromere organization, **29:**82–83
    pax early expression, **29:**81–82
    regional expression, **29:**82–84
Brain cells, *see also* Neuraxis induction
  aggregation assays, **36:**197–209
    analysis, **36:**207–209
      marker visualization, **36:**207–208
      segregation pattern classification, **36:**208–209
    cell aggregation, **36:**205–207
      long-term culture, **36:**206–207
      mixed cell assay, **36:**207
      short-term culture, **36:**205–206
    disaggregation principles, **36:**199–200
    overview, **36:**197–198
    reaggregation principles, **36:**199–200
    single-cell suspension preparation, **36:**201–205
      cadherin management, **36:**201–202
      cell dissociation, **36:**203–205
      cell preparation, **36:**202
      glassware coating, **36:**201
      trypsin treatment, **36:**202–203
    solutions, **36:**200–201
  development, epidermal growth factor receptor gene effects, **35:**93–95
  ependymal cells, neuronal and glial properties, mouse, **20:**213
  explant culture
    chick embryos, **36:**147–150
    mouse embryos, **36:**155–156

immunostaining, *Drosophila* larval neuroblasts, **36:**286–288
Brain-derived neurotrophic factor, neural crest cell differentiation, **36:**26
Brain-specific genes
  activation, **21:**46
  brain specific protein 1B236, **21:**129–131
    expression, **21:**136
    function, **21:**139–140
    immunocytochemical analysis, **21:**134–136
    molecular forms, **21:**131–134
    structure, **21:**138–139
  gene expression
    brain specificity, **21:**126–128
    clonal analysis, **21:**123–126
    control, **21:**143–146
    RNA complexity studies, **21:**119–123
  overview, **21:**117–119, 146–148
  products, **21:**128–129
  rat brain myelin proteolipid protein, **21:**140–143
Brain specific protein 1B236
  characteristics, **21:**129–131, 136–137
  expression, **21:**136–138
  function, **21:**139–140
  immunocytochemical analysis, **21:**134–136
  molecular forms, **21:**131–134
  structure, **21:**138–139
Brainstem
  axon-target cell interactions, auditory system
    early development, **21:**314, 316
    organization, **21:**310–314
    posthatching development, **21:**331
    synaptic connections, **21:**323, 325
  neocortex innervation, **21:**394, 416, 420
  visual cortical plasticity, **21:**369
bra mutation *(Drosophila),* **27:**294
Breast cancer, apoptosis modulation, **35:**22–23
Breeding behavior
  extra-pair paternity, **33:**110–112
  plants, sex determination, **38:**169–175
    dioecy, **38:**174–175
    flowering, **38:**169–171
    hermaphroditic plant flower structure, **38:**171–174
    inflorescence, **38:**169–171
    monoecy, **38:**174–175
  Xenopus, **29:**138
Bridges, intercellular, *see* Ring canals
Brn genes, **29:**30–31, 46

Brush border
  assembly
    differentiation, models for, **26**:111–112
    disease, **26**:113–115
    embryogenesis, **26**:100–103
    enterocyte differentiation, **26**:108–110
    future prospects, **26**:115–116
    maintenance, **26**:112–113
    microvillus core, **26**:95–96
    overview, **26**:93–95
    protein expression, **26**:103–108
    RNA expression, **26**:110
    terminal web, **26**:96–98
    variations, **26**:98–99
  chicken intestinal epithelium, **26**:123
  differentiation, **26**:109–110
  embryogenesis, **26**:104, 106, 108
  terminal web, **26**:96–98
  in vitro models, **26**:112, 115
Budding, hydrozoa pattern formation, **38**:106–109
Bud-rooting assays, for floral determination (*N. tabacum*), **27**:10–11
Bufo marinus, optic nerve regeneration, **21**:223, 227, 235, 239
Bundle sheath, cell lineage, **28**:68
Bursa of Fabricius, avian embryo
  cellular composition, **20**:293
  colonization by hemopoietic stem cells
    quail-chicken chimeras, **20**:294–296
    single event during development, **20**:301–302
    staining with monoclonal antibody a-MB1, quail, **20**:296–301
Bursectomy, avian embryo, antibody repertoire produced by B cells, **20**:302–303
Buttonin, 77-kDa taxol MAP, **31**:74–75
Bystander effect, **30**:84

C

Caco2 cells, brush border cytoskeleton, **26**:111, 113
Cad^{2+}, fusion of egg and sperm activating, **25**:12–13
Cadherins
  adhesion role, **36**:200–202, 206
  desmosomal, **31**:471–472
  domains, with adhesion function (*Drosophila*)
    fat gene products, **28**:96
    l(2)gl gene products, **28**:95–96

dominant negative mutation studies, **36**:94
expression in archenteron, **33**:230–231
function control
  β-catenin role, **35**:162–163, 177–181
  glycosyltransferase association, **35**:162–163
  kinase role, **35**:175–177
  neurocan ligand–GalNAcPTase interaction
    β-catenin tyrosine phosphorylation, **35**:169–172
    characteristics, **35**:164–165
    cytoskeleton association, **35**:169–172
    neural development, **35**:165–169
    signal transduction, **35**:172–173
  overview, **35**:161–162
  phosphatase role, **35**:175–177
optic nerve regeneration, **21**:235
pathfinding role, **29**:157–158
plasmalemma, **21**:187
synapse formation, **21**:282, 305
Caenorhabditis elegans
  actin-binding proteins, **26**:36
  cell interactions, **21**:60
  cell linage control studies, **25**:178, 181–182, 189
  cytoskeleton positional information, **26**:2
  development
    asymmetric cell divisions, **25**:189–191
    founder cell lineage, **25**:188–189
    postembryonic cell lineage mutants, **25**:189–191
  cell fate, inderminacy and flexibility, **25**:200–207
    AC/VU decision, **25**:200–204
    changes in flexibility during evolution, **25**:204–207
  comparative aspects, **25**:217–218
  conclusions, **25**:219
  epidermal growth factor receptor gene role, **35**:109
  general features, **25**:177–188
    lineage and fate, **25**:178–182
    sublineages and modular programming, **25**:182–186
    variability, proliferation and evolution, **25**:186–188
  history, **25**:177–178
  inductive signal and the *Muv* and *Vul* genes, **25**:210–214
  interplay of inductive and lateral signals, combinatorial control of VPC fates, **25**:215–217

Caenorhabditis elegans (continued)
    lateral signal and lin-12, **25:**214–215
    paternal effects, **38:**3–6
    sequential cell interactions, **25:**218–219
    symmetry and asymmetry, **25:**191–200
        asymmetry, bilateral, **25:**193–194
        asymmetry, development and evolution, **25:**194–195
        cell migrations and polarity reversals, **25:**197–200
        phase shifts, **25:**195–197
        symmetry, creation and breakage, **25:**191–193
    vulval induction, **33:**31–36
        combination of intercellular signals specifies cell fates during, **25:**207–219
    homeobox genes, **29:**51
    lateral inhibition in, **28:**35
    maternal embryo pattern formation control, **39:**73–113
        anterior–posterior polarity, asymmetry establishment, **39:**78–81
        blastomere development pathways, **39:**111–113
        blastomere identity gene group, **39:**90–111
            AB descendants, **39:**91–92
            anterior specificity, **39:**102–106
            intermediate group genes, **39:**106–111
            P_1 descendants, **39:**91–102
            posterior cell-autonomous control, **39:**92–97
            specification control, **39:**91–92
            Wnt-mediated endoderm induction, **39:**97–102
        cytoskeleton polarization, **39:**78–81
            anterior–posterior polarity, **39:**78–81
            germline polarity reversal, **39:**89–90
            mes-1 gene, **39:**89–90
            par group genes, **39:**82–90
            par protein distribution, **39:**84–86
            sperm entry, **39:**81–82
        early embryogenesis, **39:**75–76
        intermediate group genes, **39:**106–111
            mutant phenotypes, **39:**108–111
            products, **39:**106–108
        overview, **39:**74–82
    myogenesis, **38:**65–66
    myogenic helix–loop–helix transcription factor myogenesis characteristics, **34:**180–181
    mutational analysis, **34:**182–183
nematode development, **25:**184–188, 200–201, 217–218
neuronal apoptosis regulation, **39:**200–202
neuronal death, **21:**104, 113–114
programmed cell death, **32:**140–149
promoter-trapping screen, **28:**193–194
regulatory proteins, **29:**37
sex determination, **41:**99–127
    dimorphism, **41:**101–104
    future research directions, **41:**126–127
    gene evolution, **41:**123–124
    genetic analysis, **41:**108–111
        coordinated control, **41:**110–111
        gene identification, **41:**108–110
        regulatory pathway, **41:**110
    germ-line analysis, **41:**119–120
    hermaphrodite sperm–oocyte decision, **41:**120–123
        fem-3 gene regulation, **41:**122–123
        somatic gonad anatomy, **41:**120–121
        tra-2 gene regulation, **41:**121–122
    mechanism conservation, **41:**116–117
    molecular analysis, **41:**111–116
        cell nonautonomy, **41:**112
        cell-to-cell signaling, **41:**112
        protein–protein interactions, **41:**114–115
        sexual fate regulation, **41:**114–115
        sexual partner identification, **41:**115–116
        signal transduction role, **41:**113–114
        TRA-1 activity regulation, **41:**113–114
        transcriptional regulation, **41:**112
    overview, **41:**99–100
    phylogenetic comparisons, **41:**123–124
    plants compared, **38:**207–208
    TRA-1
        activity regulation, **41:**113–114
        targets, **41:**116–117
    unresolved questions, **41:**124–126
        feedback regulation, **41:**125–126
        gene numbers, **41:**124–125
        germ line dosage compensation, **41:**125
        parallel pathways, **41:**125–126
    X:A ratio role
        chromosome count, **41:**117–119
        dosage compensation, **41:**104–108
        primary sex determination, **41:**104
symmetry–asymmetry interactions, **25:**191–192, 194–197
vertebrate growth factor homologs, **24:**290–291, 307–311, 324

Subject Index

Caffeine, **30**:75–77, 78
Calcitonin
　brain-specific genes, **21**:147
　transforming growth factor-β, **24**:119
Calcium
　acrosome reaction induction, **32**:65
　actin-binding proteins, **26**:38, 40
　actin organization in sea urchin egg cortex, **26**:14, 16–18
　adhesion role, **36**:199–202, 206
　brush border cytoskeleton, **26**:95–96, 105
　chicken intestinal epithelium, **26**:129, 131, 135–137
　cytoplasm, **30**:69
　cytosolic, elevated, **31**:361
　detection methods, **30**:65–67
　effect on cortical granule exocytosis, **30**:35–37
　effect on microfilaments, **31**:27–28
　egg, unfertilized, **30**:66–67
　egg activation, **30**:24, 27–28, 85–87, 164–166
　epidermal growth factor in mice, **24**:34
　extracellular, **30**:27
　extrusion, **30**:71
　fertilization signaling response, **39**:215–237
　　Ca^{2+} release activation, **39**:222–237
　　　Ca^{2+} conduit hypothesis, **39**:222–225
　　　cytosolic sperm factor hypothesis, **39**:229–232
　　　receptor-linked inositol triphosphate production hypothesis, **39**:225–229
　　　sperm protein role, **39**:232–237
　　egg activation, **39**:216–222
　　　assessment criteria, **39**:218–222
　　　Ca^{2+} role, **39**:217–218
　　　mechanisms, **39**:216–217
　　sperm protein role, **39**:222–237
　　　Ca^{2+} oscillation generating mechanisms, **39**:234–235
　　　33-kDa protein identification, **39**:232–233
　　　multiple signaling mechanisms, **39**:235–237
　gonadotropin-induced meiosis resumption role, **41**:174
　green, **30**:66, 68–69
　intracellular
　　activation or inhibition, **31**:314–315
　　changes, **25**:3–4
　　elevation, protein kinase C activation, **31**:302–305
　　release by diacylglycerol, **31**:25–27
　location, **30**:30, 69
　mobilization in sea urchin fertilization, **32**:54–55
　nerve growth factor, **24**:186
　oscillations during oocyte maturation, **30**:34–35
　pathfinding role, **29**:161
　peak, **30**:68
　PIP2 hydrolysis via G protein to trigger, **25**:9–10
　plasmalemma, **21**:193
　prespore gene expression, **28**:12
　proteases, **24**:228, 245, 247
　protein regulation, **30**:29
　regulation, **30**:29, 64–65, 88
　release mechanisms, **30**:30, 32, 70, 71–73, 75–81
　　fusion triggering, **25**:12–13
　　G protein, **30**:75–78
　　inositol 1,4,5-triphosphate receptor dependent, **30**:73–75
　　phosphorylation, **30**:83
　　ruthenium red, **30**:76
　　ryanodine receptor dependent, **30**:32, 75–78, 88
　　species comparison, **30**:72–73
　reorganization in frog egg, **26**:57
　sperm, **30**:46, 85–87
　steroidogenesis regulation, **30**:122
　transforming growth factor-β, **24**:121
　transient
　　characteristics, **30**:28–30, 67–71
　　inositol 1,4,5-triphosphate, **30**:31, 74–75
　　origination, **30**:26–27, 77–78, 80, 164–165
　　species comparison, **30**:27
　voltage-gated ion channel development, **39**:159–164
　　early embryos, **39**:160–164
　　　cell cycle modulation role, **39**:162–164
　　　fertilization, **39**:162
　　　oocytes, **39**:160–162, 175
　　overview, **39**:159–160, 175–179
　　terminal differentiation expression patterns, **39**:164–175
　　　action potential control, **39**:166, 168
　　　activity-dependent development, **39**:166, 169–171, 173, 179
　　　ascidian larval muscle, **39**:166–170
　　　channel development, **39**:171, 177–178
　　　developmental sensitivity, **39**:165–166

Calcium *(continued)*
　embryonic channel properties, **39:**169–170
　mammalian visual system, **39:**171–173, 175
　potassium ion currents, **39:**166
　resting potential role, **39:**168
　spontaneous activity control, **39:**168–170, 175–176
　weaver mouse mutation, **39:**173–175
　Xenopus embryonic skeletal muscle, **39:**170–171, 178
　Xenopus spinal neurons, **39:**164–165, 175–178
　waves
　　Chaetopterus eggs, **31:**28
　　coincidence with rapid assembly, **31:**106
　　embryonic polarity, **31:**30
Calcium protective system, **22:**262
Caldesmon, chicken intestinal epithelium, **26:**131
Callus, protective system, **22:**261
Calmodulin
　brush border cytoskeleton, **26:**96, 108–110
　chicken intestinal epithelium, **26:**129, 133, 136
Calmodulin binding proteins, plasmalemma, **21:**193
Calmodulin-dependent protein kinase II, **30:**29
cAMP, *see* Cyclic AMP
Cancer, *see* Tumors; *specific types*
cand mutation *(Drosphila)*, **27:**283
Capacitation, sperm and acrosome reaction, **32:**64–67
Carbohydrates
　brain-specific genes, **21:**131–132
　Carcinogenic transformation, fibroblast growth factor, **24:**83, 84
　optic nerve regeneration, **21:**221
　plasmalemma, **21:**190
　proteins, **24:**195
　sperm receptor, **32:**48–49
　sperm ZP3 combining site, **30:**8–12, 24
　transforming growth factor-β, **24:**99, 101, 107
Carbonate dehydratase, *in situ* histochemical localization, **27:**237
Carbonic anhydrase
　glial development
　　early embryonic development, **21:**212–213
　　oligodendroglia, **21:**210–212
　　overview, **21:**207–209, 213–214
　Müller glia cells of retina, conversion into lentoids, **20:**5, 7, 9

Carbonyl reductase, **30:**124
6-Carboxyfluorescein, transfer from PGC to follicular cells *in vitro*, **23:**157–158
Carboxymethylation, keratin expression, **22:**59
Carcinomas
　keratin
　　differentiation, **22:**64
　　expression patterns, **22:**117–118, 122
　mosaic individuals, **27:**257
Cardiac muscle
　differentiation in embryoid bodies, **33:**264–265
　sarcomeric gene expression, **26:**147, 159–162
Cardiac troponin T, sarcomeric gene expression, **26:**152–153, 158–164
Cardiomyocytes, action potentials, **33:**265–266
Cardiovascular development
　allantois development, **39:**11–12, 20–23
　epidermal growth factor receptor gene effects, **35:**90–92
　fetal therapy, **39:**26–29
　fibroblast growth factor
　　angiogenesis, **24:**78–81
　　endothelial cells, **24:**71–78
　　expression, **24:**78
　homeobox gene role, **40:**1–35
　　cardiac structures, **40:**4–9
　　　embryonic heart tube formation, **40:**5–7
　　　epicardium function, **40:**10
　　　internal morphogenesis, **40:**7–10
　　　mature heart, **40:**4–5
　　gene characteristics, **40:**2–4
　　gene function, **40:**14–33
　　　Eve gene, **40:**32
　　　gax gene, **40:**23–24
　　　genes expressed, **40:**15–16
　　　Hex gene, **40:**28–31
　　　Hlx gene, **40:**31
　　　Hoxa-1 gene, **40:**26–27
　　　Hoxa-2 gene, **40:**32
　　　Hoxa-3 gene, **40:**28
　　　Hoxa-5 gene, **40:**33
　　　Hoxd-4 gene, **40:**32
　　　Mox-1 gene, **40:**24–25
　　　Mox-2 gene, **40:**23–24
　　　Msx-1 gene, **40:**25–26
　　　Msx-2 gene, **40:**25–26
　　　Pax3 gene, **40:**32–33
　　　Prx-1 gene, **40:**27–28
　　　Prx-2 gene, **40:**27–28
　　　SHOX gene, **40:**33

Subject Index 23

  tinman-related genes, **40:**14–23
  Zfh-1 gene, **40:**31
  overview, **40:**1–2, 34–35
  vascular development, **40:**10–14
   architecture, **40:**10–12
   vasculature formation, **40:**12–14
  proteases, **24:**237
  vascularization, transforming growth factor-β, **24:**120
CArG motifs, sarcomeric gene expression, **26:**155–159, 162, 164
Caroxyesterase cell marker, **27:**237
Cartilage
 fibroblast growth factor, **24:**67, 86
 hyaline, formation from skeletal muscle on bone matrix, chicken, rat, **20:**43–48
  extracellular matrix synthesis, **20:**50–57
 insulin family of peptides, **24:**138, 150, 154
 proteases
  ECM, **24:**220, 221
  inhibitors, **24:**228, 234
  regulation, **24:**241–243, 245
 proteins, **24:**207
 transforming growth factor-β, **24:**97, 117–119, 124
Caspases
 activity analysis, **36:**269–272
  cell-free models, **36:**271–272
  Western immunoblot analysis, **36:**269–271
 neuronal apoptosis regulation, **39:**200–202
Caste development, *see* Polymorphism
Catastrophe, rescue, **31:**407–408, 416–417
Catecholamines
 epidermal growth factor, **22:**187
 neocortex innervation, **21:**401, 405
 neural crest cultures
  chicken embryo extract, **20:**184, 189
  glucocorticoids, **20:**184
  medium composition, **20:**183–184
  substrates, **20:**185
  quail-chicken chimeras, **20:**188
  trunk and cephalic crest cultures, **20:**179–181
   inhibition by horse serum, **20:**180
  trunk crest/sclerotome culture, **20:**181–183
 visual cortical plasticity, **21:**367
  β-adrenergic receptors, **21:**378
  lesion, **21:**373–375
  6-OHDA, **21:**369, 371–372
Cathespin β, proteases, **24:**233
Cathespin D
 proteases, **24:**233–234
 transforming growth factor-β, **24:**100

Cathespin L
 epidermal growth factor receptor, **24:**16
 fibroblast growth factor, **24:**81
 proteases, **24:**232–233
 proteins, **24:**194, 200–201, 212
  cultured cells, **24:**201–203
  expression, **24:**203–205
 ras, oncogene, **24:**202, 204
 transforming growth factor-β, **24:**107
Caulobacter crescentus, differentiation
 cellular control, **34:**226–245
  chromosome replication, **34:**226–229
  protein degradation timing, **34:**241–245
  protein targeting, **34:**238–241
  transcription location, **34:**229–238
 normal events, **34:**209–210
Caveolin, cytoplasmic signaling control, **35:**174
C-Cadherin, **30:**272
CCD, *see* Cortex, cytoskeletal domain
C3 complement, **30:**49
CD46, **32:**68
CD59, **30:**49
cdc2 gene product, *Drosphila* homologs, **27:**288–289
cdc13 gene product, *Drosphila* homologs, **27:**288–290
cdc25 gene product, **28:**135–136, 142
cdc2 kinase
 activation, **30:**133–135
 cDNA clone, **30:**130
 maturation-promoting factor, **30:**130, 132
 oocyte maturation, **30:**132–134, 137–138
CDC2 protein, meiotic expression, **37:**163–164
cDNA, *see* DNA, complementary DNA
cdx, zebrafish, **29:**71–72
ced-3 gene, **32:**144–148
ced-4 gene, **32:**144–148
ced-9 gene, **32:**147–148
Ced-3 protein, **32:**145–147
 similarity to ICE, **32:**155–158
Ced-4 protein, **32:**145–147
Cell adhesion molecules, *see* Adhesion; *specific types*
Cell aggregation, *see* Adhesion
Cell behavior
 molecular analysis, **27:**120–121
 neural tube defects, **27:**150–151
Cell-cell interactions
 communication regulators, meiotic expression, **37:**165–168
  growth factors, **37:**166–167
  neuropeptides, **37:**167

Cell-cell interactions *(continued)*
    receptors, **37:**168
    contact interactions
        mesodermal cells, **27:**72
        migrating mesodermal cells, **27:**63–64
    cytomechanics, **27:**79
    keratogenesis in chorioallantoic membrane, **20:**2–4
    mesoderm cell migration, **27:**63–64
    phenotype modification, **20:**1–2
    retinal cell conversion into lentoids, **20:**4–17
    sequential, **25:**218–219
    sex determination regulation, **41:**112
    signaling
        cytoskeleton, **31:**27–29
        fate determination, **32:**123–129
        at fertilization, **31:**26–27
        somitogenesis, **38:**236–239
    established targets for mesenchyme cells, **33:**231–235
    tissue affinities, **27:**93
Cell competence, floral determination, **27:**31–32
Cell cortex, interaction with spindle pole, **31:**228–229
Cell culture
    adrenal chromaffin cells, conversion into neuronal cells, **20:**100–107
    carrot cell suspension, embryo formation, **20:**400
    iridophores, bullfrog
        conversion into melanophores, **20:**80–82
        proliferation without transdifferentiation, **20:**82–84
    long-term of retinal glia cells, mouse, **20:**159–160
        chicken δ-crystallin gene expression, **20:**160
    melanophores, bullfrog
        guanosine-induced conversion into iridophores, **20:**84–85
        stability of cell commitment, **20:**80
    models for retinoic acid-induced differentiation, **27:**325–327
    monolayer
        Müller glia cells from retina, lentoid formation, chicken embryo, **20:**4–17
        PEC transdifferentiation into lens cells, **20:**21–35
    mononucleated striated muscle, medusa
        regeneration, **20:**124–127
        transdifferentiation, **20:**123–124
    neural crest cells, avian, **20:**178–191

cholinergic and adrenergic phenotypes, **20:**178–181
coculture with sclerotome, **20:**181–183
glucocorticoid effects, **20:**184–185
medium composition, **20:**183
    serum-free, **20:**185–188
phenotypic diversification
    developmental restrictions, **20:**199–202
    environmental cue effects, **20:**198–199, 205–207
    transdifferentiation, **20:**198–199, 205–207
pineal cells
    myogenic potency, quail, rat, **20:**92–96
    oculopotency, quail, **20:**90–92, 95
plant cells
    commitment
        leaf callus, new antigen production, *Pinus avium,* **20:**386–387
        root cortical parenchyma, esterase activity, pea, **20:**388–389
        vascular tissue, specific antigen production, maize, **20:**386
    organogenesis from explants
        cytokinin-induced habituation, **20:**378–380
        juvenile and adult tissues, *Citrus grandis, Hedera helix,* **20:**375
        leaf primordia, *Osmunda cinamomea,* **20:**374
        leaves and stems, *Citrus grandis,* **20:**376
        pith parenchyma, tobacco
        region near base of young leaves, *Sorghum bicolor,* **20:**374–375
        single apical cell, root formation, fern *Azolla,* **20:**377
        stem, cytokinin and auxin effects, tobacco, **20:**375, 386
        totipotentiality, **20:**376
    primary of lens and epidermal cells, mouse, **20:**157–159
        chicken δ-crystallin gene expression, **20:**157–159
    skeletal muscle conversion into cartilage, **20:**39–61
    subumbrellar plate endoderm, transdifferentiation, medusa, **20:**128–132
    thymic cells on skin fibroblasts, mast cell formation, mouse, **20:**327, 329
    xanthophores, conversion into melanophores, bullfrog, **20:**82
Cell cycle, *see also specific phases*

cortical cytoskeleton, **31:**445–448
direct proliferation–apoptosis modulation
  breast cancer cell lines, **35:**22–23
  c-myc gene, **35:**23–24
  death machinery, **35:**24–26
  future research directions, **35:**32
  inner-cell-mass–like cells, **35:**19–22
  myeloid cells, **35:**23
  neuroblastoma cells, **35:**23
disturbance, nondisjunction, **29:**305–308
division gene product identification, **28:**142
Drosophila study methods, **36:**279–291
  fluorescent *in situ* hybridization
    diploid cells, **36:**282–284
    polytene chromosomes, **36:**280–282
    squashed diploid cells, **36:**283–284
    whole-mounted diploid tissues, **36:**284
  immunostaining
    embryos, **36:**284–286
    female meiotic spindles, **36:**288–289
    larval neuroblasts, **36:**286–288
  overview, **36:**279–280
  primary neuroblast culture, **36:**289–291
eggs and embryos, analysis with Hoechst 33342, **31:**312–313
eye development regulation, **39:**147–150
  coordination, **39:**149–150
  G1 control, **39:**149
  G2–M transition regulation, **39:**147–148
mammalian meiotic protein function analysis, **37:**223
medusa, isolated tissue, transdifferentiation, **20:**131–133
meiosis regulation study, candidate regulators, **37:**311–314
M phase
  entry, **28:**131–134
  exit, **28:**134–135
neuronal apoptosis regulation, **39:**195–196
nuclear envelope development, *see* Nuclear envelope
nuclear transplantation, **30:**154, 157
overview, **35:**2–4
proliferation
  embryonic would healing, **32:**190
  regulation, **25:**124
regulation, **35:**4, 73
  30:161-166, 169
  meiotic gene expression, **37:**162–165
  oogenesis, **28:**137–140
strategies in mitosis and meiosis, **28:**131–137

voltage-gated ion channel development regulation, **39:**162–164
Cell death
  antiviral responses, **32:**162–163
  apoptosis, *see* Apoptosis
  Caenorhabditis elegans, **32:**140–149
  localized, plants, **28:**60
  oncogenesis, **32:**213–217
  retinoid influence
    apoptosis
      Bcl2 protein, **35:**24–25
      breast cancer cell lines, **35:**22–23
      C-*myc* proto-ongocene, **35:**23–24
      commitment influence, **35:**5
      death machinery, **35:**24–26
      direct proliferation modulation, **35:**17–26
      inner-cell-mass–like cells, **35:**19–22
      myeloid cells, **35:**23
      neuroblastoma cells, **35:**23
      tissue transglutaminase, **35:**25–26
    cell cycle regulation, **35:**4
    definition, **35:**2
    external cell regulating signals, **35:**26–31
      epidermal growth factor, **35:**27
      extracellular matrix, **35:**30–31
      Fas-mediated cell death, **35:**29–30
      fibroblast growth factors, **35:**28–29
      insulinlike growth factors, **35:**26–27
      platelet-derived growth factor, **35:**26–27
      transforming growth factor-α, **35:**27
      transforming growth factor-β, **35:**27–28
    future research directions, **35:**32
    morphogenesis role, **35:**5–11
      cultured cells, **35:**10–11
      limb development, **35:**7–8
      neural crest differentiation, **35:**6–7
      palatogenesis, **35:**8–9
      phenotype mutations, **35:**9–10
      tumor response, **35:**10–11
    retinoic-acid–independent responses, **35:**31–32
    transcription factor interactions, **35:**12–17
      AP-1 factors, **35:**16–17, 73
      apoptosis control, **35:**13
      neoplasia, **35:**14–16
      overview, **35:**12
      PML protein, **35:**16
      RAR protein, **35:**8, 13–16
      receptor mutants, **35:**12–13
      retinoid receptors, **35:**12–16
  vertebrates, **32:**149–163

Cell differentiation
   analysis of *in vivo* stem cell, **25:**160–161
   bacteria development, **34:**226–245
      chromosome replication, **34:**226–229
      normal events, **34:**209–210
      protein degradation timing, **34:**241–245
      protein targeting, **34:**238–241
      transcription location, **34:**229–238
   brain-specific genes, **21:**118, 138
   carbonic anhydrase, **21:**213
   cardiac and skeletal muscle, **33:**264–266
   cell–cell signaling in, **32:**123–129
   cell interactions, **21:**31, 37, 50, 55–57, 60
   cell lineage, **21:**66, 93
   cell patterning, **21:**7
   cellular, initiation, **32:**13–14
   clonal analysis of *in vivo* stem cell, **25:**164–168
   commitment
      animals
         erythroleukemic cells, mouse, **20:**337, 341
         examples, **20:**385–386
         fate, **20:**333–334
         melanoma B16C3 after stabilization, mouse, **20:**340
         overview, **20:**117–118
         potency, **20:**334–335
         similarity to plants, **20:**393, 395
         stochastic event, **20:**337
      changes in, *see* Transdifferentiation
      plants
         abscission zone, **20:**389–392, 394
         definition, **20:**384–385
         overview, **20:**117–118
         similarity to animals, **20:**393, 395
         whole plant, **20:**387–389
   cytoskeleton domains, **31:**212–213
   dorsal axial, **32:**120–123
   embryonic induction in amphibians, **24:**262–265, 267
      mesoderm induction factors, **24:**275
      modern view, **24:**269–270
      neural induction, **24:**279
      XTC-MIF, **24:**277–278
   embryonic stem cells, primate–human comparison, **38:**151–154
   founder cells, **38:**42–44
   gonadal, **32:**4–12
   human keratin genes, **22:**5–7
      differentiation expression, **22:**25, 265–267
      keratin filament, **22:**19, 20
   insulin family of peptides, **24:**143–144, 148, 151, 156
   intermediate filament composition, **21:**151–153, 165, 180
      cytoskeletal components, **21:**175, 176
      ectoderm, **21:**171–174
      morphological, **21:**178–180
      neuroectoderm, **21:**171–174
   keratin expression, **22:**4, 35, 37–40, 64, 97–99, 120–124
      culture, **22:**49–53
      embryonic, **22:**118–120
      granular layer, **22:**46
      markers, **22:**116–118
      palmar-plantar epidermis, **22:**46–49
      phosphorylation, **22:**54
      regulation, **22:**116
      sequential, **22:**43–45
      skin disease, **22:**62–63
      stratum corneum, **22:**41–43
      terminal differentiation, **22:**113–115
   larval small intestine, **32:**209–210
   mammalian, **29:**172
   mature sensory neurons, **32:**152
   mechanisms, **32:**104–105
   monoclonal antibodies, **21:**255, 274
      cerebellar corticogenesis, **21:**261
      neural tube, **21:**257
      neurofibrillar, **21:**271
   muscle cells, **38:**44–49
   neocortex innervation, **21:**396, 403, 411, 416
   nerve growth factor, **24:**162, 167–168, 185
   neural crest lineage specification, **40:**180–189
      asymmetric mitosis, **40:**184–186
      cell origin, **40:**180–182
      detachment, **40:**186–189
      epidermal ectoderm–neuroectoderm interface, **40:**180–182
      epithelial–mesenchymal transformation, **40:**186–189
      segregation, **40:**182–184
   neural reorganization, **21:**341, 343–345
   neuraxis induction
      higher vertebrate Organizer function, **40:**98–99
      Hox gene cluster, evolutionary implications, **40:**231
   neuronal death, **21:**103–104
   neurons, from pluripotent precursor cells, **33:**290
   oogenesis, **28:**126–131
   optic nerve, **21:**265
      regeneration, **21:**218, 220
   plasmalemma, **21:**185, 204

Subject Index

process, **25:**155–157
proteases, **24:**220, 223, 237, 242, 245–246
proteins, **24:**194, 196, 205–206
retinoic-acid, induced, cell culture models, **27:**325–327
social insect polymorphism
   caste differentiation, **40:**46–52, 68–69
      corpora allata regulation, **40:**49–51
      differential feeding, **40:**47–48
      endocrine system role, **40:**48–49
      juvenile hormone role, **40:**63–66, 68–69
      neuroendocrine axis, **40:**51–52
      prothoracic gland activity, **40:**49–51
   reproductive organ differentiation, **40:**52–55
      drone reproduction, **40:**60–62
      hormonal control, **40:**55–63
      queen reproduction, **40:**57–60
      worker reproduction, **40:**62–63
somites, **38:**259–268
   dermomyotome, **38:**263–268
   sclerotome, **38:**261–263
somitogenesis, *see* Somitogenesis
synapse formation, **21:**279, 281
transforming growth factor-β, **24:**98, 124, 127
   cellular level effects, **24:**112–113, 116–123
   molecular level effects, **24:**107–109
without cleavage, **31:**6–7, 14–16
x-linked gene selection, **40:**278
Cell division
   asymmetric
      founder cell lineage, **25:**188–189
      postembryotic cell lineage mutants, **25:**190–191
   brain-specific genes, **21:**118
   cell patterning, **21:**9, 11, 25
   cleavage, **27:**204–205
   differentiation during oogenesis, **28:**126–131
   gastrulation, *see* Gastrulation
   genetic analysis
      genes borrowed from yeast, **27:**288–291
      imaginal development, **27:**291–293
      imaginal tissue, mitotic mutation effects, **27:**293–297
      kinesin gene family, **27:**300–302
      male meiosis, **27:**297–300
      maternal effect, **27:**286–287
      methodology, **27:**278–279
      phenotypic classes, **27:**277–278
      postblastoderm embryonic development, **27:**287–288
      preblastoderm embryonic development, **27:**280–286
      spermatogenesis, **27:**297–300
      tubulin gene family, **27:**300–302
   meristematic regions, **28:**57–60
   neural plate shaping/bending, **27:**149–150
   order, marsupial embryos, **27:**224–227
   position dependent cell interactions, **21:**31
Cell–extracellular matrix interactions, intestinal remodeling, **32:**224–227
Cell fusion, **30:**148, 153
Cell induction
   mesoderm, *Xenopus* laevis, **33:**36–38
   R7 photoreceptor, *Drosophila* eye, **33:**22–31
   vulval, larvae, **33:**31–36
Cell intercalation
   boundary polarization of protrusive activity, **27:**72–73
   gastrulation, **27:**156
   mediolateral
      convergence and extension by, **27:**68–70
      convergence and extension of NIMZ, **27:**70
Cell lineage
   ablation, **30:**203–204
   acquisition by leaf cells, **28:**55–56
   analysis, mouse embryo
      perspectives, **23:**141
      postimplantation development
         cell mixing, **23:**130–131
         cell movement, **23:**131
         PGC lineage, **23:**132
         regionalization of cell fate, **23:**132
      preimplantation development
         cell potency, **23:**130
         ICM formation from inner cells, **23:**128–130
         numerology, **23:**128–130
         trophectoderm, formation from outer cells, **23:**128–130
      techniques, **23:**118, 140–141
      chimeras, **23:**116–122
   cell type relationship *(Dictyostelium)*, **28:**8–9
   divergence *(Dictyostelium)*
      chemotaxis-related gene activation, **28:**6–7
      negative feedback loops, **28:**9
      positive feedback loop, **28:**8–9
   early developmental fates of neural crest subpopulations affected by, **25:**144–145
   fate mapping
      neural induction, **40:**89–91, 182–184
      organizer cell fates, **40:**92–93
      unrodele vs anuran, **27:**92–93
      Xenopus, **32:**108

Cell lineage *(continued)*
  flexibility
    animals, examples, **20:**385–386
    plants
      definition, **20:**385
      mature tissues, **20:**393
      similarity to animals, **20:**393, 395
      whole plant, **20:**387–389
    general features, **25:**178–182
    gonadal
      bipotentiality, **32:**8–9
      origins, **32:**5–7
    inactivation, **21:**70
    indeterminacy and flexibility, **25:**200–207
      AC/VU decision, **25:**200–204
      changes in flexibility during evolution, **25:**204–207
    inheritance of maternal cytoplasmic factor, **32:**113–123
    position in mitotic pattern, **32:**110–112
  mammals
    brain development, **21:**65–71
      cell markers, **21:**71–78
      central nervous system, **21:**78–91
      roles, **21:**91–95
    embryo postimplantation
      DNA markers, **23:**5–6, 7–8
      future, **23:**8
      problems, **23:**5
      short-term filming, **23:**5
    embryo preimplantation
      direct observation, **23:**4
      future, **23:**4–5
      problems, **23:**3–4
      short-term labeling, **23:**4
    instability and stabilization, **20:**341–342
  maps
    chick embryo, **28:**173–174
    Dictyostelium, **28:**2–6
  marsupials
    embryos, **27:**224–227
    trilaminar blastocysts, **27:**219–220
  neural crest cells, *see* Neural crest cells
  neuronal, tumor-derived, neuronal and glial properties, rat, **20:**215
  pluripotent from peripheral neurotumor, rat, *see* RT4-AC cells
  from single protoplast, *Coptis japonica,* generation on abscisic acid, **20:**410–416
    berberine content changes, **20:**415–416
    chromosome number and shape changes, **20:**410–415
  study methodology, **32:**103–105
  sublineages and modular programming, **25:**182–186
  variability, proliferation and evolution, **25:**186–188
  zebrafish, specifying aspects of segmentation, **25:**93–96
Cell markers
  biochemical, **27:**237
  exogenous, **27:**238
  mosaic patterns, **27:**237–238
  in situ, **27:**237–238
  use, **21:**71–78
Cell migration, *see also* Morphogenesis
  actin-binding proteins, **26:**40–41
  axon-target cell interactions, **21:**316–317
  brain-specific genes, **21:**118
  chicken intestinal epithelium, **26:**128
  deep cells, **31:**371
  embryonic induction in amphibians, **24:**263, 271
  gastrulation, **26:**4
    onset, **33:**168–170
  mesodermal cells
    cell interactions, **27:**63–64
    cell motility during, **27:**61–62
    changes at onset, **27:**62–63
    as coherent stream, **27:**53–54
    extracellular matrix cues for (amphibian), **27:**59–61
    fibronectin role, **27:**57–59
    function in amphibian gastrulation, **27:**65–66
    initiation, **27:**96–97
    mesoderm movement, **27:**51–53
    probes for disruption, **27:**113–119
    simultaneous mediolateral intercalation, **27:**73–74
    substrate, **27:**57–59
    tenascin effects, **27:**116–117
    urodeles, **27:**116
    Xenopus, **27:**115
  MTOC-transient microtubule array complex, **31:**396–397
  PMCs
    control, **33:**178–183
    fibronectin role, **33:**227
    molecular requirements, **33:**177–178
    motile repertoire, **33:**176–177
  polarity reversals, **25:**197–200
  pronucleus, **31:**44, 51–52, 322
  proteases, **24:**220, 237, 247

Subject Index

proteins, **24:**211
spindle, **31:**10–11
tissue-specific cytoskeletal structures, **26:**5
transforming growth factor-β, **24:**98, 119, 123, 125
vertebrate growth factor homologs, **24:**319
Cell number, inner mass cells and blastocysts, **32:**80–81
Cell patterning, **21:**1–3, 17–21
 decoding, **21:**3–5
 experimental cell sheet, **21:**10–16
 mathematics, **21:**21–26
 mixing, measurement, **21:**6
 three-dimensional system, **21:**17
 tissue growth, synthetic model, **21:**7–10
Cell rearrangement
 archenteron elongation, **33:**193–196
 cell lineage, **21:**93, 94
 cell patterning, **21:**6–10, 17
 convergent extension, **27:**95–96
 epiboly, **27:**95–96
 gastrulation, **27:**151–154
  protrusive activity in, **27:**161–164
  roles, **27:**154, 157–158, 160–161
  sea urchins, **27:**151–154
  telecost fish, **27:**158–160
  Xenopus, **27:**154–158
 neural plate shaping/bending, **27:**139–141
 neurulation, **27:**133–149
 secondary invagination, **33:**199–208
Cell shape, changes
 Chaetopterus eggs, **31:**8–9
 embryonic compaction, **31:**299
 killifish embryos, **31:**369–370
 neural plate shaping/bending, **27:**149–150
 sea urchin eggs, **31:**104
 Tubifex eggs, **31:**200–204, 208–211
 Xenopus gastrulation, **27:**157
Cell size, effect on differentiation (*Dictyostelium*), **28:**27
Cell sorting, differential adhesion-driven, (*Dictyostelium*), **28:**29
Cell surface
 glycoconjugates, **27:**105–106
 heparin sulfate proteoglycans, **25:**123–124
 primary invagination hypotheses, **33:**188–193
Cellular adhesiveness, *see* Adhesion
Cellular cortex, monoclonal antibodies, **21:**267
Cellular oscillators, somitogenesis, **38:**249–252
Central nervous system, *see also* Neurons; *specific aspects*
 bcl-2 expression, **32:**150–151

cytogenesis
 stage I, neural tube epithelium proliferation, **20:**223, 239
 stage II, neuron production, **20:**223, 230–231, 234–237, 239, 241
 stage III, neuroglia production, **20:**224, 232–233, 239
early vertebrate development, **40:**111–157
 axial patterning, **40:**112–116
  activation, **40:**113–115
  detailed patterning, **40:**115–116
  neural induction, **40:**112–113
  transformation, **40:**115
 function variation studies, **40:**136–142
  dominant negative approaches, **40:**138–140
  ligand depletion, **40:**140–141
  RAR function gain, **40:**141, 156–157
  RXR knockouts, **40:**137–138
 orphan receptors, **40:**142–149
  COUP-TF homodimers, **40:**147–148
  DAX-1 homodimers, **40:**148
  DR1 homodimers, **40:**147–148
  minor orphan receptors, **40:**147–149
  retinoid signaling pathway interactions, **40:**143–147
  RXR heterodimers, **40:**143–147
 overview, **40:**112, 156–157
 patterning pathways, **40:**154–156
 retinoid ligands
  active retinoids, **40:**125–126
  cellular retinoic acid-binding proteins, **40:**129–130
  enzyme catalyzed conversions, **40:**127–129
  metabolic conversions, **40:**121–124
  reporter cell assays, **40:**126–127
  retinoid activity, **40:**121
  in situ localization, **40:**127
  transgenesis, **40:**127
  in vivo availability, **40:**124–127
 retinoid role
  retinoid ligands, **40:**120–131
  signaling, **40:**131–136
  targets, **40:**149–154
 signaling
  cofactors, **40:**136
  expression patterns, **40:**134–136
  signal pathways, **40:**134–135
  signal transduction, **40:**131–134
 targets
  Hox gene complexes, **40:**150–153

Central nervous system *(continued)*
  positional signaling, **40:**149–150
  transgenic analysis, **40:**153–154
  teratogenesis
    anteroposterior positional information, **40:**119–120
    apoptosis, **40:**118–119
    epimorphic respecification, **40:**118–119
    growth regulation, **40:**118–119
    hindbrain modifications, **40:**117–118
    mesoderm role, **40:**119
    neural tissue role, **40:**119
    neural transformations, **40:**116–117, 156–157
    neurogenesis, **40:**119–120
    retinoid characteristics, **40:**119–120
  expression of engrailed-type homeoproteins, zebrafish, **25:**96–98
  fibroblast growth factor, **24:**66–67, 85
  intermediate filaments, cell differentiation, **20:**229–234
  matrix cells, differentiation and functions, *see* Extra cellular matrix
  mouse embryo, homeo box genes, region-specific expression, **23:**242–245
  nerve growth factor, **24:**169–172
  neural induction, *see* Neuraxis induction
  single neuron culture
    functionality examples, **36:**296–301
    hippocampal microcultures, **36:**294–296
    overview, **36:**293–294
  vertebrate growth factor homologs, **24:**299, 304, 307, 322
Centrifugation
  force in experiments with CCD, **31:**22–23
  reorganization in frog egg, **26:**59, 64–66
Centrioles, reorganization in frog egg, **26:**57–58
Centromeres, chromosome segregation role, sister chromatid cohesion mechanisms, **37:**291–293
Centrosomes, *see also* Microtubules, organization
  actin interaction, **31:**173–174
  animal–vegetal axis formation, **30:**228–229, 231
  centrosomal component, **30:**237–238
  inactivation, **30:**229, 232
  maternal inheritance, **31:**337
  neuronal, microtubule release, **33:**284–287
  nucleating capacity, **31:**407
  origin of axonal microtubules, **33:**283–295

reorganization in frog egg, **26:**56, 58
role in generating cleavage patterns, **31:**225–229
Ceratophrys ornata, convergence and extension movements, **27:**75–76
Cerberus gene, neuralizing signal transmission, **35:**207–210, 216
Cerebellar corticogenesis, monoclonal antibodies, **21:**261, 263–264
Cerebellar granular cells, synapse formation, **21:**283
Cerebellum
  axon-target cell interactions, **21:**309
  brain-specific genes, **21:**122, 125
  cell lineage, **21:**73, 83
  homeobox genes expressed in, **29:**23–27
  intermediate filament composition, **21:**175, 176
  monoclonal antibodies, **21:**273
  optic nerve regeneration, **21:**239
  synapse formation, **21:**286, 290, 306
  visual cortical plasticity, **21:**369, 386
Cerebral cortex
  mechanosensory neurons, **21:**352
  neocortex innervation, **21:**392
  optic nerve regeneration, **21:**239
  visual cortical plasticity, **21:**386, 387
Cerebrum, synapse formation, **21:**290
Cervical ganglia
  dissection, **36:**163–166
  dissociation, **36:**167
c-*fos* gene
  continuous and transient expression, **32:**161–162
  sarcomeric gene expression, **26:**156
Chaetopterus
  cytoplasmic localization, **31:**9–16
  cytoskeleton, **31:**16–25
  reorganization after fertilization, **31:**25–29
  studies, methodology, **31:**31–35
  as model system, history, **31:**5–8
Chaoptin
  cell culture experiments, **28:**106
  distribution, **28:**106
  genetics, **28:**106
  sequence analysis, **28:**106
Checkpoint proteins
  function analysis, **37:**223
  quality control
    human genetics, **37:**372–374
    pachytene role, **37:**362–364
      germ cell loss, **37:**362–363

Subject Index

mouse mutant studies, **37**:363–364
yeast mutant studies, **37**:363
Chelonia, protective system, **22**:258, 260
Chemical agents, effects on PMC migration, **33**:177–178
Chemical mutagenesis, **28**:183–187
Chemical perturbation, neurulation, **27**:145–146
Chemotaxis, *see also* Phyllotactic patterns
  activation of sea urchin sperm, **32**:41–42
  hemopoietic stem cell attraction, avian embryo, **20**:303–305
  optic nerve regeneration, **21**:218
  proteins, **24**:203
  sperm activation, **32**:41–42
  sperm storage, **41**:79–80
  transforming growth factor-β, **24**:123
Chiasmata, chromosome segregation
  cohesion factor catenation, **37**:280–281
  crossover correlation, **37**:269–272
  crossover failure, **37**:273–274
  crossover position, **37**:272–273
  disjunction, **37**:269–274
  homolog attachment points, **37**:269
  metaphase–anaphase transition role, **37**:370–371
  segregation patterns, **29**:297
  sister chromatid cohesion, **37**:277–283, 293
  terminal binding, **37**:274–278
Chick alkaline phosphatase with oligonucleotide library vector, retroviral vector lineage analysis, **36**:64–69
Chick embryo extract, neural crest cell differentiation, **36**:26
  serum-containing medium, **20**:184, 189
  serum-free medium, **20**:187–188
Chick embryos
  actin-binding proteins, **26**:43
  brush border cytoskeleton, **26**:104–107, 111, 113
  chick embryo extract, neural crest cell differentiation, **36**:26
  development, early steps in, **25**:70–71
  intestinal embryogenesis, brush border cytoskeleton, **26**:100–102
  limb development
    apical ectodermal maintenance factor in posterior part, **23**:251
    homeotic-like mutations, **23**:251
    resemblance to compartmentation, **23**:251
  ovarian differentiation, SDM antigen, **23**:175–176

quail–chick chimeras, **36**:2–12
  applications
    oligodendrocyte precursors, **36**:7–10
    rhombomere plasticity, **36**:10–12
  characteristics, **36**:2
  markers, **36**:3–4
    antibodies, **36**:3
    nucleic probes, **36**:3–4
    nucleolus, **36**:3
  materials, **36**:4–6
    dissecting microscope, **36**:5
    eggs, **36**:4
    incubator, **36**:5
    microsurgical instruments, **36**:5
  transplantation technique, **36**:6–7
    donor embryo explanation, **36**:6
    neural tissue transplantation, **36**:6–7
    recipient embryo preparation, *in ovo*, **36**:6
  quail somite transplantation to, limb colonization with myogenic cells, **23**:192
    apical ectodermal edge role, **23**:192
  wound healing, **32**:183–186, 198
Chimeras
  aggregation, **27**:235
    genetic diseases, **27**:260–263
    immunological tolerance, **27**:259–260
    mosaic pattern analysis
      biochemical, **27**:239–240
      patches, **27**:240–245
    organigenesis, **27**:245–246
      computer simulations, **27**:253–255
      dermis, **27**:247–248
      epidermis, **27**:247–248
      hematopoietic stem cell regulation, **27**:251–252
      kidney, **27**:247
      muscle, **27**:246
      nervous system, **27**:248–250
      retina, **27**:246–247
      sexual differentiation, **27**:250–251
      thymus, **27**:252–253
    procedures for production, **27**:238–239
  cell lineage, **21**:69–71
  cell markers, **21**:72–76, 78
  cell mixing, **21**:93, 94
  mammalian central nervous system, **21**:78–80, 84–86, 88–90
  cell markers for, **27**:237–238
  cell patterning, **21**:2–3, 6, 10, 13, 15–17, 21
  embryonic stem cells, morula aggregation production method, **36**:111–113

Chimeras *(continued)*
  genetic imprinting, **29:**233, 234
  mouse embryo
    formation by embryo-derived stem cells, **20:**362–367
    marker systems
      genetic, **23:**119–121
      short-term, **23:**119–120, 130–131
      transgenic strains, **23:**121–122
    production, methods, **23:**116–117, 119
    XX↔XY, sex determination
      conditions for female development, **23:**170
      Müllerian inhibiting substance, **23:**168–169
      Sertoli cell population, **23:**168–170
      tendency to male development, **23:**168–169
  plant
    sectors, **28:**51
    stomal differentiation, **28:**61–62
    types, **28:**52
  primary, **27:**235
  quail–chick cells, **36:**2–12
    applications
      oligodendrocyte precursors, **36:**7–10
      rhombomere plasticity, **36:**10–12
    characteristics, **36:**2
    markers, **36:**3–4
      antibodies, **36:**3
      nucleic probes, **36:**3–4
      nucleolus, **36:**3
    materials, **36:**4–6
      dissecting microscope, **36:**5
      eggs, **36:**4
      incubator, **36:**5
      microsurgical instruments, **36:**5
    transplantation technique, **36:**6–7
      donor embryo explanation, **36:**6
      neural tissue transplantation, **36:**6–7
      recipient embryo preparation, *in ovo,* **36:**6
  quail–chicken
    hemopoietic cells, colonization of thymus and bursa of Fabricius, **20:**294–296
    Ia-positive cells, distribution in thymus, **20:**306–309
    neural crest cells
      conversion to thymic myoid cells, **20:**112–114
      plasticity in developing ganglia, **20:**188–189, 191

  secondary, **27:**235–236
Chimeric protein, desmin-headed, **31:**476–477
Chlorophyll, stomal guard cells, **28:**62
Cholera toxin
  germ cell growth, **29:**195
  G protein identification, **30:**82
Cholesterol
  plasmalemma, **21:**194
  side-chain cleavage, cytochrome P-450, **30:**114–115, 124
Choline, fibroblast growth factor, **24:**74
Cholinergic projection, visual cortical plasticity, **21:**386
Cholinesterase, carbonic anhydrase, **21:**209
Chondrocytes, rat, formation from skeletal muscle on bone matrix, **20:**46, 60
Chordamesoderm, neuralizing signal transmission, **35:**207–210
Chordin, ectoderm differentiation, **35:**196, 207
Chorioallantoic membrane, chicken embryo, respiratory epithelial cells, conversion into keratocytes, **20:**2–4
Chorion
  allantois development, chorioallantoic fusion, **39:**11–15
  characteristics, **39:**11
  genetic control, **39:**14–15
  mechanisms, **39:**12–15
  proliferation verses fusion, **39:**15
  transgenic fish microinjection, **30:**183–184
Chromatids
  chromatid bridges, abnormal anaphases *(Drosophila),* **27:**294
  chromosome segregation
    mammalian female meiosis regulation, **37:**368
    sister chromatid attachment maintenance centromeric region cohesion mechanisms, **37:**291–293
    chiasmata role, **37:**277–293
    equational nondisjunction, **37:**290–291
    meiosis II cohesion disruption mutations, **37:**292
    proximal exchange, **37:**290–291
  sister kinetochore function, **37:**287–290
    duplication, **37:**287–288
    functional differentiation, **37:**288–290
    reorganization, **37:**287
Chromatin
  accessibility, **32:**18
  brain-specific genes, **21:**46

cell cycle regulation, **30:**163–164
condensation, oocytes at germinal vesicle, **28:**127
decondensation, sperm nuclei to male pronuclei transformation, **34:**41–52
  in vitro conditions, **34:**47–52
  in vivo conditions, **34:**41–46
intermediate filament composition, **21:**159
interphase nuclei organization, **35:**53–54
prophase loop
  alignment, **37:**256–257
  associated DNA sequences, **37:**250–253
  attachments, **37:**247–250
  development time course, **37:**256
  DNA content, **37:**253–256
  recombination hotspot identification, DNA accessibility, **37:**51–52
reorganization in frog egg, **26:**56–57
Chromatography
  monoclonal antibodies, **21:**271
  size-exclusion, **31:**125–126, 466
  visual cortical plasticity, **21:**371, 374, 376, 378
Chromatophores, amphibians
  transdifferentiation *in vitro,* **20:**79–86
  types, **20:**79–80
Chromium release assay, apoptosis measurement, **36:**264
Chromosomes, *see also* Cloning; DNA
  aberrations, nondisjuction in meiosis, **29:**282
  abnormalities, secondary nondisjunction, **29:**303
  actin-binding proteins, **26:**37
  bivalent segregation
    achiasmatic division, homolog attachment, **37:**283–286
    chiasmata
      cohesion factor catenation, **37:**280–281
      crossover correlation, **37:**269–272
      crossover failure, **37:**273–274
      crossover position, **37:**272–273
      disjunction, **37:**269–274
      homolog attachment points, **37:**269
      metaphase–anaphase transition role, **37:**370–371
      sister chromatid cohesion, **37:**277–283, 293
      terminal binding, **37:**274–278
    orientation mechanisms, **37:**266–269
      bipolar orientation recognition, **37:**267–269

bivalent structure, **37:**266–267
dyad structure, **37:**266–267
reorientation, **37:**267–269
overview, **37:**263–265, 292–293
sister chromatid attachment maintenance, **37:**290–293
  centromeric region cohesion mechanisms, **37:**291–293
  equational nondisjunction, **37:**290–291
  meiosis II cohesion disruption mutations, **37:**292
  proximal exchange, **37:**290–291
sister kinetochore function, **37:**287–290
  duplication, **37:**287–288
  functional differentiation, **37:**288–290
  reorganization, **37:**287
bouquet organization, **31:**385–387
breaks, **27:**294
chromosome 21, linkage map, **29:**293
  translocations involving, **29:**297–298
Colcemid-induced dispersion in unfertilized oocytes, mouse
  inhibition by latrunculin, **23:**32
  recovery from, **23:**33
Coptis japonica, cell lines from single protoplast, instability, **20:**410–415
crossing over
  chiasmata association, **37:**269–274
  mammalian germ line recombination, **37:**8–12
  physical versus genetic distances, **37:**10–11
  recombination hotspots, **37:**11–12
  sex differences, **37:**9–10
cytoplasm separation, **35:**51–52
disjunction *(Drosophila),* **27:**283–284, 294
DNA repair, *see* DNA, double-stranded breaks
Drosophila
  cell cycle study, fluorescent *in situ* hybridization, **36:**280–282
  development, paternal effects, **38:**6–7
enucleation effect, **30:**153
extrachromosomal amplification, **30:**188, 202
fibroblast growth factor, **24:**59
insulin family of peptides, **24:**140
lampbrush, **30:**223
mammalian protein meiotic function analysis, aberrations, **37:**228–230
meiotic, **31:**397
meiotic spindle, scattering, **31:**323

Chromosomes *(continued)*
  microtubule motors in sea urchin, **26:**71–72, 75
  mouse, nonlens cells, chicken δ-crystallin gene, **20:**161–162
  nondisjunction
    conflict theory of genomic imprinting, **40:**273–277
    human males, **37:**383–402
      aberrant genetic recombination, **37:**396–397
      age relationship, **37:**394–396
      aneuploidy, **37:**384–393, 397–400
      environmental components, **37:**400
      etiology, **37:**393–400
      future research directions, **37:**400–402
      infertility, **37:**397–400
      male germ cells, **37:**387–393
      overview, **37:**383–384
      study methodology, **37:**384–393
      trisomic fetuses, **37:**384–386
    male meiosis *(Drosophila),* **27:**297
    sister chromatid attachment maintenance, **37:**290–291
    uniparental, **30:**167–168
  nuclear transplantation, **30:**149–150, 162–164
  pairing
    male *Drosophila* pairing sites, **37:**79–96
      autosomal pairing sites, **37:**81–85
      female pairing sites compared, **37:**95–96
      function mechanisms, **37:**89–94
      implications, **37:**109–110
      molecular composition, **37:**89–92
      sex chromosome pairing sites, **37:**85–89, 94–95
      spermatogenesis, **37:**79–81
      transcription relationship, **37:**92–94
    overview, **37:**77–79
    spermiogenesis, **37:**96–109
      chromosomal sterility, **37:**100–103
      implications, **37:**110–111
      meiotic drive, **37:**96–100
      metaphase mitotic model, **37:**106–109
      pairing site saturation, **37:**103–105
      X-inactivation, **37:**105–106
  paternal duplication-maternal deficiency for proximal part, lethal, mouse embryo, **23:**61
  plant sex determination
    dioecious plants, **38:**187–189
    sequence organization, **38:**209–210
  premature condensation, **30:**161

prophase cores
  chromatin loop
    alignment, **37:**256–257
    associated DNA sequences, **37:**250–253
    attachments, **37:**247–250
    development time course, **37:**256
    DNA content, **37:**253–256
  overview, **37:**241–242
  synaptonemal complex
    electron microscopic structure analysis, **37:**242–245
    immunocytological structure analysis, **37:**245–247
    recombination site, **37:**257–259
recombination
  anaphase I, **29:**289
  anaphase II, **29:**289–291
  brain-specific genes, **21:**118–119
  dynamics, **37:**39–40
  early replication, **29:**293–294
  hotspots
    biochemical–genetic convergence, **37:**57–60
    chromatin DNA accessibility, **37:**51–52
    chromosome dynamics, **37:**39–40
    cis–trans control mechanisms, **37:**56
    crossing over, **37:**11–12
    double-stranded DNA breaks, **37:**50–51
    genetic identification, **37:**40–50
    Holliday junction resolution, **37:**60–65
    major histocompatibility complex role, **37:**44–46
    marker effects, **37:**40–44
    overview, **37:**38
    physical versus genetic maps, **37:**40
    plasmid recombination assays, **37:**46–50
    polarity, **37:**40–44
    protein–DNA binding role, **37:**52–56
    recombination initiator models, **37:**57–65
  human male nondisjunction, **37:**396–397
  mammalian germ line, **37:**1–26
    crossing over, **37:**8–12
    disease, **37:**18–22
    early exchange genes, **37:**22–23
    early synapsis genes, **37:**23–24
    evolutionary evidence, **37:**13
    experiment size, **37:**6–7
    gametogenesis study problems, **37:**3–7
    gene conversion, **37:**12–18
    gene conversion measurement strategies, **37:**15–18

Subject Index

genetic control, **37:**22–26
late exchange genes, **37:**24–26
major histocompatibility complex, **37:**13–14
meiotic product recovery, **37:**3–4
overview, **37:**2–3
physical versus genetic distances, **37:**10–11
recombination hotspots, **37:**11–12
sex differences, **37:**9–10
meiotic delay, **29:**294
nondisjunction, **29:**289–298
nonvertebrate, **29:**291
sex as factor in, **29:**293–294
sex-reversing, **32:**17
synaptonemal complex-associated late nodules, **37:**257–259
vertebrate, **29:**291–298
replication, bacteria differentiation control, **34:**226–229
separation, mitosis, **29:**294–295
sex, constitution of embryo, decided at fertilization, **23:**166
effect on embryogenesis stages, **23:**166–167
somitogenic codes, **38:**256–259
sterility, **37:**100–109
metaphase mitotic model, **37:**106–109
pairing site saturation, **37:**103–105
X-autosome translocations, **37:**100–101
X-inactivation, **37:**105–106
Y-autosome translocations, **37:**100–101
y^+Ymal^+ chromosome, **37:**102
teratocarcinoma cell lines, δ-crystallin gene, **20:**161–162
uniparental disomy, **30:**167–168
vertebrate growth factor homologs, **24:**291
epidermal growth factor, **24:**292, 296, 301, 306–307
transforming growth factor-β, **24:**312, 315–316, 318
X chromosome
cell differentiation, **29:**230–31
dosage compensation, **32:**8
gene isolation, **32:**3–4
inactivation, **29:**242–248
inactivation, genetic mosaicism, mouse, **23:**124–125, 133–134, 137, 139
persistent difference between maternally and paternally derived in embryo, **23:**63–64
recombination, **29:**293

Sry expression, **32:**25–28
Y chromosome
gene isolation, **32:**3–4
possible gene products, **23:**178–179
rapid evolution, **32:**23
Chronometer, protein kinase C and protein kinase M as, **31:**306
ci-D gene, **29:**125
Cilia
microtubule motors in sea urchin, **26:**72, 76–77, 79, 82
tissue-specific cytoskeletal structures, **26:**5
Ciliary neurotrophic factor
cultured primary neuron gene expression analysis, **36:**191–193
regulation, **29:**199
Ciprofibrate, pancreatic hepatocyte induction, rat, **20:**64, 66, 68
peroxisome proliferation, **20:**70–71
Circus movements, **27:**95
Cis elements, sarcomeric gene expression, **26:**146–147, 152–153, 157, 159, 162
Citrus sinensis, timing of events in, **29:**331
c-kit
cell cycle progression, **29:**310
W mutation, **29:**196, 214
Clams, *see Spisula solidissima*
clavatal-I mutant
characteristics, **29:**344–347
floral histology, **29:**342
flower development, staging and timing, **29:**347–348
plastochron determinations for, **29:**344
Clearing solution, BA:BB, **31:**422–423
Cleavage, *see also* Pseudocleavage
brain-specific genes, **21:**131
cell interactions, position determined commitment events, **21:**52–53
embryonic development, **21:**32–34
O and P cell lines, **21:**39, 45
cell patterning, **21:**17
Chaetopterus, unequal, **31:**7
ctenophore eggs, **31:**42, 55–56
differentiation without, **31:**6–7, 14–16
early
polar cortical actin lattice during, **31:**221–223
sea urchin, **31:**67
spectrin redistribution, **31:**120–121
embryonic, developmental anomalies, **32:**76–81
fertilization, **31:**11–14

Cleavage *(continued)*
  founder lineages established during, **33:**163–165, 177–178
  marsupials, **27:**191–205
    blastomere-blastomere adhesion, **27:**201–202
    blastomere regulation, **27:**224
    blastomere-zona adhesion, **27:**198–199
    cell divisions during, **27:**204–205
    cell populations during, **27:**202–203, 222–224
    cytoplasmic emissions, **27:**191
    extracellular matrix emission, **27:**192–193
    patterns, **27:**194–198
    site, **27:**193–194
    yolk elimination, **27:**192
  meroblastic, **31:**362–363
  microtubule motors in sea urchin, **26:**75, 77
  pattern generation, centrosome and cortex role, **31:**225–229
  proteolytic, **32:**146, 158
  sarcomeric gene expression, **26:**161
  stages, signaling events during, **32:**125–129
  Tubifex, **31:**198–199
  Xenopus
    actin-binding proteins, **26:**36, 38, 41
    patterns, **32:**106–108
    reorganization, **26:**57, 59
Cleavage furrows
  development during polar body formation, **31:**204–206
  formation, cortical actin cytoskeleton role, **31:**215–220
Cleft palate, epidermal growth factor, **22:**175, 187
Cleistogamy, heterochrony role, **29:**326
Clones
  analysis
    bundle sheath cell lineage, **28:**68
    cotton plant, compartments, **28:**51
    leaf development, **28:**49
    maize
      compartments, **28:**51
      Knl mutation, **28:**72
      meristematic regions of cells division, **28:**59–60
      phenotype generation, **28:**72–73
    stem cell differentiation *in vivo*, **25:**164–168
      background, **25:**164
      reconstituted animals, analysis, **25:**164–167

  tobacco leaf, **28:**54
  bicoid message localization, **26:**32
  β-keratin genes, **22:**239
  brain-specific genes, **21:**118, 123–127, 147–148
  brain-specific protein 1B236, **21:**129, 139
    expression, control, **21:**143–145
    rat brain proteolipid protein, **21:**140–142
  brush border cytoskeleton, **26:**111, 116
  cell interactions, position determined, **21:**32
    commitment events, **21:**50, 51, 57, 59
    embryonic development, **21:**32–33, 36
    O and P cell lines, **21:**37, 40, 42
  cell lineage, **21:**65, 78–79, 83, 86, 89–94
  cell patterning, **21:**2–3, 5–7, 21, 25
  chicken intestinal epithelium, **26:**136
  cytoskeleton positional information, **26:**1
  embryonic induction in amphibians, **24:**266, 280, 282
  epidermal growth factor, **24:**296–298, 303–307, 311
  experimental manipulation, **22:**70, 86, 89–91
  fibroblast growth factor, **24:**58, 61, 63, 71, 85
  gynandromorphic *Drosophila*, **27:**242
  human keratin genes, **22:**21
  insulin family of peptides, **24:**140
  keratin gene expression, **22:**36, 98, 195, 206
    differentiation, **22:**196–197
    subunit structure, **22:**204
  monoclonal antibodies, **21:**267, 271–273
  nerve growth factor, **24:**175, 178
  neuronal death, **21:**107
  proteases, **24:**223, 228–229, 241–242
  proteins, **24:**196, 201
  pupoid fetus skin, **22:**226
  sarcomeric gene expression, **26:**146–147, 162
  segmental periodicity in, **25:**94 96
  stem cell differentiation *in vivo*, **25:**164–165
  synapse formation, **21:**279
  transforming growth factor-β, **24:**96, 126, 316, 318–319
  vertebrate growth factor homologs, **24:**291, 320–321
Clonidine, visual cortical plasticity, **21:**385
Cloning
  neural crest cells, *in vitro*
    cell fate, **36:**25–26
    cell potentiality analysis, **36:**12–14
    culture technique
      clone analysis, **36:**20
      cloning procedure, **36:**14–15, 17–19

Subject Index

        isolation methods, **36**:16–17
        materials, **36**:15–16
        protocol, **36**:14–15
        subset study, **36**:19–20
        3T3 cell feeder layer preparation, **36**:16
    developmental repertoire, **36**:20–23
    gangliogenesis analysis, **36**:24–25
    overview, **36**:1–2, 29
  optic nerve regeneration, **21**:251
  retinoic acid receptors, **27**:359–362
  single-cell cDNA libraries, **36**:245–258
    cDNA amplification, **36**:251–254
    clone analysis, **36**:256–257
    differential screening method, **36**:254–257
    mammalian pheromone receptor genes, **36**:245–249
    neuron isolation, **36**:249–251
    tissue dissociation, **36**:249–251
Clusterin, complement inhibition, **33**:70
c-mos gene
  fruit flies, **27**:280–281
  meiotic nondisjunction, **29**:307
c-myc gene, apoptosis
  induction, **32**:160
  modulation, **35**:23–24
Cnidarians, homeobox genes
  homology establishment, **40**:221–229
  Hox gene expression, **40**:234, 239–240
  isolation, **40**:220–221
  multiple genes, **40**:240–242
CNS, *see* Central nervous system
Cochlear nerve
  early development, **21**:314, 316
  organization, **21**:310–311
  posthatching development, **21**:330, 333
  synaptic connections
    experimental manipulations, **21**:324, 325
    NM-NM projection, **21**:326–329
    refinement, **21**:320–321, 323–324
    synaptogenesis, **21**:318, 319
Cochleovestibular ganglia
  inner ear development, **36**:126–128
  organotypic culture
    dissociated cell culture, **36**:123–126
    overview, **36**:115–116
    proliferating culture, **36**:121–122
    whole ganglia culture, **36**:122–123
Cocultures, *see also* Cell culture; Tissue culture
  D1.1 with V2.1, **32**:121–122
  embryo, **32**:91–92
Cognin, synapse formation in retina, **21**:305

Cohesion, chromosome segregation role
  chiasmata
    cohesion factor catenation, **37**:280–281
    sister chromatid cohesion, **37**:277–283, 293
  sister chromatid attachment maintenance
    centromeric region cohesion mechanisms, **37**:291–293
    meiosis II cohesion disruption mutations, **37**:292
Colcemid
  chromosome dispersion in unfertilized oocytes, mouse, inhibition by latrunculin, **23**:31–32
  effects on fertilized oocytes, mouse
    nuclear lamin appearance, **23**:43–44
    prevention of pronuclear formation and migration, **23**:38
  intermediate filament composition, **21**:161
Colchicine
  actin-binding proteins, 26:36
  α-and β-tubulin mRNA decline induction, **31**:71
  blocking CCD reorganisation, **31**:24–25
  brain-specific genes, **21**:135, 139
  cytokeratin organization, **22**:74, 76, 77, 80, 82, 84
  microtubules, **29**:300
  plasmalemma, **21**:196
Collagen
  component of basal lamina, **33**:223–226
  embryonic induction in amphibians, **24**:282
  epidermal growth factors, **22**:182–184, **24**:9, 34
  extracellular matrix (amphibian), **27**:97–98
  fetal wound healing, **32**:193–194
  fibroblast growth factor, **24**:67, 68, 76–78, 81
  meshwork remodeling, **32**:180
  PEC conversion into lentoids, **20**:27
  proteases
    extracellular matrix development, **24**:220–222
    inhibitors, **24**:226, 228–229, 232–233
    regulation, **24**:235, 237–239, 242
  proteins, **24**:194, 205–212
  pupoid fetus skin, **22**:215, 217
  transforming growth factor-β, **24**:107, 120, 123
  type I, bone matrix guanidine extract precipitation upon, **20**:58–60
  vertebrate growth factor homologs, **24**:324

Collagenase
  DNA synthesis in medusa regenerates, **20:**128–129
  fibroblast growth factor, **24:**71, 77
  medusa tissue isolation, **20:**122–123
  proteases, **24:**222
    inhibitors, **24:**226–233
    regulation, **24:**238–239, 244–245
  proteins, **24:**194, 212
  pupoid fetus skin, **22:**232
  ras oncogene, **24:**231
  transforming growth factor-β, **24:**108
Collagen type IX proteoglycan, **25:**124
Collecting ducts
  growth, **39:**268–275
    morphogenesis
      control signals, **39:**268–273
      mechanisms, **39:**273–275
    kidney development lineage, **39:**266–267
Collomia grandiflora
  growth curve, **29:**330
  timing of events in, **29:**332
Colon carcinoma, chicken intestinal epithelium, **26:**138
Colony-forming units (CFU-S), properties, **25:**160, 163
Colony-stimulating factor-1, **29:**196
Comb plates, ctenophore, forming potential, **31:**44–46, 56
Common variable immunodeficiency, retinoic acid effects, **27:**330
Communication regulators, *see* Intercellular communication regulators
Competence
  acquisition, MPF role, **28:**137–138
  female meiosis regulation, **37:**340–342, 365–366
  modifiers, **30:**260, 269
Competition, sperm, evolution and mechanisms, **33:**103–150
Competitive inhibition
  model, analysis, **28:**31–34
  prestalk cells by prespore cells (*Dictyostelium*), **28:**26–29
Complement receptors, **30:**48–49
Conceptus
  definition, **39:**42
  polarity, conventional view, **39:**44
  uterus axial relations, **39:**58–60
Conflict theory of genomic imprinting
  deleterious mutation effects, **40:**268–271
  division of labor, **40:**286–287

  dose-dependent abortion effects, **40:**271–273
  evolutionary dynamics, **40:**262–268
    evolutionary trajectories, **40:**266–267
    fitnesses, **40:**264–266
    growth inhibitor genes, **40:**267–268
    quantitative genetics, **40:**262–264
  example mammals, **40:**258–260
  future research directions, **40:**283–289
  gene regulating allocation, **40:**273–277
  genetic conflict hypothesis, **40:**260–262, 283–285
  interspecific variations, **40:**287–288
  nonconflict hypothesis, **40:**281–283
  overview, **40:**255–258, 288–289
  paternal disomies, **40:**273–277
  voluntary control versus manipulation, **40:**285–286
  X-linked gene selection, **40:**277–281
    dosage compensation, **40:**279–281
    sexual differentiation, **40:**278
Connectin, characteristics, **28:**106–107
Constrictive dermopathy, **22:**146–148
Contractile proteins, sarcomeric gene expression, **26:**145–147
Contractile ring assembly, *Drosophila* male meiosis regulation, **37:**321
Contraction
  actin lattice, **31:**215
  action purse string, **32:**182–183
  adult wound connective tissue, **32:**178–179
  circumferential, **31:**368
  cortical, actomyosin-based, **31:**446
  embryonic wound mesenchyme, **32:**189–190
  microfilament, induced apical constriction, **33:**191–192
  within nurse cells, **31:**142–143
  onset, role of protein kinase C, **31:**438–440
  rhythmic waves, medaka zygotes, **31:**354–355
Convergence movements
  anuran gastrulation, **27:**67–68
  C. ornata, **27:**75–76
  H. regilla, **27:**75–76
  urodeles, **27:**75–76
    gastrulation, **27:**67–68
  Xenopus gastrulation, **27:**67
    deep mesodermal cells in, **27:**68
    epithelial cells, **27:**68
    noninvoluting marginal zone, **27:**70
    sandwich explants, **27:**67, 74
Convergent evolution, anural development, **31:**266–267

Subject Index

Convergent extension
  Danio rerio pattern formation, gastrulation movement coordination, **41**:23–28
  defined, **27**:70
  role of cellular rearrangements, **27**:95–96
  surface epithelial cells, **27**:148
  Xenopus, **27**:154–158
Conversion response
  gonadal cells, **32**:9
  SMCs, **33**:237–239
Copidosoma floridanum, embryo development
  cellularized development, **35**:134
  early development, **35**:129–131
  hymenoptera species compared, **35**:145
  larval caste morphogenesis, **35**:132–134, 141–144
  polarity establishment, **35**:136–138
  polymorula development, **35**:132
  proliferation regulation, **35**:139–140
  segmental gene expression, **35**:134–136
  segmental patterning regulation, **35**:140–141
  typical insect development compared, **35**:136–144
Copper, dietary, depletion-repletion, pancreatic hepatocyte induction, **20**:65–66
  peroxisome proliferation, **20**:72–73
Coprinus cinereus epistasis group model, double-stranded DNA break repair pathway analysis, **37**:128–134
Coptis japonica, cell lines from single protoplast, **20**:409–416
  berberine content, **20**:405–416
  chromosome number and shape, **20**:410–415
Copulations
  extra-pair
    benefits and costs for females, **33**:112–117
    breeding behaviour, **33**:110–112
    general questions, **33**:109
    optimal strategies, **33**:143–150
    success determinants, **33**:118–143
  retaliatory, **33**:114, 116
Cornea
  epithelium
    differentiation markers, **22**:117
    differentiation-specific keratin pairs, **22**:99, 102
  keratin expression patterns, **22**:111, 115–116
Corneocytes, **22**:3, 41, 46, 53
Cornified cells, developmental expression, **22**:128, 147, 149
  antibody staining, **22**:142
  cornification, **22**:204

  epidermal development, **22**:132
  filaggrin, **22**:129
  immunohistological staining, **22**:142
  keratinization, **22**:211, 255, 259, 261
  localization, **22**:145
  protein expression, **22**:143
  pupoid fetus skin, **22**:219, 222
Corpus luteum, fibroblast growth factor, **24**:71–72, 79–80
Cortex
  actin-binding proteins, **26**:36, 38
  actin organization, sea urchin egg, **26**:9–10, 18–19
    actin-binding proteins, **26**:16–18
    assemble states, **26**:11–14
    fertilization cone, **26**:14
    organization changes, **26**:14–16
  axis-inducing activity, **30**:267–268
  brush border cytoskeleton, **26**:102, 104, 111
  chicken intestinal epithelium, **26**:137
  contractions, *Xenopus* actin-binding proteins, **26**:37–38, 40
  cytoskeletal domain
    actin, developmental role, **31**:204–221
    Chaetopterus, structure and function, **31**:16–25
    cytoplasmic localization, **31**:22–25
    Xenopus oocytes, **31**:433–449
  development, **30**:262
  γ-tubulin distribution, **30**:237–241
  polarization, **30**:240–241
  reorganization in frog egg, **26**:57, 59–67
  RNA localization, **30**:266–267
  rotation, **30**:257, 263–264, 267, 273
    gravity effect, **30**:263–264
    ultraviolet radiation, **30**:264
Cortical flash, **30**:69–70
Cortical granules
  actin-binding proteins, **26**:37
  actin organization in sea urchin egg cortex, **26**:14–17
  distribution in egg cortex, **31**:434–436
  egg dynamin localized on, **31**:121–123
  endoplasmic reticulum wrapped around, **31**:442–443
  exocytosis, **30**:22, 24, 34–37, 41, **31**:350–352
    calcium, **30**:28, 71
    protein kinase C effect, **30**:34
  fused with plasma membrane, **31**:446
  outer shell remnants, **31**:17
  region-specific distribution, **31**:12–13
  spectrin localized on, **31**:114

Cortical lawns, isolated, preparation, **31**:126–130
Cortical membrane
associated actin filament polymerization, **31**:116–118
patches, F-actin organization, **31**:346–347
Cortical reaction, absence in *Chaetopterus* spp., **31**:34
Cortical rotation
amphibians, **24**:271–272, 279–281
associated microtubule array, **31**:469–470
live embryos, **31**:447–448
organizer function, **30**:275–277
reorganization in frog egg, **26**:61–62, 64, 67
role in specification of dorsal-ventral axis, **31**:401–405
Corticogenesis
abnormality in *Reeler* mutant, mouse, **20**:237, 239–241
matrix cell bundles, **20**:235–238
Cortisol
epidermal growth factor, **22**:176
transforming growth factor-β, **24**:123
cotA gene
coordinate expression, **28**:12
DIF-1 effects, **28**:15
regulatory regions, **28**:15–18
spatial localization of cell-type specific gene products, **28**:20
cotB gene
coordinate expression, **28**:12
DIF-1 effects, **28**:15
regulatory regions, **28**:15–18
cotC gene
coordinate expression, **28**:12
DIF-1 effects, **28**:15
regulatory regions, **28**:15–18
spatial localization of cell-type specific gene products, **28**:20
Cotton plant
compartments, **28**:51
marginal cell division, **28**:54
Cotyledons, cucumber, mRNAs for ribulose-1,5-biphosphate carboxylase subunits, induction by
6-benzylaminopurine, **20**:388
light, **20**:388
CpG dinucleotide, methylation, **29**:249, 256, 260, 263–264
resistance, **29**:245–246
C_4 plants
leaf dimorphism in, **28**:67

photosynthetic differentiation, **28**:67–68
Creatine kinase, skeletal muscle type, pineal cell culture, **20**:93–95
Creatine kinase gene, sarcomeric gene expression, **26**:147, 149, 152, 160, 162
c-rel gene, apoptotic cell expressing, **32**:162
Crest cells
differential responses of to environmental cues, **25**:142–144
dispersal, stages, **25**:146–147
responding differentially to peptide growth factor activities, **25**:141
subpopulations of with partial developmental restrictions, **25**:134–135
Crossed dorsal tract (XDCT), axon-target cell interactions, **21**:312, 336
Cross-hybridization, sea urchin sperm receptor cDNA, **32**:46–47
Crossing over
chiasmata association, **37**:269–274
mammalian germ line recombination, **37**:8–12
physical versus genetic distances, **37**:10–11
recombination hotspots, **37**:11–12
sex differences, **37**:9–10
Cross-linking
brush border cytoskeleton, **26**:98, 102, 106–107, 109
chicken intestinal epithelium, **26**:129, 132, 137
Cross-reactivity, microtubule motors in sea urchin, **26**:77
crumbs gene product, **28**:111
Cryopreservation
embryos, **32**:84–87
oocytes, **32**:84–87, 92
sperm, **32**:76
Cryptic cells
attachment sites, **33**:226
chicken intestinal epithelium, **26**:126, 137–138
Crypt of Lieberkühn, chicken intestinal epithelium, **26**:125, 127–128, 132–134
Crypt-villus axis
brush border cytoskeleton, **26**:109–110, 112
chicken intestinal epithelium, **26**:133–134
δ-Crystallin
adenohypophysis, **20**:138, 147–148
chicken embryo mRNA
lens cells during embryogenesis, **20**:144–145
nonlens tissues

Subject Index

ability to lentoid formation, **20**:139–140, 142
detection by *in situ* hybridization, **20**:140–144
embryogenesis, **20**:142–143
lentoids, **20**:33–35
neural retina during transdifferentiation, **20**:144–147
retinal PEC, **20**:140–141
regulation, multiple levels, **20**:148–149
early embryo lens, avian, **20**:137–139, 154
epiphysis, **20**:138, 148
evolutionary consideration, **20**:147–148
neural retina-derived lentoids, avian, **20**:4–5, 138–139
pineal cells, **20**:90–91
δ-Crystallin gene, **30**:201
Crystallins, embryonic tissues, chicken, **20**:154
C_{212} steroid, **30**:119–120
Ctenophores
cytoskeleton and development, **31**:41–61
eggs, handling, **31**:59–60
homeobox genes
homology establishment, **40**:221–229
isolation, **40**:220–221
Cucumis sativus, sex determination, **38**:186–187
Cues
directional, PMC response, **33**:179–181
repulsive and attractive, SMC attachment, **33**:216–217
Cumulative embryo score, **32**:78–79
Cumulus cells
atretic, oocytes surrounded by, **32**:62–63
oocyte development, epidermal growth factor receptor gene interactions, **35**:77–78
Cu mutation (tomato), **28**:73
Cyanoketone, **30**:118–119
Cyclamen persicum, timing of events in, **29**:331
Cyclic adenosine diphosphate-ribose
assay, **30**:80–81
function, **30**:32–33, 78–81, 86
regulation, **30**:81
synthesis, **30**:78, 81
Cyclic AMP, **30**:122–124
axonal guidance studies, **29**:161
cytokeratins, **22**:169
epidermal growth factor, **22**:184, 187–188
gonadotropin-induced meiosis resumption role, **41**:170–172
internal, prespore gene expression *(Dictyostelium)*, **28**:13
proteases, **24**:231

proteins, **24**:196
regulation
cysteine protease (CP2), **28**:8
discoidin 1 lectins, **28**:7–8
esterase (D2), **28**:8
transforming growth factor-β, **24**:122
visual cortical plasticity, **21**:372
Cyclic GMP, axonal guidance studies, **29**:161
Cyclic GMP-dependent protein kinase, **30**:81, 86–87
cascade, **30**:125
Cyclin-dependent kinases, cell cycle regulation, **35**:2–4
Cyclins
cDNA clone, **30**:131
characteristics, **30**:130–131, 133
degradation, **28**:134, **30**:136
genses for *(Drosophila)*, **27**:288–290
maturation-promoting factor, **30**:131–132
meiotic expression, **37**:163–164
mutation in gene coding for *(Drosophila)*, **27**:288
nondisjunction in meiosis, **29**:308
oocyte maturation, **30**:132–133, 137–138
p34^{cdc2} activation, **28**:135–136
synthesis, **30**:135
Cyclin ubiquitinating enzymes, **28**:134–135
Cyclops mutation, zebrafish, **29**:92
Cystatin, proteases, **24**:232–233
Cystatin-related epididymal specific, mRNA localization, **33**:69–70
Cysteine
β-keratin gene expression, **22**:238
epidermal growth factor receptor, **24**:14
human keratin genes, **22**:19
protective system, **22**:260–261
proteins, **24**:200
transforming growth factor-β, **24**:126
vertebrate growth factor homologs, **24**:298, 303, 308, 317
Cysteine protease (CP2), cAMP regulation, **28**:8
Cystine, protective system, **22**:260–261
Cytoarchitecture, teleost fish cytoskeleton, **31**:343–374
Cytochalasins
actin-binding proteins, **26**:36–38, 37–38
actin organization in sea urchin egg cortex, **26**:14
chicken intestinal epithelium, **26**:126
cytokeratin organization, **22**:74, 76–78, 80, 82, 84
cytoskeleton polarization, **39**:80

Cytochalasins *(continued)*
  effect on microfilaments, **31:**356
  effects of fertilized oocytes, mouse
    comparison with latrunculin, **23:**33
    pronuclear migration inhibition, **23:**33, 38
  effects of unfertilized oocytes, mouse, **23:**31–32
  elicited differentiation without cleavage, **31:**14–15
  filopodia removal, **29:**146
  genomic imprinting studies, **29:**267
  inhibited cleavage in fertilized eggs, **31:**24
  locating contractile forces, **31:**360
  pathfinding effect, **29:**162, 164
  pole plasm organization change induction, **31:**224
  treated zebrafish eggs, **31:**349, 351
Cytochrome P-450, *see also* specific type
  cholesterol side-chacleavage, **30:**114–115, 124
  gene cloning, **30:**115–116, 124
Cytogenetic analysis, human oocytes, **32:**83–84
Cytokeratin, *see* Keratin
Cytokinesis
  bicoid message localization, **26:**24
  cell cycle-dependent alterations, **22:**81
  Drosophila male meiosis regulation, **37:**319–325
    contractile ring assembly, **37:**321
    germ line, **37:**322–324
Cytokinin, effects on tobacco pith culture
  habituation induction, **20:**378–380
  shoot formation, **20:**375
Cytoplasm, *see also* Organelles
  actin-binding proteins, **26:**36–38, 48, 50
  actin organization in sea urchin egg cortex, **26:**9–10, 16
  axis formation, **30:**264–266
  bicoid message localization, **26:**23–24, 27–31
  brush border cytoskeleton, **26:**94, 105, 109, 114
  bulge formation, **31:**206–208
  chicken intestinal epithelium, **26:**132
  ctenophore, features, **31:**46–47
  cytoskeleton positional information, **26:**2–3
  dumping, mutations affecting, **31:**177
  embryonic induction in amphibians, **24:**262–263, 271–273, 278–279
  emissions, marsupial cleavage, **27:**191
    activation effects (marsupials), **27:**188–189
    marsupial oocytes, **27:**180–181
  epidermal growth factor in mice, **24:**33

extract preparation, **31:**124
gastrulation, **26:**4
germinal, **30:**218
incompatibility, *Drosophila* fertilization, **34:**103–107
inner, interaction with cortex, **31:**436–437
insulin family of peptides, **24:**142, 146
licensing factor, **30:**162
localization
  Chaetopterus eggs, **31:**8–16
  function of CCD, **31:**22–23
  microtubule role, **31:**79–83
microtubule motors in sea urchin, **26:**71–72, 75–77, 79, 82, 86
neuronal apoptosis regulation, **39:**200–207
  caspases, **39:**200–202
  cellular component interactions, **39:**206–207
  oxidative stress, **39:**202–204
  phosphoinositide 3-kinase–Akt pathway, **39:**204–205
  p75 neurotrophin receptor, **39:**205–206
  reactive oxygen species, **39:**202–204
nuclear transplantation, **30:**155, 159–161, 169
nucleocytoplasmic transport control, **35:**51–52
pigmented cortical, rotation, **32:**105–106
polarity, species comparison, **30:**235
reorganization, **26:**53–59, 67, **31:**13–14
  fertilized egg, **26:**61–67
  localization, **26:**59–61
sarcomeric gene expression, **26:**145, 159–160
signaling control, **35:**174
streaming, internal cytoplasm toward embryo, **31:**171
subcortical, movement, **31:**214–215
swirl, **32:**116–117
tissue-specific cytoskeletal structures, **26:**5
yolk-free radii, **31:**391–393
Cytoplasmic cap, **30:**228, 232
Cytoplasmic factor, maternal, inheritance, **32:**113–123
Cytoskeleton, *see also specific components*
  actin-binding proteins, **26:**35–36, 38–41
  actin organization in sea urchin egg cortex, **26:**14
  animal-vegetal axis formation, **30:**217, 219–241, 231, 244, 246
  bicoid message localization, **26:**23, 27–28, 30, 32–33
  Chaetopterus, isolation and structural analysis, **31:**16–21

chicken intestinal epithelium, **26:**124–125, 128, 131, 133–138
connection with positional information, **31:**150–153
cortical, *Xenopus* oocytes, **31:**433–449
ctenophore, **31:**41–61
cytokeratins
    blastocyst-stage embryos, **22:**166
    intermediate filament, **22:**153
    oocyte, **22:**162
    preimplantation development, **22:**156–157
cytoplasmic organization, **30:**233, 235
developing oocyte, **31:**142–143
epidermal growth factor in mice, **24:**34
gastrulation, **26:**4
intermediate filament composition, **21:**174–176, 180
large structures, *see* Sheets
meiotic protein gene expression, **37:**174–175
microtubule, reorganization during early diplotene, **31:**387–392
networks, **30:**219–241
organization and dynamics
    mammalian species, **31:**327–333
    rodents, **31:**322–327
polarization, **30:**236–238, 240–241
    blastomere development pathways, par genes, **39:**111–113
    maternal pattern formation control, **39:**78–81
        anterior–posterior polarity, **39:**78–81
        germline polarity reversal, **39:**89–90
        mes-1 gene, **39:**89–90
        par group genes, **39:**82–90
        par protein distribution, **39:**84–86
        sperm entry, **39:**81–82
positional information, **26:**1–4
proteins, **24:**205
reorganization
    cellular signals leading to, **31:**25–29
    frog egg, **26:**59
residues, preparation, **31:**271
role in
    development, **31:**56–57
    distributing localized substances, **31:**30
    egg spatial pattern generation, **31:**197–232
submembrane, **31:**442–443
teleost eggs and early embryos, **31:**343–374
tissue-specific structures, **26:**4–5
Cytosol
    microtubule motors in sea urchin, **26:**77, 79

proteins, **24:**197
Cytostatic factor
    activity in meiosis, **28:**135
    c-*mos* gene factor component, **28:**140
    expression for maintaining MII arrest, **28:**139–140
Cytotoxic kill selection method, neuronal selection, **36:**170–171

D

DA inducers, **25:**57–61
Danaus, neural reorganization, **21:**343, 344
Danio rerio
    actin organization, fertilization-induced changes, **31:**348–352
    body segment patterning
        extrinsic programming, **25:**84–86
            segmented tissues aligned in head, **25:**90–91
            somitic mesoderm required for spinal cord segmentation, **25:**86–90
            trunk segments, characteristics, **25:**84–86
        intrinsic programming, **25:**93–98
            cell lineage specifying aspects of segmentation, **25:**93–96
            CNS expression of engrailed-type homeoproteins, **25:**96–98
    egg cortex, **31:**345–348
    En-related genes, **29:**69–70
    expression patterns, signals inducing, **29:**91–92
    gametes, collecting and handling, **31:**372–373
    hindbrain and spinal cord patterning
        anteroposterior specification, **29:**75
        dorsoventral, **29:**78–79
        interneuron types, **29:**76
        rhombomere segmentation, **29:**73–74, 76
    homeobox-containing genes
        cdx, **29:**71
        dlx, **29:**72
        muscle segment homeobox, **29:**71
        POU, **29:**72
        Wnt-1, **29:**72
    Hox genes
        identification, **29:**66
        mammalian correlation, **29:**69
        organization, **29:**67
        regulatory network, **29:**68
        sequence conservation, **29:**68

Danio rerio (continued)
  mesodermal tissue
    nonsomitic, patterning, **29:**89–90
    somitic, patterning, **29:**88–89
  microfilaments, **31:**355–356
  mutational analysis, **29:**92–93
  myogenesis, **38:**64–65
  ooplasmic segregation, **31:**354–355
  pattern formation, **41:**1–28
    dorsal blastula organizer
      establishment, **41:**4–7
      gastrula organizer induction, **41:**7–9
    dorsal gastrula organizer
      affector mutations, **41:**15–16
      anterior–posterior patterning, **41:**20–22
      bone morphogenetic protein role, **41:**12–20
      dorsal–ventral patterning, **41:**12–20
      dorsoventral neural patterning, **41:**20–22
      ectoderm dorsalization, **41:**12–14
      embryonic shield equivalence, **41:**9–10
      induction, **41:**7–9
      mesoderm dorsalization, **41:**12–14
      molecular genetic characteristics, **41:**10–22
    dorsoventral polarity establishment, **41:**2–4
    gastrulation movement coordination, **41:**22–28
      convergent extension, **41:**23–28
      epiboly, **41:**22–23
      involution–ingression movements, **41:**23
    overview, **41:**1, 28
  patterning body segments
    body metamerism, Goodrich hypothesis, **25:**83–84
    extrinsic programming of segments, **25:**84–86
      segmented tissues aligned in head, **25:**90–91
      somitic mesoderm required for spinal cord segmentation, **25:**86–90
      trunk segments, characteristics, **25:**84–86
    genes and evolution of segments, **25:**78–83
    hindbrain segments, features, **25:**98–104
      posterior hindbrain as region of transition to spinal cord, **25:**103–104
      rhombomeres, individual identities, **25:**100–101
      rhombomeres, internal structure, **25:**98–100

  rhombomeres, pairs patterned together, **25:**101–103
  history, **25:**77–78
  intrinsic programming of segments, **25:**93–98
    cell lineage specifying aspects of segmentation, **25:**93–96
    CNS expression of engrailed-type homeoproteins, **25:**96–98
  metamere, **25:**104
Pax genes, **29:**72
rostral brain patterning
  axogenesis, **29:**87
  early gene expression, **29:**81–82
  eye development, **29:**86–87
  midbrain-hindbrain boundary, **29:**84–86
  regional expression, **29:**82–84
transgenic analysis, **29:**92–93
transient expression system, **30:**200–201, 204, 206
zinc finger transcription factors, **33:**218–219
Daphnia, neuronal death, **21:**101, 112
DAP virus, sibling relationship determination, **36:**56–59
dashshund gene, *Drosophila* eye development, primordium determination, **39:**125–126
daughterless genes, *Drosophila* eye development, differentiation progression
  gene function, **39:**142–144
  proneural–antineural gene coordination, **39:**145–146
Dbx gene, expression, **29:**36
(1)d deg-3 mutation, **27:**294
(1)d deg-10 mutation, **27:**294
(1)d deg-11 mutation, **27:**295
Ddras gene
  expression, **28:**19–20
  spatial localization of cell-type specific gene products, **28:**21
Deactivation, neuronal reorganization, **21:**352
Deadhead effect, *Drosophila* embryo development, **34:**101–102
Deafferention
  axon-target cell interactions, **21:**316, 325, 332, 336
  neural reorganization, **21:**357
Decay accelerating factor, **30:**49
Decondensation, sperm head, **32:**71–72
Decorin
  association of with collagen fibrils, **25:**119–120
  domain structures, **25:**119

Dedifferentiation, epidermal growth factor, **22**:182
Deep cells
 of blastoderm during epiboly, **27**:159–160
 blebbing locomotion, **31**:369–370
 movements, **31**:363–365
Deep filamentous lattice, MCD, **31**:250–255, 269
DEF gene, flower development role, **41**:138–143
Degeneration
 axon-target cell interactions, **21**:332
 cell interactions, position dependent, **21**:44
 cell lineage, **21**:79, 80
 neural reorganization, **21**:344
 neuronal death, **21**:99, 101–106
  critical periods, **21**:112, 113
  implications, **21**:113, 114
  regulation, **21**:106–112
 optic nerve regeneration, **21**:227
Degradation
 brain-specific genes, **21**:124
 engulfed cells in *Caenorhabditis elegans*, **32**:148–149
 epidermal growth factor, **22**:176
 keratin expression, **22**:49
  differentiation in culture, **22**:50, 53
  hair and nail, **22**:60
 optic nerve regeneration, **21**:227, 244
 pupoid fetus skin, **22**:222
 sperm receptor after fertilization, **32**:51–54
Deletion
 sarcomeric gene expression, **26**:149, 158
 Xenopus embryo studies, **32**:119
Delta gene
 functional studies, **28**:109
 neurogenic ectoderm development, **25**:36
 sequence analysis, **28**:110
 vertebrate growth factor homologs, **24**:301–306, 323–324
Demecolcine
 cytokeratin organization, **22**:77
 effect on medaka zygotes, **31**:357–359
Demethylation, genomic imprinting, **29**:250–251
Dendrites
 avian embryo, Ia-positive, thymus, **20**:306, 309
 axon-target cell interactions, auditory system
  early development, **21**:318
  posthatching development, **21**:331–332, 334–336
 synaptic connections, **21**:319, 323–325
 neocortex innervation, **21**:417
 neural reorganization, **21**:341
  gin-trap reflex, **21**:358
  mechanosensory neurons, **21**:354
  motor neuron recycling, **21**:346, 348
  neurogenesis, **21**:344
  new circuitry, **21**:349–352
 rat, outgrowth from adrenal chromaffin cells in culture, **20**:102–103
 visual cortical plasticity, **21**:386–387
Dental impression replica technique, **29**:329
Denys–Drash syndrome, characteristics, **39**:262
Depactin, egg, complex with actin, **31**:109–110
Dephosphorylation
 filaggrin expression, **22**:145
 keratinization, **22**:212
Depolarization, neural reorganization, **21**:355
Depolymerization
 actin filaments by depactin, **31**:109–110
 actin organization in sea urchin egg cortex, **26**:11, 16, 18
 chicken intestinal epithelium, **26**:131
 intermediate filament composition, **21**:174
 microtubules, **33**:228, 294
 oocyte microtubule array, **31**:409–411
 reorganization in frog egg, **26**:53
 sarcomeric gene expression, **26**:146, 162–163
  muscle promoters, **26**:152, 159
  muscle-specific enhancers, **26**:147, 151
D/E protein, mRNA expression, **33**:64–66
Dermal–epidermal junction
 keratinization, **22**:209–211
 pupoid fetus skin, **22**:213, 214, 216, 217
Dermatogen layer, **28**:50
Dermis, mosaic pattern analysis, **27**:247–248
Dermoid cysts, parthenogenesis, **29**:231
Dermomyotome, differentiation, **38**:263–268
Dermopathy, constrictive, **22**:146–148
Desmethylimipramine, norepinephrine uptake by gut neurons, **20**:168
Desmin
 cytokeratins, **22**:168
 human keratin genes, **22**:7, 8, 21
 intermediate filament composition, **21**:155, 161
 organization and function, **31**:476–477
Desmocollin
 desmosomal cadherin tail domain, **31**:472
 plakoglobin binding, **31**:474
Desmoplakin, phosphorylation, **31**:460–461

Desmosomes
  appearance in *Xenopus,* **31:**470
  cytokeratins
    blastocyst-stage embryos, **22:**165
    oocytes, **22:**157, 163
    preimplantation development, **22:**156, 157
  developmental expression, **22:**142
  differentiation in culture, **22:**49
  exhibited by epithelian layers, **31:**279–280
  experimental manipulation, **22:**78, 80, 84, 91, 94
  interactions with keratin, **31:**460–461, 471–472
  mediated cell shape changes, **31:**299–301
Deutoplasmolysis, marsupials, **27:**192
Development models
  bacteria, **34:**207–245
    cellular differentiation control, **34:**226–245
      chromosome replication, **34:**226–229
      protein degradation timing, **34:**241–245
      protein targeting, **34:**238–241
      transcription location, **34:**229–238
    concepts, **34:**207–208
    future research directions, **34:**245
    normal differentiation events, **34:**209–210
    starvation-induced events
      endospore formation, **34:**211–215
      fruiting body development, **34:**215–218
      sporulation, **34:**218–221
    stationary phase adaptation, **34:**224–226
    symbiotic relationships, **34:**221–224
  Drosophila embryos, deadhead effect, **34:**101–102
  myogenic helix–loop–helix transcription factor myogenesis
    developmental expression, **34:**175–179
      gene expression patterns, **34:**177–178
      somite subdomains, **34:**178–179
      somitogenesis, **34:**175–176
    myocyte enhancer factor 2 family, **34:**196–197
Devitellinization, *Drosophila* embryos, **31:**190–192
Dexamethasone, chromaffin cell out-growth inhibition, **20:**108–109
Dextrans
  cell interactions, **21:**33, 43
  effects on gastrulation, **27:**117
Diacylglycerol
  content of oocytes, **31:**25–27
  egg activation, **25:**8–9, **30:**32–33

  production during egg fertilization, **31:**103–104
Diaminobenzidine, horseradish peroxidase detection, **36:**234–235
Dibenzofurans, epidermal growth factor receptor, **24:**19
Dibutyryl cyclic AMP, combined with testololactone, induction
  γ-aminobutyric acid high uptake by RT4-D line, **20:**218–219
  neuronal response from RT4-B and RT4-E lines, **20:**217–218
Dicarbocyanine dye, **30:**72
Dicots
  blade regions, **28:**58
  epidermal differentiation, **28:**61
  leaf development, **28:**49–50
  vascular differentiation, **28:**64
Dictyostelium discoideum
  aggregate stage, **20:**247–249, 252–253
  anterior-like cells, **28:**4, 21–22
  axenic strain AX2, glucose-independent, **20:**249–251, 253
  cell-type divergence, **28:**6–10
  cell-type proportioning, **28:**27–29
  differentiation
    antigen C1 synthesis, **20:**247–254
      fluorescein isothiocyanate staining, **20:**250–251
    glucose effect, **20:**249–251
    glycogen content in cells, **20:**253
    interconvertibility, **20:**246
    pattern and timing, **20:**246–249
    regulation, **20:**245–246
  fate map, **28:**2–6
  gene products, spatial localizations, **28:**20–26
  lateral inhibition in, **28:**26–29
  pattern formation
    characterization, **28:**29–30
    model for, **28:**31–34
  prepore-specific genes, **28:**10–18
  prestalk/prespore cells, properties
    enzymes, **20:**245
    immunocytochemistry, **20:**244–245
    morphology, **20:**243–244
    protein synthesis, **20:**245–246, 253
  prestalk-specific genes, **28:**18–20
  spore-coat proteins, **28:**10–17
3,4-Didehydroretinoic acid, chick wing bud, **27:**313
DIF-1, *see* Differentiation inducing factor
Differentiation, *see* Cell differentiation

Subject Index

Differentiation inducing factor
  dechlorinase activity, **28:**32
  ecmA gene expression, **28:**25
  insensitivity of prespore cells to (*Dictyostelium*), **28:**32
  precursor of morphogens, **28:**25–26
  production by prespore cells (*Dictyostelium*), **28:**27–28
  regulation of prespore genes, **28:**13–15
  repression of prespore-specific genes and spore differentiation, **28:**15
  steady-state level, **28:**28
  structure and developmental time course, **28:**14
  synthesis and secretion by prespore and prestalk cells, **28:**31–34
Differentiation-specific keratin pairs
  coexpression, **22:**99–111
  overview, **22:**122
  regulation, **22:**116
  species differences, **22:**108, 111–113
  terminal differentiation markers, **22:**115
Diffusible egg activator, **25:**10–12
Digestive tract
  amphibian, formation, **32:**209
  development, epidermal growth factor receptor gene effects, **35:**88–90
  endo 1, restriction to midgut after gastrulation, **33:**230
  gene expression, gut embryogenesis, **32:**210–212
  norepinephrine, transitory noradrenergic gut neurons
    biosynthesis, **20:**168–169
    inhibition by desmethylimipramine, **20:**168
    uptake, kinetics, **20:**168
Digital images, from confocal microscopy, **31:**423–424
Digoxigenin, riboprobe synthesis, *in vitro* transcription method, **36:**224–227
Dimerization
  retinoic acid receptors, **27:**316–318
  thyroid hormone receptor retinoid X receptor, **32:**221, 227–228
  in vitro heterodimerization of RXRs with RARs, **27:**336
Dimethyl sulfoxide, chromosomal abnormalities, **32:**86–87
3-(4,5-Dimethyl thiazol-2-yl)-2,5 diphenyltetrazolium bromide assay, apoptosis measurement, **36:**264–265
Dimorphism, *see* Polymorphism

Dioecious plants
  breeding system, **38:**174–175
  evolution, **38:**178–181
  sex determination, **38:**187–206
    Actinidia deliciosa, **38:**204–205
    Asparagus officinalis, **38:**204
    chromosomal basis, **38:**187–189
    environmental effects, **38:**205–206
    Humulus lupulus, **38:**190–194
    Mercurialis annua, **38:**189–190
    Rumex acetosa, **38:**194–199
    Silene latifolia, **38:**199–203
Diphtheria toxin A chain, **30:**203
Diploblastic organisms, *see specific types*
Diploid cells, *Drosophila* cell cycle study methods, fluorescent *in situ* hybridization
  diploid cells, **36:**282–284
  squashed diploid cells, **36:**283–284
  whole-mounted diploid tissues, **36:**284
Disassembly
  keratin filaments, **31:**464–469
  microtubules, **31:**389–397, 413–414
  mitosis-promoting factor role, **35:**51
Discoidin 1 lectins, cAMP regulation, **28:**7–8
Disease, *see also specific types*
  mammalian germ line recombination association, **37:**18–22
Disintegrin, **30:**52
Disjunction, *see* Chromosomes, bivalent segregation
Disomy, *see* Chromosomes, nondisjunction
Distal tip cell, vertebrate growth factor homologs, **24:**309–311
D-kinesin, *Drosophila,* **27:**301
DLAR transmembrane protein, **28:**111
Dlx genes
  expression
    maps, **29:**44
    multiple species, **29:**51
    outside CNS, **29:**50
    overview, **29:**38–39, 42, 46
    zebrafish, **29:**72
Dmcdc2 gene, *Drosophila* meiosis regulation, **37:**311
DNA, *see also* Chromosomes
  apoptosis measurement methods
    agarose gel electrophoresis, **36:**265–266
    flow cytometric analysis, **36:**267–269
    TUNEL *in situ* staining method, **36:**266–267
  bent, SRY affinity, **32:**22
  β-keratin genes, **22:**235–236

DNA *(continued)*
  brain-specific genes, **21:**118, 119, 125, 127
  cell lineage, **21:**76
  complementary DNA
    β-keratin genes, **22:**240
    brain-specific genes, **21:**119, 123, 127, 148
      brain-specific protein 1B236, **21:**129, 132, 139
      clonal analysis, **21:**123–126
      expression, control, **21:**143–145
      rat brain myelin proteolipid protein, **21:**140
    brush border cytoskeleton, **26:**111
    embryonic induction in amphibians, **24:**266, 280
    epidermal growth factor, **24:**12, 14, 32, 52
    fibroblast growth factor, **24:**58, 61, 63
    GGT, **33:**78–81
    human keratin genes, **22:**21, 25
    insulin family of peptides, **24:**140, 142, 150–151
    keratin, **22:**2
    keratin expression, **22:**36, 44, 98
    keratin gene expression, **22:**195, 206
      differentiation state, **22:**196–198, 202
      subunit structure, **22:**204
    library, from embryoid bodies, **33:**274–275
    Meks, **33:**12
    monoclonal antibodies, **21:**271
    proteases, **24:**224, 229, 242
    proteins, **24:**201, 211
    pupoid fetus skin, **22:**240
    single-cell library cloning, **36:**245–258
      amplification, **36:**251–254
      clone analysis, **36:**256–257
      differential screening method, **36:**254–257
      mammalian pheromone receptor genes, **36:**245–249
      neuron isolation, **36:**249–251
      tissue dissociation, **36:**249–251
    sympathetic neuron gene expression analysis, polymerase chain reaction, **36:**186–188
    transforming growth factor-β, **24:**96, 126
    transgenic fish genes, **30:**186, 200
    vertebrate growth factor homologs, **24:**303–304, 306–307, 311, 321
  developmentally modulated nuclear transport, **35:**54–56
  double-stranded breaks
    chromatin DNA accessibility, **37:**51–52

  recombination hotspot activation, **37:**50–51
  repair gene function
    Coprinus cinereus epistasis group model, **37:**128–134
    genetics, **37:**123–125
    homology-based repair event abundance, **37:**126–128
    overview, **37:**117–119, 132–134
    pathways, **37:**119–123
    physiology, **37:**117–119
  embryonic induction in amphibians, **24:**266, 277
  epidermal growth factor, **22:**176, 178, 180, 182, 184, 191–192, **24:**4, 37
  epidermolytic hyperkeratosis, **22:**146
  fibroblast growth factor, **24:**59, 72–73, 75
  genomic, sea urchin species, **32:**45–47
  homeo box sequences, *see* Homeobox genes
  hypervariable minisatellite DNA
    Holliday junction site resolution, **37:**60–65
    recombination hotspot assay, **37:**48–50
  insulin family of peptides, **24:**143–144, 148, 154
  interphase nuclei organization, **35:**53–54
  methylation, **30:**168
  microinjection into embryo
    genetic mosaicism induction, mouse, **23:**125–126, 134, 137, 139
    postimplantation, cell lineage analysis, **23:**5–8
  monoclonal antibodies, **21:**267, 271
  nerve growth factor, **24:**173, 175, 178, 180, 182–184, 186
  neural reorganization, **21:**343
  prophase chromatin loop association
    DNA content, **37:**253–256
    DNA sequences, **37:**250–253
  proteases, **24:**222, 234
  proteins, **24:**199, 209
  pupoid fetus skin, **22:**231
  recombination, *see* Recombination
  repair proteins
    meiotic expression, **37:**152–155
    mismatch repair genes, **37:**221–222
  replication, nuclear envelope role, **35:**52–53
  satellite, interspecific, as marker in chimeras, **23:**120–121
  synapse formation, **21:**297
  synthesis
    asp and *gnu* effects *(Drosphila)*, **27:**281
    matrix cells, **20:**225–229
    transforming growth factor-β, **24:**123

cellular level effects, **24**:113, 116, 118–119, 122
molecular level effects, **24**:108, 110, 111
receptors, **24**:103
transgenic system, **30**:185–189
vertebrate growth factor homologs, **24**:321
  epidermal growth factor, **24**:297, 303, 306–307, 311
  transforming growth factor-β, **24**:317–318
Z-DNA, recombination hotspot assays, **37**:46–48
DNA-binding proteins
  homeo domain proteins, *Drosophila,* mouse, **23**:247
  Pax gene products, **27**:375
  recombination hotspot activation, **37**:52–56
  retinoic acid receptors, **27**:332–333
  sequence specificity of retinoic acid receptors, **27**:318–322
DNA methyltransferase, meiotic expression, **37**:177
DNase I
  actin organization in sea urchin egg cortex, **26**:10–11, 15
  sarcomeric gene expression, **26**:158
  vegetally injected, **31**:360
Dominant negative constructs, gene expression modulation
  dominant negative mutations, **36**:77–78
  interpretation
    artifact avoidance, **36**:82–86
    controls, **36**:86–88
    derepression, **36**:84–85
    downstream factor rescue, **36**:87
    gene family inhibition, **36**:85–86
    inhibitory effects detection, **36**:82–86
    specificity assessment, **36**:87–88
    squelching, **36**:85
    toxicity, **36**:83–84
    wild-type protein rescue method, **36**:86–87
  mutants
    examples, **36**:88–95
      adhesion molecules, **36**:93–94
      cytoplasmic signal transduction pathways, **36**:91–92
      hormone receptors, **36**:91
      naturally occurring mutants, **36**:94–95
      serine–threonine kinase receptor, **36**:90–91
      soluble ligands, **36**:89
      transcription factors, **36**:82, 92–93
      tyrosine kinase receptor, **36**:89–90

generation, **36**:78–82
  active repression inhibition, **36**:82
  multimerization inhibition, **36**:79–80
  strategies, **36**:78–79
  targeted-titration inhibition, **36**:80–82
overproduction, **36**:88
overview, **36**:75–77
  embryologic function, **36**:76–77
  eukaryotic gene function assay, **36**:76
  gain-of-function approach, **36**:77
  loss-of-function approach, **36**:77
repression, of RXR and RAR function, **27**:337–338
Dominant White Spotting gene
  crest cell response, **25**:142–144
  mutations, germ cell development, **29**:196–197
  overview, **29**:193
Donor stem cells, self-renewal, **25**:166–167
Dopamine
  cell interactions, **21**:41
  visual cortical plasticity, **21**:376–377
Dopamine β-hydroxylase (DBH), neocortex innervation, **21**:407, 413, 415–416
Dopaminergic innervation, neocortex, **21**:391, 400–405, 413–416
Dorsal axis, determinants, **32**:115–123
Dorsal bias
  independent of mesoderm induction, **32**:129–130
  molecular nature, **32**:121–123
Dorsal blastula organizer, *Danio rerio* pattern formation role
  establishment, **41**:4–7
  gastrula organizer induction, **41**:7–9
Dorsal factor, **30**:264–267
Dorsal follicle cells, signaling pathway fate, **35**:241
Dorsal gastrula organizer, *Danio rerio* pattern formation role
  affector mutations, **41**:15–16
  anterior–posterior patterning, **41**:20–22
  dorsal–ventral patterning, **41**:12–20
  dorsoventral neural patterning, **41**:20–22
  ectoderm dorsalization, **41**:12–14
  embryonic shield equivalence, **41**:9–10
  induction, **41**:7–9
  mesoderm dorsalization, **41**:12–14
  molecular genetic characteristics, **41**:10–22
dorsal gene
  cytoskeleton positional information, **26**:3
  gastrulation, **26**:4

Dorsal gradient, formation, **35**:213–215
Dorsalization
　anteroposterior three-signal model, **25**:56
　dorsal gastrula organizer role
　　ectoderm, **41**:12–14
　　mesoderm, **41**:12–14
　embryonic induction in amphibians, **24**:278–279
　induction compared, **30**:274–275
　noggin role, **30**:275
Dorsal lip, **30**:257
Dorsal mesoderm, inductive signaling, **32**:123–125
Dorsal myotomal muscle, *Xenopus*, **31**:476–477
Dorsal root ganglion
　neuronal cell death, **32**:149–151
　neuronal survival, **32**:155–156
Dorsal–ventral patterning
　Danio rerio pattern formation, **41**:2–4
　determinants, **31**:248–249
　Drosophila embryo
　　amnioserosa and dorsal epidermis, **25**:27–35
　　mesoderm, **25**:23–27
　　neurogenic ectoderm, **25**:35–39
　　pattern, **25**:18–21
　　protein, **25**:21–23
　　signal transduction studies
　　　embryonic cell fate establishment, **35**:250–254
　　　patterning studies, **35**:242–244
　embryonic induction in amphibians, **24**:272–273, 283
　overview, **32**:105–106
　specification
　　Drosophila, **31**:147–148
　　frog embryo, **31**:401–405
　vertebrate limb formation, **41**:52–58
　　apical ectodermal ridge formation, **41**:53–54
　　dorsal positional cues, **41**:54–57
　　dorsoventral boundary, **41**:53–54
　　ectoderm transplantation studies, **41**:52–53
　　mesoderm transplantation studies, **41**:52–53
　　ventral positional cues, **41**:57–58
　zebrafish, **29**:78–79
Dorsoanterior development, **30**:255–257, 261, 267–269
Dorsoanterior index, **30**:255, 261
Dosage compensation

Caenorhabditis elegans sex determination
　coordinated control, **41**:110–111
　germ line, **41**:125
　X:A ratio role
　　genetic basis, **41**:104–106
　　molecular analysis, **41**:106–108
　monoclonal antibodies, **21**:273
　sex determination, **32**:25–27
　studies using aggregation chimeras, **27**:261–162
　X-chromosome, **32**:8
dot mutation *(Drosophila)*, **27**:286
Double fertilization, flowering plant fertilization, **34**:273–275
dpp gene
　Drosophila
　　dorsal region development, **25**:27–37, 40
　　eye differentiation initiation
　　　differentiation progression, **39**:139–141
　　　gene function, **39**:127–130, 150
　　　wg gene interaction, **39**:131–133
　　transforming growth factor-β, **24**:96, 110
　　vertebrate growth factor homologs, **24**:312–319, 324
DPTP99a transmembrane protein, **28**:111
DPTP10D transmembrane protein, **28**:111
DPTP transmembrane protein, **28**:111
dpy gene, sex determination regulation, **41**:109–111
D-raf, target of Ras1, **33**:28
Drk, enhancer of *sevenless,* **33**:26–27
Drosophila
　actin-binding proteins, **26**:36
　bicoid message localization during oogenesis, **26**:23–33
　bicoid protein, **28**:37
　brush border cytoskeleton, **26**:94, 115–116
　cadherin function control mechanisms, **35**:179–180
　cell cycle biological study methods, **36**:279–291
　　fluorescent *in situ* hybridization
　　　diploid cells, **36**:282–284
　　　polytene chromosomes, **36**:280–282
　　　squashed diploid cells, **36**:283–284
　　　whole-mounted diploid tissues, **36**:284
　　immunostaining
　　　embryos, **36**:284–286
　　　female meiotic spindles, **36**:288–289
　　　larval neuroblasts, **36**:286–288
　　overview, **36**:279–280
　　primary neuroblast culture, **36**:289–291

Subject Index

cell division, genetic analysis
    genes borrowed from yeast, **27**:288–291
    imaginal development, **27**:291–293
    imaginal tissue, mitotic mutation effects, **27**:293–297
    kinesin gene family, **27**:300–302
    male meiosis, **27**:297–300
    maternal effect, **27**:286–287
    methodology, **27**:278–279
    phenotypic classes, **27**:277–278
    postblastoderm embryonic development, **27**:287–288
    preblastoderm embryonic development, **27**:280–286
    spermatogenesis, **27**:297–300
    tubulin gene family, **27**:300–302
cell interactions, **21**:59
cell lineage, **21**:70, 78, 83
cell patterning, **21**:2
chromosome pairing studies
    male pairing sites, **37**:79–96
        autosomal pairing sites, **37**:81–85
        female pairing sites compared, **37**:95–96
        function mechanisms, **37**:89–94
        implications, **37**:109–110
        molecular composition, **37**:89–92
        sex chromosome pairing sites, **37**:85–89, 94–95
        spermatogenesis, **37**:79–81
        transcription relationship, **37**:92–94
    overview, **37**:77–79
    spermiogenesis, **37**:96–109
        chromosomal sterility, **37**:100–103
        implications, **37**:110–111
        meiotic drive, **37**:96–100
        metaphase mitotic model, **37**:106–109
        pairing site saturation, **37**:103–105
        X-inactivation, **37**:105–106
cytoskeleton
    function, **31**:174–175
    positional information, **26**:1–3
development
    embryogenesis, **35**:233–238
    embryonic polarity establishment, **35**:137–139
    epidermal growth factor receptor gene role, **35**:109–110
    evolution, **35**:152–153
    oogenesis, **35**:230–233, 235–238
    overview, **28**:84–85
    paternal effects, **38**:1–28
        Caenorhabditis elegans, **38**:3–6
        early embryogenesis, **38**:9–15
        fertilization, **38**:9–15
        future research directions, **38**:28
        gene expression, **38**:7–8
        gonomeric spindle formation, **38**:14–15
        Horka gene, **38**:27–28
        insect chromosome behavior, **38**:6–7
        mammals, **38**:3–6
        maternal–paternal contribution coordination, **38**:15–19
        ms(3)sK81 gene, **38**:22–24
        ms(3)sneaky gene, **38**:20–22
        overview, **38**:2–3, 28
        paternal loss gene, **38**:24–27
        pronuclear migration, **38**:14–15
        pronuclei formation, **38**:11–14
        sperm entry, **38**:10–11
    polyembryony, **35**:121–123
    segmentation regulation, **35**:126–127, 134–136
distal-less gene, **29**:42
dorso-ventral pattern formation
    amnioserosa and dorsal epidermis, **25**:27–35
    dorsal pattern, **25**:18–21
    dorsal protein, **25**:21–23
    mesoderm, **25**:23–27
    neurogenic ectoderm, **25**:35–39
    questions for future, **25**:39–40
early development, role of actin cytoskeleton, **31**:167–193
ectoderm, comparison of compartments, segments and parasegments, **29**:114
embryogenesis
    compartment as unit of development, **23**:248–250
    homeosis, genetic analysis, **23**:235
    homeotic genes
        compartmentation, **23**:148–149
        homeo box, **23**:236, 237
        segment identity control by, **23**:235–236
empty spiracle gene, **29**:39
epidermal growth factor in mice, **24**:34
epidermis, **25**:94
extracellular matrix molecules, **28**:87
eye, R7 induction, **33**:22–31
eye development, **39**:119–150
    cell cycle regulation, **39**:147–150
        coordination, **39**:149–150
        G1 control, **39**:149
        G2–M transition regulation, **39**:147–148

Drosophila (continued)
  differentiation initiation, **39:**127–133
    dpp gene function, **39:**127–130, 150
    dpp–wg gene interaction, **39:**131–133
    wg gene function, **39:**130–131, 150
  differentiation progression, **39:**133–146
    antineural genes, **39:**144–145
    atonal gene function, **39:**142–144, 146
    coordination, **39:**141
    daughterless gene function, **39:**142–144
    disruptive mutations, **39:**133–135
    dpp gene function, **39:**139–141
    extramacrochaetae gene function, **39:**144–145
    hairy gene function, **39:**144–145
    hedgehog gene function, **39:**135–139
    h gene expression, **39:**146
    proneural–antineural gene coordination, **39:**145–146
    proneural genes, **39:**142–144
  overview, **39:**120, 150
  primordium determination, **39:**121–127
    dashshund mutant, **39:**125–126
    eyeless mutant, **39:**121–124
    eyes absent mutant, **39:**124
    regulation, **39:**126–127
    sine oculis mutant, **39:**124–125
  homeodomain proteins, **29:**5–6
  homeotic (HOM) genes, **25:**78–80
  meiosis regulation studies
    cell cycle machinery regulation, **37:**311–314
      candidate regulators, **37:**312–314
      Dmcdc2 mutant activity control, **37:**311
      twine mutant activity control, **37:**311, 325–326
    cytokinesis, **37:**319–325
      contractile ring assembly, **37:**321
      germ line, **37:**322–324
    differentiation coordination, **37:**314–315
    meiosis entry, **37:**309–311
    overview, **37:**301–309
      male meiotic mutant identification, **37:**309
      morphology, **37:**304–309
      spermatogenesis, **37:**302–304
    second meiotic division regulation, **37:**315–317
    spindle formation, **37:**317–319
  monoclonal antibodies, **21:**256, 267–268, 272, 274
  multiple mating costs for females, **33:**107

muscle segment homeobox gene, **29:**43
myogenesis, *nautilus* role, **38:**35–68
  early myogenesis, **38:**36–37
  expression pattern, **38:**50–55
  founder cell differentiation, **38:**42–44
  founder cell model, **38:**40–41
  founder cell segregation, **38:**41–42
  function loss, **38:**55–56
  inappropriate expression consequences, **38:**57–58
  interacting molecules, **38:**58–59
  isolation, **38:**50–55
  mesoderm subdivision, **38:**37–39
  muscle differentiation, **38:**44–49
  muscle patterning, **38:**40–44
  overview, **38:**35, 67–68
myogenic helix–loop–helix transcription factor myogenesis
  characteristics, **34:**179–181
  mutational analysis, **34:**182–183
neural reorganization, **21:**343–345
neuroblast formation, **32:**126
NK2 gene, **29:**40
nonexchange chromosome distributive system, **37:**284–286
Notch product, **25:**201
oocytes, RNA localization and cytoskeleton, **31:**139–164
orthodenticle gene, **29:**38
oscillators in, **27:**283
plant sex determination compared, **38:**207–208
presynaptic terminal patch-clamp recording, **36:**303–311
  electrophysiologic recordings, **36:**306–307
  larval dissection, **36:**305
  overview, **36:**303–305
  synaptic boutons, **36:**305–306
  technical considerations, **36:**307–311
proteins, **24:**211
proteoglycans, **25:**120
regionalization, **29:**118–119
  genetic regulation, **29:**104
rostrocaudal patterning, molecular, genetic basis, **29:**118–119
sarcomeric gene expression, **26:**157
S2 cell line, **28:**82
segmentation, **29:**118–119
  genetic regulation, **29:**104
selector genes, **29:**108
signal transduction studies, *see* Signal transduction

Subject Index

sperm–egg interactions, **34**:89–112
  cytoplasmic incompatibility, **34**:103–107
  genetics
    deadhead effect, **34**:101–102
      maternal-effect mutations, **34**:100–102
      paternal-effect mutations, **34**:102–103
      young arrest, **34**:100–101
  karyogamy, **34**:97
  overview, **34**:89–92
  pronuclear maturation, **34**:95–97
  sperm characteristics
    penetration, **34**:95
    production, **34**:92–94
    storage, **34**:94
    transfer, **34**:94
    utilization, **34**:94
  sperm-derived structure analysis, **34**:98–100
  sperm function models, **34**:107–111
    diffusion–gradient production, **34**:109–110
    nutritive protein import, **34**:107–109
    specific protein import, **34**:109
    structural role, **34**:110–111
  syngamy, **34**:95
sperm nuclei to male pronuclei transformation
  cell-free preparation comparison, **34**:29–31
  chromatin decondensation
    in vitro conditions, **34**:49–50
    in vivo conditions, **34**:42–43
  male pronuclear activities
    development comparison, **34**:27–29
    replication, **34**:75–76
    transcription reinitiation, **34**:77
  maternal histone exchange, **34**:36
  nuclear envelope alterations
    formation, **34**:60–61
    lamin role, **34**:67–68
    removal, **34**:56
  nucleosome formation, **34**:54
  sperm protein modifications, **34**:36
sperm storage, **41**:70, 76, 85–88
synapse formation, **21**:283
transforming growth factor-β, **24**:96, 98, 110
trapping strategies, **28**:194–195
vertebrate growth factor homologs, **24**:290–291, 321, 324–325
  epidermal growth factor, **24**:293–294, 296, 298, 306–307
  transforming growth factor-β, **24**:315, 317–318
vertebrate patterning, **25**:46

Dsor1, link between D-raf and map kinase, **33**:28
DSS locus, sex determination role, **34**:16–17
Duchenne muscular dystrophy, satellite cell affected by, **23**:202–203
  in vitro assay, **23**:202–203
Dyes
  apoptosis measurement, **36**:263–264
  dicarbocyanine, **30**:72
  Fim-1 diacetate, **31**:311–312
  Hoechst 33342, **31**:312–313
  Rim-1 diacetate, **31**:303, 311–312
Dynamin
  membrane cytoskeletal dynamics, **31**:121–123
  microtubule motors in sea urchin, **26**:72, 82
  reorganization in frog egg, **26**:66
Dynein
  expression throughout oogenesis, **31**:152–153
  microtubule motors in sea urchin, **26**:72, 75–76
    axonemes, **26**:76–78
    cytoplasm, **26**:77, 79
    functions, **26**:82, 86
  reorganization in frog egg, **26**:66
Dystrophin, chicken intestinal epithelium, **26**:129

E

Ear development, *see* Auditory system
Early pregnancy factor (EPF)
  absence in fertilized eggs, human, mouse, **23**:79, 82
  immunosuppressive activity
    delayed-type hypersensitivity, **23**:87
    embryo rejection prevention, **23**:87, 89–90
    lymphocyte induction to suppresser factor release, mouse
      EPF-S$_1$, *H-2*-restricted, **23**:88
      EPF-S$_2$, restricted to locus outside *H-2*, **23**:88
    reaction with lymphocytes in RIT, **23**:87, *see also* Rosette inhibition test
  production, mouse
    active EPF-A in oviduct, **23**:83
    ovariectomy effect, **23**:83–84
    regulatory EPF-B in ovary, **23**:83
  serum, assay with RIT
    after embryo transfer
      human, **23**:77–79
      mouse, **23**:78, 80–81

Early pregnancy factor (EPF) *(continued)*
  disappearance after induced abortion
    human, **23**:79, 82
    pig, **23**:79
  human pregnancy, **23**:74–75
  mouse pregnancy, **23**:75–76
  preimplantation period, human, **23**:75–76
Ecdysis
  neural reorganization, **21**:342, 354, 357–358
  neuronal death, **21**:100, 102–105, 107–108, 111, 114
Ecdysone, neuronal death, **21**:113
Ecdysteroids, neuronal death, **21**:100–101, 107–113
Echinonectin, hyaline layer protein, **33**:222
Eclosion hormone
  neural reorganization, **21**:352, 357–358, 363
  neuronal death, **21**:101
ecmA gene
  DIF-1 appearance, **28**:25
  expression by pstA and pstB cells, **28**:4
  mRNA probes, **28**:19
  spatial localization of cell-type specific gene products, **28**:21
ecmB gene
  expression, **28**:4
  mRNA probes, **28**:19
  spatial localization of cell-type specific gene products, **28**:22
  transcription regulation, **28**:24
Ecological issues
  approach to sexual selection, **33**:104–106
  transgenic fish, **30**:196, 199
Ectoderm
  adhesion to fibronectin-coated substrata, **27**:112–113
  differentiation, **35**:196–203, 212–214
  dorsalization, *Danio rerio,* dorsal gastrula organizer role, **41**:12–14
  movement prior to invagination, **33**:170–171
  neural, development, **29**:2–3
  neural development, *see* Neuraxis induction
  planar versus vertical induction, **30**:275–276
  role in PMC patterning, **33**:181–183
  surface, intermediate filament composition, **21**:171–174, 178
  vertebrate limb dorsoventral patterning studies, **41**:52–53
  vertebrate limb formation, apical ectodermal ridge
    dorsal–ventral axis, **41**:53–54, 58–59
    proximal–distal axis, **41**:40–46

Ectopic spindle, *see* Spindle assembly
Ecto V, gastrular protein, **33**:222
e/e mutation (tomato), **28**:71
Effector, **30**:22–23, 37, 44
Efferent duct ligation, effect on GGT mRNAs, **33**:83, 85–87
Eg1, identification in *Xenopus* cell extracts, **28**:139
Eg5, associated with microtubules, **31**:405
Egg cells, *see also* Oocytes; *specific species*
  activation, *see also* Maturation-promoting factor; Sperm
    assessment criteria, **39**:218–222
    calcium role, **30**:277
    description, **30**:21–25, 37, 262–263
    fusion-mediated, **30**:37, 44–47, 84–87
    integrin role, **30**:50–51
    intracellular calcium ion role, **39**:217–218
    ionophore, **30**:27, 28–29
    latent period, **30**:45, 68
    mechanisms, **39**:216–217
    messenger, **30**:26–34, 86–87
    nuclear transplantation, **30**:153, 164–166, 169–170
    receptor-mediated, **30**:37–44, 82–84
    sea urchin species, **32**:54–55
    signal transduction, **30**:37–47
    species specificity, **30**:1–3
    sperm-egg interaction, **30**:23–25, 37, 50–52, 68
    sperm receptor, **30**:47–51, 64, 83
    waves of increased free $[Ca^{2+}]i$ accompanying, **25**:3
  amphibian, microtubule assembly and organization, **31**:405–417
  ascidian, cytoskeletal domain, **31**:243–272
  body pattern formation, amphibian, **25**:50–51
  botulinum ADP-ribosyltransferase C3 effect, **30**:41
  calcium ion signaling mechanisms, *see* Fertilization, calcium ion signaling mechanisms
  Chaetopterus spp., obtaining, **31**:32–33
  cortices, isolation for microscopies, **31**:230–232
  ctenophore
    elasticity, **31**:47
    fixing and staining, **31**:60–61
    handling and micromanipulation, **31**:59–60
    organization, **31**:42–45
  dorsal information localization, **30**:267–269

Subject Index

Drosophila sperm–egg interactions, **34**:89–112
  cytoplasmic incompatibility, **34**:103–107
  genetics
    deadhead effect, **34**:101–102
    maternal-effect mutations, **34**:100–102
    paternal-effect mutations, **34**:102–103
    young arrest, **34**:100–101
  karyogamy, **34**:97
  overview, **34**:89–92
  pronuclear maturation, **34**:95–97
  sperm characteristics
    penetration, **34**:95
    production, **34**:92–94
    storage, **34**:94
    transfer, **34**:94
    utilization, **34**:94
  sperm-derived structure analysis, **34**:98–100
  sperm function models, **34**:107–111
    diffusion–gradient production, **34**:109–110
    nutritive protein import, **34**:107–109
    specific protein import, **34**:109
    structural role, **34**:110–111
  syngamy, **34**:95
embryo axial relationships, **39**:35–64
  blastocyst bilateral symmetry basis, **39**:56–58
  conceptus–uterus relationship, **39**:58–60
  conventional axes specification views, **39**:42–49
  epiblast growth, **39**:60–63
  overview, **39**:35–41, 63–64
  primitive streak specification, **39**:60–63
  terminology, **39**:41–42
  zygote–early blastocyst relationship, **39**:49–55
fish, characteristics, **30**:180, 183
flowering plant fertilization, **34**:271–273
fragments, centrifugal force experiments, **31**:22–23
integrin present, **30**:50–51
ion channel signaling, **34**:117–149
  egg activation, **34**:144–148
  egg characteristics, **34**:119–121
  importance, **34**:117–118
  ionic environment influence
    fish sperm, **34**:121–122
    mammalian sperm, **34**:123
    sea urchin sperm, **34**:121–122
  long-range gametic communication, **34**:124–131
    mammals, **34**:130–131
    sea urchins, **34**:124–130
  short-range gametic communication, **34**:131–144
    mammals, **34**:137–144
    sea urchin, **34**:131–136
    starfish, **34**:136–137
living, movement localization, **31**:8–9
mammalian
  acquisition procedure, **31**:307–308
  embedment-free electron microscopy, **31**:309–311
  intermediate filament network remodeling, **31**:277–315
membrane, **30**:23–25, 48, 110
plasma membrane, gamete interactions at, **32**:42–52
sea urchin
  actin-binding proteins, **31**:107–115
  fertilization, **31**:102–107
  microtubule purification, **31**:84–85
second messenger, **30**:26–34
sperm activation
  current thoughts and hypotheses, **25**:9–14
    diffusible activator, **25**:10–12
    fusion introduces Ca^{2+}, **25**:12–13
    fusion stimulates tyrosine kinase, **25**:10
    fusion triggers PIP_2 hydrolysis via G protein to trigger Ca^{2+} wave, **25**:9–10
    question of, **25**:13–14
  evidence for involvement of inositol cycle
    G proteins kinase C in egg activation, involvement, **25**:6–8
    phosphatidylinositol turnover during egg activation, **25**:4–6
  history, **25**:2–4
  intracellular Ca2+ changes, **25**:3–4
  intracellular pH changes, **25**:2
sperm-egg interaction, **30**:23–25, 48, 84–87
sperm receptor, **30**:64, 85
Tubifex, spatial pattern generation, **31**:197–232
ultraviolet radiation treatment, **30**:264
unfertilized
  cortical organization, **31**:442–443
  isolation of cortical lawns, **31**:126–130
  preparation of actin-binding protein, **31**:123–126
  teleost fishes, **31**:344–348
Egg chamber, MTOC in, **31**:142–143

Egg envelops (marsupial)
  mucoid, **27**:189–190
  shell, **27**:190–191
  zona pellucida, **27**:189
Egg receptor, sea urchin sperm
  carbohydrate role, **32**:48–49
  developmental expression and fate, **32**:50–54
  molecular profile, **32**:44–49
EIB protein, 55-kDa, **32**:163
Ejaculate
  feature variability, **33**:113–114
  quality, sperm storage, **33**:123–124
  size
    adjustment, **33**:146–148
    affecting factors, **33**:120–122
  sperm numbers per, **33**:119
Elastase I promotor, **30**:203
Elastin, proteases, **24**:221, 228, 235
Electrical activity development, *see* Voltage-gated ion channels
Electrofusion, **30**:153
Electron microscopy
  actin-binding proteins, **26**:37
  actin organization in sea urchin egg cortex, **26**:11–13, 15–16, 18
  apoptosis measurement, **36**:273
  axon-target cell interactions, **21**:318, 319
  bicoid message localization, **26**:31
  brain-specific genes, **21**:135
  brush border cytoskeleton, **26**:96, 101–102
  chicken intestinal epithelium, **26**:125, 132–133, 137
  cytokeratins
    blastocyst-stage embryos, **22**:164
    germ cells, **22**:167
    oocytes, **22**:157–160, 163
    preimplantation development, **22**:156
  embedment-fee, **31**:284, 308–311
  epidermal growth factor receptor, **24**:18
  human keratin gene expression, **22**:7, 15–16
  immunogold, on cortical lawns, **31**:129–130
  insulin family of peptides, **24**:146
  intermediate filament composition, **21**:153
  intermediate voltage, **31**:287–289
  keratin
    developmental expression, **22**:142
    epidermal development, **22**:132
    experimental manipulation, **22**:81
    expression, **22**:37
    genetic disorders, **22**:146
  mammalian protein meiotic function analysis, **37**:204, 207–211
  neural reorganization, **21**:350
  optic nerve regeneration, **21**:231, 233
  pupoid fetus skin, **22**:219, 225, 229
  quick-freeze deep-etch, **31**:289–290
  reorganization in frog egg, **26**:56
  synapse formation, **21**:303, 306
  synaptonemal complex structure analysis, **37**:242–245
  visual cortical plasticity, **21**:386
Electrophoresis
  actin-binding proteins, **26**:50
  apoptosis measurement, **36**:265–266
  β-keratin genes, **22**:248–249
  chicken intestinal epithelium, **26**:136
  cytokeratins, **22**:160–161, 167
  keratin, **22**:1
    differentiation in culture, **22**:50
    epidermal differentiation, **22**:38, 40, 43
    experimental manipulation, **22**:86, 89, 90, 94
    expression, **22**:98, 133, 148
    hair and nail, **22**:61
    phosphorylation, **22**:54
Electrophysical recordings, *see* Patch-clamp recording
Electroporation
  embryonic stem cells, **36**:106, 109
  trangenic fish cells, **30**:183–185
Electrostimulation, **30**:164–165, 169–170
E lineage, embryonic, **25**:179
Elongation
  archenteron, **33**:193–208, 240–242
  D1.1 explants, **32**:120–121
  PMCs, prior to ingression, **33**:175
Elongation factor-1α, microtubule organization, **31**:76
Em–Ab axis
  egg–embryo axial relationship, **39**:46–48, 63
  zygote–early blastocyst axis relationship, **39**:50–55
Embryoblasts, development during marsupial cleavage, **27**:202–204
Embryogenesis, *see also* Fetal development
  actin-binding proteins, **26**:34, 39, 41, 50
  actin-membrane cytoskeletal dynamics, **31**:115–123
  amphibian intestine, **32**:207–212
  avian model, **36**:1–29
    neural crest cell cloning, *in vitro*, **36**:12–25
      cell potentiality analysis, **36**:12–14
      culture technique, **36**:15–20

Subject Index

developmental repertoire, **36:**20–23
protocol, **36:**14–15
overview, **36:**1–2, 29
quail–chick chimeras, **36:**2–12
characteristics, **36:**2
markers, **36:**3–4
materials, **36:**4–6
oligodendrocyte precursors, **36:**7–10
rhombomere plasticity, **36:**10–12
transplantation technique, **36:**6–7
axial specification, **38:**254–256
bicoid message localization, **26:**23, 28, 32–33
brush border cytoskeleton, **26:**100, 110
cell differentiation
embryonic stem cells, primate–human comparison, **38:**151–154
founder cells, **38:**42–44
muscle cells, **38:**44–49
somites, **38:**259–268
dermomyotome, **38:**263–268
sclerotome, **38:**261–263
cell lineage, **21:**66, 70–71, 74
cell patterning, **21:**7
chick embryo slice preparation, **36:**151–154
culture conditions, **36:**154
embryo preparation, **36:**152
transverse slices, **36:**152–154
chicken intestinal epithelium, **26:**126
development rating, **32:**78
dorsal-ventral pattern, **25:**18–21
Drosophila, **35:**126–127, 134–136, 233–238, **38:**9–15
deadhead effect, **34:**101–102
maternal-effect mutations, **34:**100–102
paternal-effect mutations, **34:**102–103
young arrest, **34:**100–101
epidermal growth factor receptor genes, **35:**77–83
blastocyst implantation, **35:**79–83
cumulus cell interactions, **35:**77–78
preimplantation development, **35:**78–79
explants, *see* Explants
flow cytometric analysis, **36:**211–221
applications, **36:**216–220
intracellular insulin detection, **36:**217–218
receptor insulin detection, **36:**218–220
retinal cell cytoplasmic marker quantification, **36:**216–217
cell fixation, **36:**213
data analysis, **36:**213–215

overview, **36:**211–212
tissue dissociation, **36:**212–213
function assays, **36:**76–77
homeobox role, cardiovascular development role, **40:**5–7
hox genes, **27:**362–363
induction in amphibians, **24:**262–265, 284
Dorsalization, **24:**278–279
early history, **24:**267–268
mesoderm induction factors, **24:**274–276
modern view, **24:**268–274
molecular markers, **24:**265–267
neural induction, **24:**279–281
research, **24:**281–284
XTC-MIF, **24:**277, 278
keratin expression, **22:**97, 118–120, 119, 122–123, 123
lineage determination, *see* Cell lineage
mouse, stages of development, **27:**352–354
myogenesis, *see* Myogenesis
myogenic helix–loop–helix transcription factor myogenesis, **34:**169–199
developmental expression, **34:**175–179
gene expression patterns, **34:**177–178
somite subdomains, **34:**178–179
somitogenesis, **34:**175–176
early activation, **34:**188–194
axial structure cues, **34:**189–190
regulatory element analysis, **34:**191–194
invertebrate models, **34:**179–181
mutational analysis, **34:**183–188
invertebrate genes, **34:**182–183
mouse mutations, **34:**183–188
myocyte enhancer factor 2 family, **34:**194–198
characteristics, **34:**194–196
MyoD family, **34:**171–175
cloning, **34:**171–172
properties, **34:**172–174
regulation, **34:**174–174
nonmammalian vertebrate models, **34:**181–182
overview, **34:**169–171
negative gene strategies, *see* Dominant negative constructs
neural development, *see* Neuraxis induction
neuronal death, **21:**101, 107
octamer-binding proteins, **27:**355–356
organotypic cell culture, *see* Organoculture
overview, **38:**2–3
paternal effects, *see* Paternal effects
pattern formation, *see* Pattern formation

Embryogenesis *(continued)*
  polyembryonic insects, **35:**121–153
    Copidosoma floridanum
      cellularized development, **35:**134
      early development, **35:**129–131
      hymenoptera species compared, **35:**145
      larval caste morphogenesis, **35:**132–134, 141–144
      polarity establishment, **35:**137–139
      polymorula development, **35:**132
      proliferation regulation, **35:**139–140
      segmental gene expression, **35:**134–136
      segmental patterning regulation, **35:**140–141
      typical insect development compared, **35:**136–144
    evolutionary aspects
      embryological adaptations, **35:**146–148
      endoparasitism consequences, **35:**148–151
      insect life history, **35:**146, 148
      mechanisms, **35:**151
      overview, **35:**121–122
    metazoa, **35:**123
    overview, **35:**121–122
    phylogenic relationships, **35:**123–125
    segmentation regulation, **35:**125–128
      Apis, **35:**128
      Drosophila, **35:**126–127
      germ-band formation, **35:**125–127, 140–141
      Musca, **35:**128
      oogenesis, **35:**125–126
      Schistocerca, **35:**128
  positional information along anteroposterior axis, **27:**357–358
  regulatory factors, **27:**354–357
  reorganization in frog egg, **26:**53
  retinoic acid receptors, **27:**358–362
  retinoid ligand role, **40:**120–131
    active retinoids, **40:**125–126
    cellular retinoic acid-binding proteins, **40:**129–130
    enzyme catalyzed conversions, **40:**127–129
    metabolic conversions, **40:**121–124
    reporter cell assays, **40:**126–127
    retinoid activity, **40:**121
    in situ localization, **40:**127
    transgenesis, **40:**127
    in vivo availability, **40:**124–127
  sex determination, *see* Sex determination
  somitogenesis, *see* Somitogenesis
Embryoid bodies
  developmental events, **33:**264–266
  myogenic gene expression, **33:**269–270
Embryonal carcinoma cells
  characteristics, **22:**168–169
  epidermal growth factor receptor, **24:**4, 20–22
  insulin family peptides, **24:**148–149
  mouse
    cloned gene introduction and expression in, **20:**362
    comparison with embryo-derived stem cells, **20:**368–369
    differentiation
      following commitment, **20:**348
      nontumorigenic derivatives, **20:**347
      peanut agglutinin receptors, **20:**349–350, 353
      refractoriness to induction, **20:**353–355
      retinoic acid-induced, **20:**347–353
      retinol-induced, **20:**350–352
      reversibility, **20:**349–353
    introduction into early embryo
      chimera-forming efficiencies, **20:**362–364
      patchy distribution within chimeras, **20:**366
      tumorigenicity, **20:**363
    as model for early development, **20:**358
      limitations, **20:**358–360
      similarities to early embryo cells, **20:**346–347
    tumorigenicity in cell culture, **20:**346
  pluripotentiality, **29:**209
  for retinoic acid-induced differentiation, **27:**325–327
  transforming growth factor-β, **24:**102, 106
Embryonic germ cells
  derivation, **29:**209, 211, 214
  pluripotentiality, **29:**209
Embryonic growth factor, palatal development, **22:**189–191
Embryonic shield, *see* Organizer
Embryonic stem cells
  chicken intestinal epithelium, **26:**127–128, 138
  development *in vitro,* analysis, **25:**168–174
    background, **25:**168
    bone marrow cultures, growth analysis, **25:**168–170
    growth, analysis with defined growth factors, **25:**170–171

regulation *in vivo*, **25:**171–173
differentiation, *in vivo* regulation, **25:**167–168
division in maize leaf primordium, **28:**66
embryo-derived, mouse
    cloned gene introduction and expression in, **20:**361–362
    embryonal carcinoma cells compared, **20:**360, 362–364, 366, 368–369
    homozygous for lethal mutation, **20:**360–361
    introduction into early embryo
        with any foreign DNA insertion, **20:**367–369
        chimera-forming efficiencies, **20:**362–364
        fine-grained mosaicism in distribution, **20:**364–366
        functional sperm formation, **20:**367
        with tissue-specific gene insertion, **20:**366–368
        Y chromosome activity, **20:**366
    isolation, **20:**359–360
    properties in primary culture, **20:**360
epidermal growth factor receptor, **24:**20–21
isolation and characteristics, **25:**157–164
    background, **25:**157–158
    developmental lineage scheme, **25:**162–164
    purification of precursor cells, **25:**158–159
    in vivo analysis, **25:**160–161
large-scale gene-trap screens, **28:**199–200
mouse genetic manipulation
    cell culture, **36:**103–104
    chimera production, morula aggregation method, **36:**111–113
    fibroblast preparation, **36:**102–103
    gene targeting, **36:**104–107
        electroporation, **36:**106
        resistant clone assessment, **36:**106–107
        Southern blot analysis, **36:**107
        theory, **36:**104–105
        vector targeting, **36:**104–105
    gene trap
        constructs, **36:**108–109
        electroporation, **36:**109
        LacZ-positive clone screening, **36:**110
        positive clone analysis, **36:**110
        selection method, **36:**109
        theory, **36:**108–109
    instrumentation, **36:**100
    materials, **36:**100
    overview, **36:**99–100
    solutions, **36:**100–102

myogenic development *in vitro*, **33:**264–266
nuclear transplantation, **30:**158–159
origin, alternative pathways, **29:**217
pluripotent, rat
    branching and maturation, **20:**211–212
    RT4-AC cell line from peripheral neurotumor RT4, *see* RT4-AC cells
pluripotentiality, **29:**209
primates
    definition, **38:**133–135
    human comparison
        disease transgenic models, **38:**154–157
        implications, **38:**157–160
        in vitro tissue differentiation models, **38:**151–154
        mouse–human–primate cell comparison, **38:**142–151
    isolation, **38:**139–142
    propagation, **38:**139–142
    species choice, **38:**135–139
study of muscle development and function, **33:**266–275
transgenic fish, **30:**204
Embryos, *see also specific types*
    actin-binding proteins, **26:**35–43, 48–50
    actin organization in sea urchin egg cortex, **26:**9
    androgenetic, **30:**167–168
    arrested hybrid, ECM disruption, **27:**117–118
    β-aminoproprionitrile effect, **33:**224–226
    brush border cytoskeleton, **26:**96, 104–1125
    carbonic anhydrase, **21:**212, 213
    Chaetopterus spp., obtaining, **31:**33–34
    (chick)
        bilateral symmetry, **28:**159–161
        Koller's sickle, **28:**161–162
        mesoderm induction, **28:**173–175
        normal development, **28:**156–159
    chicken intestinal epithelium, **26:**132
    compaction, **31:**278–280, 299–302
    cryopreservation, **32:**84–87
    ctenophore
        mosaicism and regulation, **31:**45–46
        organization, **31:**42–45
    cytoskeleton positional information, **26:**1–3
    development, *see* Embryogenesis
    differentiation without cleavage, **31:**14–16
    dissociation, **32:**127
    dorsal information location, **30:**267–269
    dorso-ventral patterning, **25:**21–23, **31:**401–405

Embryos *(continued)*
  Drosophila
    antibody-disrupted, **31**:186
    fixation for immunofluorescence, **31**:189–193
    morphogenesis, **28**:84–85
  early, cytoskeleton organization, **31**:170–174
  egg cell axial relationships, **39**:35–64
    blastocyst bilateral symmetry basis, **39**:56–58
    conceptus–uterus relationship, **39**:58–60
    conventional axes specification views, **39**:42–49
    epiblast growth, **39**:60–63
    overview, **39**:35–41, 63–64
    primitive streak specification, **39**:60–63
    terminology, **39**:41–42
    zygote–early blastocyst relationship, **39**:49–55
  elongation, neurulation, **31**:246–247
  forces shaping, **33**:246–266
  fused twin, **33**:239–240
  gastrulation, *see* Gastrulation
  genetic errors, **32**:82–84
  gynogenetic, **30**:167–168
  human
    cleavage, **32**:76–77
    morphology and scoring, **32**:77–79
  hybrid, urodele features restored in, **31**:264–265
  insulin family peptides, **24**:137–139, 153–156
    postimplantation, **24**:150–153
    preimplantation, **24**:143–150
  isolation of cortical lawns, **31**:126–130
  mammalian
    acquisition procedure, **31**:307–308
    androgenetic
      developmental failure, **23**:57–60
      protein synthesis, normal pattern, **23**:62
    development from enucleated zygote after postzygotic nuclear transfer, mouse, sheep, **23**:64–68
      stage-specific gene products, **23**:67–68
      techniques, **23**:65
      time of donor nuclear transit, **23**:66–67
    embedment-free electron microscopy, **31**:309–311
    genes, maternally and paternally derived, simultaneous activation, **23**:62–63
    gynogenetic
      developmental failure, **23**:57–60
      protein synthesis, normal pattern, **23**:62
      viable chimeras with normal embryos, **23**:59–60
    mortality resulting from
      DDK egg fertilization by non-DDK sperm, **23**:61
      paternal duplication-maternal deficiency for chromosome 17 proximal part, **23**:61
    parthenogenetic
      developmental failure, **23**:57–60
      viable chimeras with normal embryos, **23**:59–60
    remodeling of intermediate filament network, **31**:277–315
  maternal pattern formation control, **39**:73–113
    blastomere development pathways, **39**:111–113
    blastomere identity gene group, **39**:90–111
      AB descendants, **39**:91–92
      anterior specificity, **39**:102–106
      intermediate group genes, **39**:106–111
      P_1 descendants, **39**:91–102
      posterior cell-autonomous control, **39**:92–97
      specification control, **39**:91–92
      Wnt-mediated endoderm induction, **39**:97–102
    cytoskeleton polarization, **39**:78–81
      anterior–posterior polarity, **39**:78–81
      germline polarity reversal, **39**:89–90
      mes-1 gene, **39**:89–90
      par group genes, **39**:82–90
      par protein distribution, **39**:84–86
      sperm entry, **39**:81–82
    early embryogenesis, **39**:75–76
    intermediate group genes, **39**:106–111
      mutant phenotypes, **39**:108–111
      products, **39**:106–108
    overview, **39**:74–82
  metabolism and viability, **32**:88–91
  microtubule motors in sea urchin, **26**:76
  monopronuclear and polypronuclear, **32**:73–74
  mouse
    chimera development, **20**:362–367
    cultured stem cell introduction into, **20**:362–367
    gene expression changes, **20**:357–358
    outer and inner cell layers

commitment and differentiation, **20**:345–346
  protein synthesis level, morula stage, **20**:346
stem cells, isolation, **20**:359–360
nerve growth factor, **24**:173, 177
nuclear transplantation, **30**:157
preimplantation, human, *in vitro* development
  culture conditions, **23**:97–99
    critical for embryos between four- and eight-cell stages, **23**:98
  egg/embryo factors
    chromosomal abnormalities, **23**:99–102
    cytoplasmic incompetence, **23**:102–110
    cytoskeletal disorganization with increased postovulatory age, **23**:101–102
    multipronucleate embryos, **23**:100–101
    nondisjunction in oocyte at first meiosis, **23**:100
  IVF therapeutic program, **23**:93–96
  time of replacement into recipient uterus, **23**:110–111
proteases, **24**:249
  ECM, **24**:219–220, 222–224
  inhibitors, **24**:231
  regulation, **24**:234–237, 240, 246
proteins, **24**:212
reorganization
  in frog egg, **26**:53–54, 57, 61, 67
  spectrin redistribution, **31**:120–121
sarcomeric gene expression, **26**:160
sea urchin, microtubule purification, **31**:84–85
stem cells, *see* Embryonic stem cells
syncytial
  nuclear positioning, **31**:167–169
  organization, **31**:174
tissue-specific cytoskeletal structures, **26**:5
urodele, **30**:276
vertebrate growth factor homologs, **24**:320–322, 325
  epidermal growth factor, **24**:292–301, 303–305, 307, 309, 311–312
  transforming growth factor-β, **24**:315–316, 318
viability, **32**:88–91
voltage-gated ion channel development, **39**:160–164
  cell cycle modulation role, **39**:162–164
  fertilization, **39**:162

oocytes, **39**:160–162, 175
wound healing mechanisms, **32**:175–199
wounding, inflammation occurrence, **32**:191–193
Xenopus
  axial patterning, **31**:441
  cortical rotation, **31**:447–448
  keratin filament system, **31**:470–472
  XY preimplantation, **32**:19
Empty spiracle gene, function, **29**:39
EMS-ABα cell interaction, **25**:181
Emx-2 expression, **29**:46
Emx gene expression, **29**:39
Encephalon, carbonic anhydrase, **21**:212
Endo 1, restriction to midgut after gastrulation, **33**:230
Endo 16, expression in archenteron, **33**:230
Endocrine system
  epidermal growth factor, **22**:180, 182, 187
  epidermal growth factor homologs
    mice, **24**:32, 43, 49
    receptor, **24**:3, 10, 19
  fibroblast growth factor, **24**:70
  insulin family peptides, **24**:137, 154, 155
    postimplantation embryo, **24**:150
    preimplantation embryos, **24**:148
    structure, **24**:139
  keratin gene expression, **22**:196, 202
  nerve growth factor, **24**:173–174, 178, 180, 184, 187
  neural reorganization control, **21**:358–362
  proteases, **24**:224, 227, 230, 235
  social insect polymorphism regulation, **40**:45–69
    caste differentiation, **40**:46–52, 68–69
    corpora allata regulation, **40**:49–51
    differential feeding, **40**:47–49
    endocrine system role, **40**:48–49
    juvenile hormone role, **40**:63–66, 68–69
    neuroendocrine axis, **40**:51–52
    prothoracic gland activity, **40**:49–51
    overview, **40**:45–46, 66–69
    reproductive organ differentiation, **40**:52–55
    drone reproduction, **40**:60–62
    hormonal control, **40**:55–63
    queen reproduction, **40**:57–60
    worker reproduction, **40**:62–63
  transforming growth factor-β, **24**:103, 115, 118, 126, 127

Endocytosis
  actin organization in sea urchin egg cortex, **26:**15
  bicoid message localization, **26:**24
  coated vesicle-mediated, **31:**121–123
  epidermal growth factor receptor, **24:**8, 21
  insulin family peptides, **24:**145–146
  transforming growth factor-β, **24:**103
  vitellogenin uptake, **30:**109
Endoderm
  actin-binding proteins, **26:**40
  archenteron invagination and elongation, **33:**183–211
  autonomous differentiation, **33:**239–240
  primary, formation (marsupial)
    direct proliferation, **27:**213–214
    proliferation from another embryonic area, **27:**214
    via endoderm mother cells, **27:**211–213
  subumbrella plate, medusa
    destabilization by striated muscle, **20:**128–131
    transdifferentiation, **20:**128, 131–132
  Wnt-mediated induction, **39:**97–102
Endogenous gene, methylation, **29:**255–260, 263
Endoglycosidase F, brain-specific genes, **21:**131
Endoparasitism, embryological adaptation, **35:**148–151
Endoplasm
  granular and agranular, **31:**14–15
  spongy, **31:**9, 14
Endoplasmic granules, *Chaetopterus* oocyte, **31:**10–12
Endoplasmic reticulum
  brush border cytoskeleton, **26:**112
  calcium regulation role, **30:**88
  epidermal growth factor receptor, **24:**18
  insulin family peptides, **24:**139
  intermeshed with sperm aster microtubules, **31:**52
  microtubule motors in sea urchin, **26:**86
  rearrangement, **28:**130
  reorganization, **26:**66, **31:**74
  wrapped around cortical granules, **31:**442–443
Endoreduplication *(Drosophila)*, **27:**293
Endosomes, insulin family peptides, **24:**146
Endospores, starvation-induced formation, **34:**211–215
Endothelium
  fibroblast growth factor, **24:**86
  ECM, **24:**81–82
  genes, **24:**60
  ovarian follicles, **24:**71
  vascular development, **24:**71–80
  wound healing, **24:**81–82
  nerve growth factor, **24:**174
  proteases, **24:**220–221
    inhibitors, **24:**225–228, 230, 234
    regulation, **24:**236–239
  proteins, **24:**205, 207–210
  transforming growth factor-β, **24:**109, 120, 125
En genes
  characteristics, **29:**23
  developing vertebral column, **27:**369–371
  expression, **29:**37
    arthropod, **29:**123–124
    gradients, **29:**48–49
    induction, **29:**26–27
    regulation, **29:**25
  function, **29:**25
  gene interaction with, **29:**124–125
  leech homolog, **29:**121
  mammalian, zebrafish homolog, **29:**70
  midbrain-hindbrain expression, **29:**84–86
  neural tube expression, **27:**371–375
eng genes
  genetic conservation, **29:**90
  hindbrain expression, **29:**75
  jaw muscle expression, **29:**90
  mesoderm gene expression, **29:**88–89
  patterning mechanism studies, **29:**90
  zebrafish rostral brain patterning, **29:**82
engrailed gene
  characteristics, **25:**80, 97
  cytoskeleton positional information, **26:**1
  homeobox gene family, **25:**86–87
  homeodomain, **29:**4
Engulfment cells
  associated genes, **32:**148
  embracing deemed cells, **32:**141
Enhancers
  competition model, **29:**259
  sarcomeric gene expression, **26:**146–152, 156–157, 162, 164
  split neurogenic gene, **25:**36
  tissue-specific cytoskeletal structures, **26:**5
  trapping
    Drosophila, **28:**194–195
    elements, **28:**196–198
    transgenic fish, **30:**205
En-2 protein, amino acid sequence, **29:**67

Subject Index

En-related genes, *Danio rerio,* **29:**69–70
  protein products, **29:**70
Entactin, proteases, **24:**220
Enterocytes
  brush border cytoskeleton, **26:**97, 113, 115
    differentiation, **26:**108–110
    embryogenesis, **26:**101–108
  chicken intestinal epithelium, **26:**129, 132–134
  specific genes, **32:**211–212
Enteroendocrine cells, chicken intestinal epithelium, **26:**127–128
Enucleation, **30:**153
Enveloping cells
  of blastoderm during epiboly, **27:**159–160
  connection with yolk syncytial layer, **31:**363–365
  cortex, actin filament network in, **31:**367–368
Enzymes, *see also specific enzymes*
  brush border cytoskeleton, **26:**115
  chicken intestinal epithelium, **26:**123, 134
  epidermal growth factor in mice, **24:**33
  fibroblast growth factor, **24:**71–72, 79, 82
  glutathione-conjugating and metabolizing in sperm protection, **33:**74–87
  insulin family peptides, **24:**140, 142, 143
  microtubule motors in sea urchin, **26:**77, 82
  nerve growth factor, **24:**168, 170, 177
  proteases, **24:**223
    inhibitors, **24:**225–227, 229, 232–234, 236
    regulation, **24:**235–236, 239, 244
  proteins, **24:**194, 200–201, 210, 212
  transforming growth factor-β, **24:**101, 105, 107
Ependyma, monoclonal antibodies, **21:**274
EPF, *see* Early pregnancy factor
Epi 1, **30:**268
Epiblast
  definition, **39:**42
  primitive streak specification, **39:**60–63
Epiboly
  autonomy, **27:**76–77
  cell rearrangements during
    evidence for, **27:**156–157, 160
    role, **27:**95–96, 157–158, 160–161
  Danio rerio pattern formation, gastrulation movement coordination, **41:**22–23
  gastrulation, teleost fishes, **31:**362–371
  gastrulation completed by, **31:**246
  prior to gastrulation, **33:**170–171
  urodeles, **27:**76

Xenopus, **27:**76, 154–158
Epicardium, development, **40:**10
Epidermal growth factor, **24:**31–33, 51–52
  biological activities, **24:**33–35
  cAMP levels, **22:**187–188
  cellular growth, **24:**97–100, 124, 126–127
    cellular level effects, **24:**113–114, 122
    molecular level effects, **24:**109–111
    receptors, **24:**103, 105–106
  cultured palatal epithelial cells, **22:**183–187
  embryonic development, **22:**175
  epidermal growth factor receptor gene interactions, **35:**104–106
  epithelial-mesenchymal tissue interaction, **24:**47, 51
  fibroblast growth factor, **24:**72, 82
  human keratin gene expression, **22:**30
  keratin, experimental manipulation, **22:**82
  life-and-death regulation, **35:**8, 27
  mammalian secondary palate, **22:**17
  morphogenesis
    organ development, **24:**40–41
    teeth, **24:**35–40
  nerve growth factor, **24:**185
  palatal epithelial development, **22:**180–182
  palatal extracellular matrix, **22:**182–183
  proteases, **24:**224, 248
    inhibitors, **24:**227, 229–230, 232
    regulation, **24:**238, 242, 245
  proteins, **24:**194, 197
    cathespin L, **24:**202–204
    ECM, **24:**207–208, 210
  pupoid fetus skin, **22:**225
  receptors
    hair follicles, **24:**46
    kidney, **24:**43–46
    morphogenesis, **24:**46–47
    palatal development role, **22:**188–192
    skin, **24:**46
    teeth, **24:**41–43
  related inductive signal LIN-3, **33:**31–32
  tissue development, **22:**176–178
  vertebrate growth factor homologs, **24:**290, 292–312, 323–324
Epidermal growth-factor-like repeats
  crumbs gene product, **28:**111
  Drosophila adhesion molecules, **28:**85, 88
  laminin, **28:**111
  slit gene product, **28:**111
Epidermal growth factor receptor genes
  abbreviations, **35:**110–111
  cancer role, **35:**107–109

Epidermal growth factor receptor genes
  (continued)
  ErbB genes
    epidermal growth factor-like ligands,
        35:75–77
    epidermal growth factor receptor, **35:**73–75
    ErbB1, **35:**73–75
    family members, **35:**75
    HER-1, **35:**73–75
  fetal development
    ablation effects, **35:**84–85
    knockout effects, **35:**72, 84–86
    ligand development, **35:**85–86
    natural mutations, **35:**86–87
    tissue development
      bone, **35:**97–98
      brain, **35:**93–95
      gastrointestinal tract, **35:**88–90
      heart, **35:**90–92
      kidney, **35:**88–90
      liver, **35:**88–90
      lungs, **35:**92–93
      mammary glands, **35:**95–97
      muscle, **35:**90–92
      nervous system, **35:**93–95
      placenta, **35:**87–88
      reproductive tract, **35:**90
      skeleton, **35:**97–98
      teeth, **35:**97–98
    transgenic mouse studies, **35:**86–87
  interactions, **35:**101–107
    cell morphology–adhesion response,
        35:103–104
    epidermal growth factor receptor–ErbB
        genes, **35:**101–102
    growth factors, **35:**104–106
    signaling components, **35:**106–107
    stress signals, **35:**102–103
  nonmammalian development, **35:**109–110
  oocyte development, **35:**77–83
    blastocyst implantation, **35:**79–83
    cumulus cell interactions, **35:**77–78
    preimplantation development, **35:**78–79
  overview, **35:**72
  regulation, **35:**98–101
Epidermal growth factor receptors
  characteristics, **24:**1–2, 22–23
  embryonal carcinoma cells, **24:**20–22
  hair follicles, **24:**46
  kidney, **24:**43–46
  mammalian development
    adult, **24:**7–8

fetal tissues, **24:**4–5
fetus, **24:**8–10
overview, **24:**2–3, 6
preimplantation embryo, **24:**11
protein structures, **24:**5
tyrosine Kinase, **24:**7
uterine development, **24:**10–11
morphogenesis, **24:**46–47
palatal development role, **22:**188–192
regulation of expression, **24:**16–20
skin, **24:**46
teeth, **24:**41–43
TGF-a gene, **24:**14–16
Epidermis
  development
    mice, **22:**209–212
    stages, **22:**130–133
  differentiation, plants, **28:**60–64
  marginal, actin purse string contraction,
      32:182–183
  markers, **30:**268
  mosaic pattern analysis, **27:**247–248
  neural reorganization, **21:**343, 354, 359–360,
      362
  plant organization, **28:**60–64
  stratification, **22:**132
Epidermolytic hyperkeratosis, **22:**146
Epididymis
  antioxidant defense mechanisms, **33:**73–74
  functions, androgen-regulated, **33:**66–67
  glutathione activity, **33:**78–87
  role in normal reproduction, **32:**66–67
  structure, **33:**62–63
Epigenetic modification, **30:**167–168
Epiphysis, δ-crystallin, chicken embryo, **20:**138,
    148
Epitheliomuscular cells, hydra
  conversion into
    basal disk gland cells, **20:**262–263
      morphological and antigenic changes,
          20:263–265
    battery cells
      hypostome formation, antigenic changes,
          20:265
      tentacle formation, antigenic changes,
          20:263, 266–267
  transdifferentiation
    functional changes, **20:**265, 267–268,
        277
    regeneration-induced, **20:**265
Epithelium
  actin-binding proteins, **26:**37, 39–41

Subject Index

amphibian intestine, transformation, 32:213–217
archenteron integrity as, 33:194–196
axon-target cell interactions, 21:316
brush border cytoskeleton, 26:93–94, 108, 114
  embryogenesis, 26:100–101, 103, 106
chicken intestine
  brush border formation
    enterocyte development, 26:132–134
    maintenance, 26:134–135
    microvillus, 26:135
    molecular organization, 26:128–131
  crypt of Lienerkühn, 26:127–128
  morphogenesis, 26:125–126
  regulation of development, 26:135–138
endodermal, cell behavior, 27:68–69
epidermal growth factor, 24:33, 52
  morphogenesis, 24:37, 40
  receptors, 24:41, 43, 46, 47
epidermal growth factor receptor, 24:3–4, 9, 16, 20
epididymal
  antioxidant protection, 33:82
  histology, 33:63
epithelial–mesenchymal interaction
  ECM, 24:50–51
  lungs, 24:48–50
  morphogenesis, 24:35, 40
  overview, 24:31, 41, 51–52
  teeth, 24:47–49
exhibiting desmosomes and tight junctions, 31:280
fibroblast growth factor, 24:79
gastrulation, 26:4
insulin family peptides, 24:146
larval, replacement by adult form, 32:224
marginal zone, role in convergence and extension (Xenopus), 27:68
proteases, 24:220–221, 227, 234–235
proteins, 24:193–194, 203, 208
reorganization in frog egg, 26:59–60
respiratory, chicken embryo, chorioallantoic membrane, conversion into keratocytes, 20:2–4
synapse formation, 21:277
tadpole intestine, 32:210
transforming growth factor-β, 24:125
  cellular level effects, 24:115, 118
  molecular level effects, 24:107, 109, 111
  receptors, 24:104, 106
vertebrate growth factor homologs, 24:313
villus/crypt, 32:205–207

wound, crawling, 32:180–181
Epitopes
  cell lineage, 21:73
  fibroblast growth factor, 24:61
  intermediate filament composition, 21:155, 157, 170
  monoclonal antibodies, 21:271
  myc tag, 31:478–479
Equatorial furrow, *Xenopus* embryo, 32:111
erb B, 24:22
  C-erb B, 24:5
  erb B2, 24:2, 20
  V-erb B, 24:35
  V-erb B1, 24:3, 20
ErbB gene family, see Epidermal growth factor receptor genes
Erk1, see p44
Erk2, see p42
ERK-A, allelic to *rolled* locus, 33:28–29
Erk3 group kinases, including p63, 33:9–10
Erythroblasts, epidermal growth factor receptor, 24:3
Erythrocytes
  allantois erythropoietic potential, 39:23–26
  production in avian embryo
    sites, 20:309–311
    time course, 20:309–311
Erythroleukemic cells, mouse, commitment
  before hemoglobin synthesis, 20:341
  stochastic event, 20:337
ES cells, see Embryonic stem cells
Escherichia coli, stationary phase adaptation, 34:224–226
Esophageal epithelia, keratin expression, 22:113, 116–117
Esterase
  cAMP regulation, 28:8
  xylem of whole plant and in culture, pea, 20:388–389
Estradiol
  cDNA clone, 30:114–116, 124
  epidermal growth factor in mice, 24:40
  function, 30:108, 110, 137
  keratin gene expression, 22:201, 203
  regulation, 30:113–116
  serum, after therapeutic abortion, 23:82
  species comparison, 30:111
  two-cell type model, 30:110–113
Estrogen
  epidermal growth factor receptor, 24:10
  keratin gene expression, 22:196, 201–202, 204, 206

Estrogen *(continued)*
  Müllerian-inhibiting substance/inhibin influence on, **29:**181
  proteases, **24:**233–235
  transforming growth factor-β, **24:**122, 126
Ethanol, microtubules, **29:**300
Ethylene, effects on abscission zone, dwarf bean β-1,4-glucanhydrolase activity, **20:**389, 391–392
  dictyosome conformation, **20:**391–392
  interaction with auxin, **20:**390–392
Etretinate, *see* Retinoic Acid
Eukaryotes, *see specific species*
Eve gene, cardiovascular development role, **40:**32
even-skipped gene
  Hox gene cluster link role, **40:**238–239, 246–247
  posterior patterning, **40:**234–235
  segmentation role, **29:**128
Evolution
  bottle cell formation, **27:**51
  changes in flexibility of cell fate specification during, **25:**204–207
  conservation, programmed cell death, **32:**149–150
  convergent, anural development, **31:**266–267
  development, ascidian egg cytoskeletal domain, **31:**243–272
  genetic change, **29:**103–104
  genomic imprinting, **40:**262–271
    deleterious mutations, **40:**268–271
    evolutionary trajectories, **40:**266–267
    fitnesses, **40:**264–266
    growth inhibitor genes, **40:**267–268
    quantitative genetics, **40:**262–264
  as historical process, **29:**103
  homeobox genes, **40:**211–247
    Hox gene cluster, **40:**218–235
      antiquity, **40:**218–220
      archetypal cluster reconstruction, **40:**236
      archetypal pattern variations, **40:**236–238
      axial differentiation, **40:**231
      axial patterning mechanisms, **40:**231–233
      axial specification role, **40:**229–235
      cnidarian gene expression, **40:**234, 239–242
      diploblastic phyla gene isolation, **40:**220–221
      even-skipped gene expression, **40:**234–235, 238–239
      genomic organization significance, **40:**235–240
      homology, **40:**221–229
      terminal delimitation, **40:**231
      overview, **40:**212–214
    phylogenetics role, **40:**243–247
      ancestral–derived state discrimination, **40:**245–246
      even-skipped gene phylogenetic analysis, **40:**246–247
      orthologous–paralogous gene discrimination, **40:**243–245
      variable gene recovery interpretation, **40:**246
    sea anemone study, **40:**214–218
    zootype limitations, **40:**242–243
  insect polyembryonic development
    embryological adaptations, **35:**146–148
    endoparasitism consequences, **35:**148–151
    insect life history, **35:**146–148
    mechanisms, **35:**151
    overview, **35:**121–122
  mammalian germ line recombination evidence, **37:**13
  molecular phylogeny contribution, **29:**102
  sperm competition, **33:**103–150
  unisexual flower development, **38:**175–181
    dioecy, **38:**178–181
    monoecy, **38:**180–181
    primitive plants, **38:**175–177
    unisexuality, **38:**177–178
  variability and proliferation, **25:**186–188
  Y chromosome, **32:**23
Evx-1 gene, neural tube expression, **27:**371–375
Excitatory postsynaptic potential (EPSP), **21:**311, 314
Exocoelomic cavity, development, allantois, **39:**3–7
Exocytosis
  acrosomal, Na^{2+}/H^+ exchanges, **32:**64
  actin-binding proteins, **26:**37
  actin organization in sea urchin egg cortex, **26:**10, 14–17
  chicken intestinal epithelium, **26:**136
  cortical granule, **31:**350–352
  plasmalemma, **21:**196
Exogastrulation
  compressive buckling model, **33:**190–192
  normal process of invagination, **33:**209–211
Exons
  human keratin genes, **22:**23–24
  keratin, **22:**2

Subject Index

Explants
　chick embryo culture, **36:**146–151
　　culture conditions, **36:**151
　　embryo preparation, **36:**147
　　hindbrain explants, **36:**147–150
　　trunk explants, **36:**147–150
　　whole embryo explants, **36:**150–151
　evaluation, **36:**156–158
　　sectioning, **36:**157–158
　　staining, **36:**157
　mouse embryo culture, **36:**154–156
　　culture conditions, **36:**156
　　embryo preparation, **36:**155
　　hindbrain explants, **36:**155–156
　otic vesicle organoculture, **36:**117–119
　quail–chick chimeras transplantation, **36:**6
Extension movements
　anuran gastrulation, **27:**67–68
　C. ornata, **27:**75–76
　H. regilla, **27:**75–76
　urodele gastrulation, **27:**67–68
　urodeles, **27:**75–76
　Xenopus gastrulation, **27:**67
　　deep mesodermal cells, **27:**68
　　epithelial cells, **27:**68
　　noninvoluting marginal zone, **27:**70
　　sandwich explants, **27:**67, 74
Extracellular matrix
　assembly, **27:**98
　basal, structural components, **33:**223–231
　blastocoel roof *(Xenopus),* **27:**54–57
　cell interactions, intestinal remodeling, **32:**224–227
　composition in amphibian gastrulae, **27:**97–98
　cues for mesodermal cell migration (amphibian), **27:**59–61
　disruption
　　arrested hybrid embryos, **27:**117–118
　　by mutation, **27:**118–119
　embryonic induction in amphibians, **24:**282, 283
　emission during marsupial cleavage, **27:**192–193
　epidermal growth factor, **24:**9, 34, 50
　fibrillar
　　composition, **27:**99
　　contact guidance by, **27:**109–111
　　discovery, **27:**98–99
　　distribution, **27:**98–99
　　manipulation of oriented fibrils, **27:**107–109

　　orientation, **27:**99
　　spatial pattern, **27:**106–107
　　temporary pattern, **27:**106
　fibroblast growth factor, **24:**81–83
　　bone formation, **24:**67–68
　　vascular development, **24:**75–77, 79
　gene expression
　　fibronectin, **27:**101–102
　　integrins, **27:**103–104
　glycoconjugates in, **27:**105
　life-and-death regulation, **35:**30–31
　molecules
　　Drosophila, **28:**87
　　pathfinding role, **29:**159–160
　nerve growth factor, **24:**166
　neurulation, **27:**146
　PGC adhesion and migration promotion, **23:**151–153, *see also* Fibronectin
　proteases, **24:**219–224, 248–250
　　inhibitors, **24:**225–228, 232–234
　　regulation, **24:**235–240, 244–245, 247–248
　proteins, **24:**194, 205–212
　proteolysis by plasminogen activator from PGC, **23:**150–151
　receptors for components, **27:**103–104
　synthesis, **27:**98
　synthesis by skeletal muscle cultured on bone matrix
　　cartilage proteoglycan, **20:**54–57
　　hyaluronic acid, **20:**53–54
　　sulfated glycosaminoglycans, **20:**50–53
　transforming growth factor-β, **24:**98–99, 124, 127–128
　　cellular level effects, **24:**113–114, 116–117, 119–120, 123
　　molecular level effects, **24:**106–108
　　receptors, **24:**105–106
Extracellular proteoglycan
　basement membrane proteoglycan, **25:**117–118
　collagen type IX proteoglycan, **25:**113–117
　leucine-rich repeat family, **25:**118–121
Extraction
　detergent
　　mammalian eggs, **31:**282–284, 287
　　mammalian eggs and embryos, **31:**308–311
　detergent and protein, **31:**271–272
extramacrochaetae genes, *Drosophila* eye development, differentiation progression
　gene function, **39:**144–145
　proneural–antineural gene coordination, **39:**145–146

exuperantia, bicoid message localization, **26:**31–32
Eyes, *see* Vision
Ezrin
  brush border cytoskeleton, **26:**96
  chicken intestinal epithelium, **26:**129

F

Fab' fragments
  of anti-fibronectin IgG, **27:**113
  of anti-integrin IgG, **27:**113–115
F-actin, *see* Actin, filamentous
Fasciclin I
  cell culture experiments, **28:**102
  distribution, **28:**102–103
  genetics, **28:**103
  sequence analysis, **28:**102
Fasciclin II
  cell culture experiments, **28:**87–89
  distribution, **28:**89–90
  genetics, **28:**90
  role in axonal guidance, **28:**90
  sequence analysis, **28:**87–89
Fasciclin III
  cell culture experiments, **28:**90–92
  distribution, **28:**91–92
  genetics, **28:**92
  sequence analysis, **28:**90–92
Fasciclin IV, **29:**153
Fasciculation
  optic nerve regeneration, **21:**219
  synapse formation, **21:**305
Fascin, complex with actin, **31:**112–113
Fas gene, life-and-death regulation, **35:**29–30
Fate, *see* Cell differentiation; Cell lineage
fat gene product, **28:**96
Fatty acids, fibroblast growth factor, **24:**73
fem genes, sex determination regulation
  epistatic interactions, **41:**110
  germ-line analysis, **41:**119–122
  identification, **41:**109–110
  sexual partner identification, **41:**115–116
  signal transduction controls, **41:**113–114
Ferns, growth substance-mediated sex determination, **38:**206–207
Ferritin, plasmalemma, **21:**186
Fertilin, **30:**51
Fertilization
  abnormalities, **32:**72–74
  actin-binding proteins, **26:**35–38, **26:**50

actin filament polymerization after, **31:**116–118
actin organization
  change induction, **31:**348–352
  in sea urchin egg cortex, **26:**9–10, 14–19
associated cellular signals, **31:**25–27
bicoid message localization, **26:**23
calcium ion signaling mechanisms, **39:**215–237
  Ca^{2+} release activation, **39:**222–237
    Ca^{2+} conduit hypothesis, **39:**222–225
    cytosolic sperm factor hypothesis, **39:**229–232
    receptor-linked inositol triphosphate production hypothesis, **39:**225–229
    sperm protein role, **39:**232–237
  egg activation, **39:**216–222
    assessment criteria, **39:**218–222
    Ca^{2+} role, **39:**217–218
    mechanisms, **39:**216–217
  sperm protein role, **39:**222–237
    Ca^{2+} oscillation generating mechanisms, **39:**234–235
    33-kDa protein identification, **39:**232–233
    multiple signaling mechanisms, **39:**235–237
Chaetopterus spp., **31:**6
  cleavage, **31:**11–14
  laboratory methodology, **31:**33–34
ctenophore, cell biology, **31:**47–51
cytoskeleton positional information, **26:**2–4
early cleavage, **31:**67
egg cell activation
  assessment criteria, **39:**218–222
  calcium role, **30:**277
  description, **30:**21–25, 37, 262–263
  fusion-mediated, **30:**37, 44–47, 84–87
  integrin role, **30:**50–51
  intracellular calcium ion role, **39:**217–218
  ionophore, **30:**27, 28–29
  latent period, **30:**45, 68
  mechanisms, **39:**216–217
  messenger, **30:**26–34, 86–87
  nuclear transplantation, **30:**153, 164–166, 169–170
  receptor-mediated, **30:**37–44, 82–84
  sea urchin species, **32:**54–55
  signal transduction, **30:**37–47
  species specificity, **30:**1–3

Subject Index

sperm-egg interaction, **30**:23–25, 37, 50–52, 68
sperm receptor, **30**:47–51, 64, 83
waves of increased free [Ca^{2+}]i accompanying, **25**:3
elongate microvilli formation after, **31**:118–119
fertility insurance hypothesis, **33**:112–114
flowering plants, **34**:259–275
  double fertilization, **34**:273–275
  female gametes, **34**:271–273
  male gametes, **34**:260–271
    generative cell development, **34**:262–265
    pollen formation, **34**:260–262
    pollen tube growth, **34**:269–271
    sperm structure, **34**:265–269
  overview, **34**:259–260
human male nondisjunction, **37**:397–400
insemination, sources of sperm loss between, **33**:136
mammalian
  acrosome reaction, actin assembly in sperm, **23**:25–26
  centrosomes
    comparison with sea urchin, **23**:48–49
    maternally inherited, mouse, **23**:45
    paternally inherited in most animals, **23**:44–45
    pronuclear formation and first division, **23**:45–51
  microfilament activity
    not required for sperm incorporation into oocyte, **23**:26–29, 31, 38
    required for pronuclear apposition, **23**:28–30, 38–39
  pronuclear migration
    cytoplasmic microtubule role, **23**:34–38
    first division, **23**:36–37
    microtubule inhibitor effects, **23**:37–38
    sperm incorporation and proneucleate eggs, **23**:34–35, 37
    sperm incorporation, electron micrography, **23**:27
marsupials
  activation effects, on nuclear polarity, **27**:187–188
  polar and radial patterns during, **27**:187
  sperm-egg interactions, **27**:186–187
  timing of events, **27**:183, 185–186
  tubal transport, **27**:185–186

in vivo, **27**:186
micromanipulative techniques, **32**:74–76
multistep recognition process, **32**:40
paternal effects, **38**:9–15
  gonomeric spindle formation, **38**:14–15
  pronuclear migration, **38**:14–15
  pronuclei formation, **38**:11–14
  sperm entry, **38**:10–11
phagocytosis, **32**:69–72
reappearance of keratin network, **31**:469–470
reodent, cytoskeletal organization and dynamics, **31**:322–327
reorganization in frog egg, **26**:53–54, 61–67
sea urchin eggs
  actin cytoskeletal dynamics, **31**:104–107
  physiological activation, **31**:102–104
sperm competition, **33**:67–68, 106–108
sperm–egg interactions, **34**:89–112
  cytoplasmic incompatibility, **34**:103–107
  genetics
    deadhead effect, **34**:101–102
    maternal-effect mutations, **34**:100–102
    paternal-effect mutations, **34**:102–103
    young arrest, **34**:100–101
  karyogamy, **34**:97
  overview, **34**:89–92
  pronuclear maturation, **34**:95–97
  sperm characteristics
    penetration, **34**:95
    production, **34**:92–94
    storage, **34**:94
    transfer, **34**:94
    utilization, **34**:94
  sperm-derived structure analysis, **34**:98–100
  sperm function models, **34**:107–111
    diffusion–gradient production, **34**:109–110
    nutritive protein import, **34**:107–109
    specific protein import, **34**:109
    structural role, **34**:110–111
  syngamy, **34**:95
sperm receptor fate after, **32**:50–54
tissue-specific cytoskeletal structures, **26**:5
in vitro
  laboratories, **32**:73–74
  oocytes hyperstimulated for, **32**:61
  repeated attempts, **32**:90
voltage-gated ion channel development, **39**:162

Fertilization cone
  actin organization in sea urchin egg cortex, **26**:14
  formation, sperm entry, **31**:348–350
Fetal development, *see also* Embryogenesis
  allantois development
    fetal membrane characteristics, **39**:2–3
    fetal therapy, **39**:26–29
  cell lineage, **21**:69
  epidermal growth factor receptor genes
    ablation effects, **35**:84–85
    knockout effects, **35**:72, 84–86
    ligand development, **35**:85–86
    natural mutations, **35**:86–87
    tissue development
      bone, **35**:97–98
      brain, **35**:93–95
      gastrointestinal tract, **35**:88–90
      heart, **35**:90–92
      kidney, **35**:88–90
      liver, **35**:88–90
      lungs, **35**:92–93
      mammary glands, **35**:95–97
      muscle, **35**:90–92
      nervous system, **35**:93–95
      placenta, **35**:87–88
      reproductive tract, **35**:90
      skeleton, **35**:97–98
      teeth, **35**:97–98
    transgenic mouse studies, **35**:86–87
  gonadal *Sry* expression, **32**:13–14
  human, repair of embryonic defects, **32**:198–199
  keratin developmental expression, **22**:127–128, 133
    electrophoresis, **22**:136, 138
    genetic disorders, **22**:145–147
    immunohistochemical staining, **22**:140, 142
    protein expression, **22**:143
    stages, **22**:143
  mammalian female meiosis regulation, **37**:361–362
  transition to adult-like healing, **32**:197
  wound healing
    environment, **32**:193–196
    mechanisms, **32**:175–199
Fibrils
  cytokeratins, **22**:160, 162, 167
  ECM
    artificially aligned, contact guidance by, **27**:109–111
    manipulation, **27**:107–109

Fibrin
  proteases, **24**:225, 238
  proteins, **24**:206
  sealing adult skin wounds, **32**:176–177
Fibroblast growth factor receptor, **30**:271–272
Fibroblast growth factors
  acidic and basis, **25**:62–63, 65–66
  axis induction, **30**:260, 269, 271
  bone formation, **24**:67–68, 68
  carcinogenic transformation, **24**:83–84, 84
  cellular growth, **24**:97–98, 100, 124, 127
    cellular level effects, **24**:113, 116, 119, 120
    molecular level effects, **24**:110, 111
    receptors, **24**:106
  characteristics, **24**:57–58, 84–86
  dorsal gradient formation, **35**:214–216
  ECM, **24**:81–82, 81–83
  effect on embryoid body activity, **33**:274
  embryogenesis, **27**:356–357
  embryonal carcinoma-derived growth factor, **25**:62–64
  embryonic induction in amphibians, **24**:275–276, 275–279, 281
  epidermal growth factor, **24**:17, 37, 51
  epidermal growth factor receptor, **24**:11, 22
  FGF-5 onogene, **24**:61
  forms, **24**:60–61
  genes, **24**:58–60
  germ cell growth, **29**:208–209, 211, 213–214
  kidney development role, **39**:277–278
  life-and-death regulation, **35**:28–29
  limb regeneration, **24**:68–69, 69
  mesoderm induction, **24**:62–64, 63–64, **33**:37–38
  muscle formation, **24**:65
  nerve growth factor, **24**:174, 185
  nervous system, **24**:65–66, 65–67
  oncogenes, **24**:61–62
  ovarian follicles, **24**:69–71
    corpus luteum, **24**:71
    granulosa cells, **24**:69–70
    hormones, **24**:70
    ovulation, **24**:70–71
  positional information along anteroposterior axis, **27**:357–358
  proteases, **24**:224, 234, 237–239, 248
    inhibitors, **24**:227, 230, 234
    regulation, **24**:237–239
  proteins, **24**:194
    cathespin L, **24**:201–202
    ECM, **24**:208, 210, 211
  regulators, **29**:213

Subject Index

transforming growth factor-β, **24:**119
types, **29:**212
various forms, **24:**60–61
vascular development, **24:**71–75, 72–75, 77–81, 78–79
   angiogenesis, **24:**78–81
   endothelial cells, **24:**71–78
   expression, **24:**78
vertebrate limb formation role, **41:**39–42
wound healing, **24:**83
Fibroblasts
   actin-binding proteins, **26:**39, 41, 43
   brush border cytoskeleton, **26:**111
   chicken d-crystallin gene low expression, mouse, **20:**157–159, 163
   chicken intestinal epithelium, **26:**135, 137
   embryonic stem cell manipulation
     cell culture, **36:**102–103
     fibroblast inactivation, **36:**103
   epidermal growth factor, **22:**176
   epidermal growth factor receptor, **24:**21
   gastrulation, **26:**4
   human keratin genes, **22:**16, 30
   hyaline cartilage formation on bone matrix, rat, **20:**44–45
   insulin family peptides, **24:**152, 155
   intermediate filament composition, **21:**155
   keratins
     experimental manipulation, **22:**86, 89, 91, 93–94
     expression, **22:**35
   proteases
     inhibitors, **24:**226–228, 230–232
     regulation, **24:**242, 245–246
   proteins, **24:**193–194, 211
     cathespin L, **24:**200–201
     ECM, **24:**208–210
   pupoid fetus skin, **22:**215
   transforming growth factor-β
     cellular level effects, **24:**113, 115–116, 121, 123
     molecular level effects, **24:**108
     receptors, **24:**103
Fibronectin
   actin-binding proteins, **26:**39–40
   blastocoel roof *(Xenopus)*, **27:**55–56
   embryonic induction in amphibians, **24:**282
   epidermal growth factor, **22:**182, 184, **24:**9, 16, 34
   extracellular matrix (amphibian), **27:**97
   fetal wound healing, **32:**194–195
   fibroblast growth factor, **24:**76–77, 81

   gene expression, **27:**101–102
   mesodermal cell migration, **27:**57–59
   proteases, **24:**221
     inhibitors, **24:**226, 228–229
     regulation, **24:**235, 237, 242
     transforming growth factor-β, **24:**106–107, 114, 120
   proteins, **24:**194, 205–211
   pupoid fetus skin, **22:**215
   role in PMC migration, **33:**227
   substrata, cell adhesion to, **27:**112–113
   as substrate for PGC migration
     in vitro, mouse, **23:**152–153
     in vivo,
       mouse, **23:**152
       Xenopus laevis, **23:**151–152
   type III repeats, *Drosophila* adhesion molecules, **28:**85, 88
Fibronectin receptors, **27:**103–104
Fibropellins, components of apical lamina, **33:**222–223
Fibrosis
   fibroblast growth factor, **24:**74
   transforming growth factor-β, **24:**123
Filaggrin
   developmental expression, **22:**127–128, 133–134, 147, 149
     animal studies, **22:**129
     electrophoresis, **22:**134–135, 137
     genetic disorders, **22:**145–147
     immunohistological staining, **22:**140–141
     localization, **22:**145
     protein, **22:**143
   human keratin gene expression, **22:**20
   keratin, **22:**4
     expression, **22:**38
     gene expression, **22:**205
   keratinization, **22:**211–212
   pupoid fetus skin, **22:**221–223, 225, 229
Filamentous actin, *see* Actin, filamentous
Filamin, actin cross-linking protein, **31:**113
Filopodia
   axon-target cell interactions, **21:**318
   growth cone, **29:**145–146
     pathfinding role, **29:**161, 164
   PMC, contractile tension, **33:**176–177
   SMC
     attachment
       animal hemisphere, **33:**203
       ectoderm, **33:**196–199
       gastrulation, **33:**211–219
     withdrawal, **33:**238

Fimbrin
 brush border cytoskeleton, **26:**95–98, 112, 115
 differentiation, **26:**109, 111
 embryogenesis, **26:**104–105, 107–108
 chicken intestinal epithelium, **26:**129, 131, 133–136
Fish, *see specific species*
Fixation
 amphibian cytoplasmic microtubules, **31:**419–421
 ctenophore eggs, **31:**60–61
 Drosophila embryo, **31:**189–191
Flagella
 microtubule motors in sea urchin, **26:**72, 76, 79, 82
 motility, speract receptor, **32:**41–42
 tissue-specific cytoskeletal structures, **26:**5
Floregen hypothesis, **27:**2–3
Flow cytometry
 applications
  apoptosis measurement, **36:**267–269
  intracellular insulin detection, **36:**217–218
  receptor insulin detection, **36:**218–220
  retinal cell cytoplasmic marker quantification, **36:**216–217
 overview, **36:**211–212
 protocol consideration
  cell fixation, **36:**213
  data analysis, **36:**213–215
  tissue dissociation, **36:**212–213
Flower development
 agamous, staging and timing, **29:**344, 347
 apetala2-1, staging and timing 344, **29:**346
 Arabidopsis thaliane, see Arabidopsis
 chronological time measurement in, **29:**329
 clavatal-1, staging and timing, **29:**347–348
 determination
  cell competence, **27:**31–32
  conceptual framework for, **27:**4, 31, 33
  determination events, **27:**4, 22–23
  floral branches, **27:**17–23
  floral stimulus, **27:**3
  Henliathus annus, **27:**29–30
  Lolium temulentum, **27:**27–29
  Nicotiana tabacum
   early states, **27:**23–24
   explants from floral branches and pedicels, **27:**17–20
   genotype, **27:**7–8
   grafting assays, **27:**10
   isolation assays, **27:**10
   late states, **27:**23
   organized buds and meristems, **27:**11–17
   organized versus stem-regenerated meristems, **27:**23–24
   position-dependency, **27:**8–10, 21–22
   regenerated shoots, **27:**20
   rooting assay, **27:**11–12
   root-shoot interplay, **27:**6–8
   terminals bud nodes, **27:**5–8
   types of shoot apical meristems, **27:**16–17
  Pharbitis nil, **27:**24–26
  Pisum sativum, **27:**30
  spices differences in, **27:**33
 fertilization mechanisms, **34:**259–275
  double fertilization, **34:**273–275
  female gametes, **34:**271–273
  male gametes, **34:**260–271
   generative cell development, **34:**262–265
   pollen formation, **34:**260–262
   pollen tube growth, **34:**269–271
   sperm structure, **34:**265–269
  overview, **34:**259–260
 heterochrony in, **29:**325–326, 351
 models, **29:**328–329, 347–353
 mustard
  long day-induced, **20:**387
  new antigen production during, **20:**387
 numerical time measurement in, **29:**329
 organ identity genes in, **29:**327–329
 plastochron index in, **29:**331
 regulation, **27:**2–4
 sequential model, **29:**347–348, 350, 352–353
 spatial model, **29:**347–348
 time measurement in, **29:**329–334
Fluo-3, **30:**66, 68–69, 76
Fluorescein isothiocyanate
 actin-binding proteins, **26:**43
 as exogenous marker in cell lineage assay, **23:**129
 as short-term marker in chimeras, **23:**119–120
 riboprobe synthesis, *in vitro* transcription method, **36:**224–227
Fluorescence *in situ* hybridization
 DNA chromatin loop content analysis, **37:**253–256
 Drosophila cell cycle study methods
  diploid cells, **36:**282–284
  polytene chromosomes, **36:**280–282

Subject Index

  squashed diploid cells, **36**:283–284
  whole-mounted diploid tissues, **36**:284
 genetic error detection, **32**:82, 84, 92
 human male meiotic nondisjunction analysis, **37**:388–393, 401
 multiple gene product detection, **36**:223–242
  alkaline phosphatase detection methods
   combined colors, **36**:235–236
   ELF yellow-green fluorescence, **36**:232–233
   fast red tetrazolium precipitate, **36**:232
   NBT–BCIP blue precipitate, **36**:231
  antibody incubation, **36**:230–231
  controls design, **36**:238–239
  detection methods, **36**:231–236
  embryo preparation, **36**:227–228
  horseradish peroxidase detection, diaminobenzidine–hydrogen peroxide brown precipitate, **36**:234–235
  labeled riboprobe synthesis, **36**:224–227
  multiple color detection time-table, **36**:236–237
  overview, **36**:223–224
  photography, **36**:236–237
  trouble shooting
   cavity trapping, **36**:240
   disintegrated embryos, **36**:239
   endogenous peroxidase activity, **36**:241
   endogenous phosphatase activity, **36**:241
   folded embryos, **36**:239
   mRNA cross-reactivity, **36**:240
   nonspecific antibody binding, **36**:240–241
   persistent alkaline phosphatase activity, **36**:242
   signal sensitivity, **36**:241
   unincorporated hapten riboprobes, **36**:239–240
  wash protocols, **36**:228–230
  whole mount histologic sections, **36**:237–238
 Y chromosome detection, **32**:73
Fluorescence microscopy
 actin-binding proteins, **26**:48
 actin organization in sea urchin egg cortex, **26**:12, 18
 apoptosis measurement, **36**:272
 ratiometric, **30**:66
Fluorochromes, polynucleotide-specific, **32**:81
Fodrin
 brush border cytoskeleton, **26**:97, 106–107, 110–111, 113–114

 oocytes during fertilization, **23**:29–30
 visual cortical plasticity, **21**:387
Follicles
 age effects, **37**:367–368
 bicoid message localization, **26**:24
 development, **28**:126
 female meiosis regulation, **37**:364–365
 keratinization, **22**:132, 137, 140, 143, 145
 monolayers, interactions with germ cells
  adhesion of male and female PGC, **23**:156–158
  effect on PGC viability and differentiation, **23**:158–169
   comparison with plastic surface, **23**:160
  permeable channel formation, **23**:157–158
  precursor differentiation
   sex determination, **23**:165–166
   time of cell lineage establishment, **23**:167
 removal from ascidians, **31**:270–271
Follicle-stimulating hormone
 epidermal growth factor receptor, **24**:10
 fibroblast growth factor, **24**:70
 mammalian female meiosis regulation, **37**:366–367
 oocyte growth regulation, **30**:104, 111–112
 oocyte meiosis resumption induction
  follicle maturation role, **41**:166–167
  germinal vesicle breakdown induction, **41**:170
  granulosa cell population heterogeneity, **41**:167–168
  meiosis-activating sterol role, **41**:174–178
  membrane receptor activation, **41**:170
 proteases, **24**:227, 247
 transforming growth factor-β, **24**:122, 126–128
Follistatin
 dorsoanterior axis induction, **30**:271
 neural induction, **35**:206–208
Forebrain
 columnar model, **29**:46–47
 homeobox gene expression, **29**:27–46, *see also* specific genes; *specific genes*
 neuromeric model, **29**:46–48
 prosomeric model, **29**:47–48
 subdivisions, **29**:48
forkhead gene, *Xenopus,* **27**:354
Forskolin
 germ cell growth, **29**:195
 oocyte maturation, **30**:122
fos protooncogene, **24**:109, 120, 203

Founder cells
  asymmetric cell division, **25:**188–189
  early myogenic muscle patterning, *Drosophila nautilus* role, **38:**40–44
    differentiation, **38:**42–44
    founder cell model, **38:**40–41
    segregation, **38:**41–42
  giving rise to gastrular territories, **33:**163–165
  marginal meristem compared, **28:**54–55
Fractal objects
  iterating functions, **27:**254–255
  liver patches in chimeric rats, **27:**242–245
Fractionation protocol, *Drosophila* oocytes, **31:**162–164
Freemartinism, **29:**176
Freezing techniques, oocytes and embryos, **32:**85–87
French flag model, pattern formation, **28:**37
Friend virus, eukemia induction, studies using aggregation chimeras, **27:**263
Frog, *see Xenopus*
Fruit flies, *see Drosophila*
Fruiting bodies, starvation-induced development, **34:**215–218
f(s)(3)820 mutation *(Drosphila),* **27:**294
Functional redundancy, *Drosophila* mutants, **28:**112–113
Fundulus heteroclitus
  cell shape changes, **31:**369–370
  embryos
    deep cell ingression, **31:**365
    epibolic movements, **31:**367–368
    ooplasmic accumulation, **31:**361
Fundus, synapse formation, **21:**293, 297
Fura-2, **30:**66, 76–77
Fused, **29:**243
fushi tarazu, **29:**128
Fusion hypothesis, egg activation, **30:**37, 44–47, 84–87

G

G1 phase, regulatory mechanisms, **35:**3–4
G-actin, *see* Actin, monomeric
GAG chains, *see* Glycosaminoglycan
Gain-of-function gene studies, overview, **36:**77
Galactosyl transferase
  deficiency in *Reeler* mutant, mouse, **20:**239
  egg–sperm recognition, **30:**10
GalNAcPTase, neurocan ligand interactions, cadherin function control
  antibody inhibition, **35:**163

β-catenin tyrosine phosphorylation, **35:**169–172
  characteristics, **35:**164–165
  cytoskeleton association, **35:**169–172
  neural development, **35:**165–169
  overview, **35:**161–162
  signal transduction, **35:**172–173
Gambusia affinis, iridophore conversion to melanophores, **20:**86–87
Gametes, *see* Egg cells; Fertilization; Sperm
Gametogenesis
  adhesion, **30:**9–11, 13
  genetic errors, **32:**82–84
  human, interactions *in vitro,* **32:**67–68
  interactions at egg plasma membrane, **32:**42–52
  mammalian germ line recombination study problems, **37:**3–7
    experiment size, **37:**6–7
    meiotic product recovery, **37:**3–4
  meiotic gene expression, **37:**179
  nuclear lamina alterations, **35:**56
  prophase role, **37:**336–339, 350–351
  recognition, sea urchin fertilization, **32:**39–55
γ-Aminobutyric acid, uptake by RT4-D line, induction by dibutyryl cAMP with testololactone, **20:**218–219
Gamma-tubulin, neuronal distribution, **33:**284
Gangliogenesis analysis, neural crest cells, *in vitro* cloning, **36:**24–25
Ganglion cells
  axon-target cell interactions, auditory system
    early development, **21:**314, 316
    organization, **21:**310
    synaptic connections, **21:**319, 322, 324
  ciliary, neuronal and glial properties *in vitro,* chicken, **20:**213
  cranial sensory and dorsal, tyrosine hydroxylase in neurons, rat embryo, **20:**170
  neural reorganization, **21:**357–359
  peripheral, multiple differentiation potentials, **20:**188–189
  spinal, melanocyte formation in culture, quail embryogenesis, **20:**203–204
    12-*O*-tetradecanoylphorbol-13-acetate, **20:**204
  synapse formation, **21:**277–279, 281–283, 285–286
  TOP, **21:**288, 299, 305–306
Gangliosides
  optic nerve regeneration, **21:**221

plasmalemma, **21**:194
synapse formation, **21**:292
Gap₁, as Ras1 effector, **33**:27
Gap junctions, dorsal axis formation, **32**:127
Gap₂ phase, mitotic phase transition regulation, **37**:339–350
  oogenesis, **37**:339–345
    competence initiating factors, **37**:340–342
    metaphase I arrest, **37**:342–343, 351
    metaphase II arrest, **37**:343–345
  spermatogenesis, **37**:346–350
    metaphase–anaphase transition, **37**:350
    regulating proteins, **37**:346–348
    in vitro studies, **37**:348–350
Ga2 protein, **28**:6–7
Gastrointestinal tract
  amphibian, formation, **32**:209
  development, epidermal growth factor receptor gene effects, **35**:88–90
  endo 1, restriction to midgut after gastrulation, **33**:230
  gene expression, gut embryogenesis, **32**:210–212
  norepinephrine, transitory noradrenergic gut neurons
    biosynthesis, **20**:168–169
    inhibition by desmethylimipramine, **20**:168
    uptake, kinetics, **20**:168
Gastrula organizer, *see* Dorsal gastrula organizer
Gastrular territories, founder lineages giving rise to, **33**:163–165
Gastrulation
  autonomous processes in, **27**:94
  basic patterns, **27**:78
  bottle cell function in, **27**:41–51
  bottle cell removal during, **27**:50–51
  cell interactions, **21**:32
  cell motility, **25**:91, **27**:95
  cell rearrangements during, **27**:151–164
    protrusive activity in, **27**:161–164
    sea urchins, **27**:151–154
    teleost fish, **27**:158–160
    Xenopus, **27**:154–158
  cell surface glycoconjugates, **27**:105–106
  cellular adhesiveness in, **27**:94–95
  completed by epiboly, **31**:246
  correlative processes in, **27**:94
  diversity of cell behavior in, **27**:78–79
  Drosophila, **28**:85
  embryonic induction in amphibians, **24**:263, 266–267
  epiboly, teleost fishes, **31**:362–371
  exogastrulation
    compressive buckling model, **33**:190–192
    normal process of invagination, **33**:209–211
  extracellular matrix
    composition (amphibian), **27**:97–98
    glycoconjugates in, **27**:105
  fate maps in urodeles and anurans, **27**:92–93
  heparin effects, **27**:117
  intermediate filament composition, **21**:159, 171, 173
  involution in, **27**:77–78
  modern view, **24**:270–274
  neural induction, **24**:280, 281
  onset, **33**:168–170
  organizer function, **40**:80–84, 97
  overview, **26**:4
  phylogenetic variation during, **33**:240–246
  reorganization in frog egg, **26**:53
  research, **24**:282–284
  sea urchin, **27**:151–154, **31**:69
    cell interactions regulating, **33**:231–240
    model, **33**:161–163
    morphogenetic movements during, **33**:170–231
  targeted molecular probes for, **27**:119–120
  tenascin effects, **27**:116–117
  tissue affinities in, **27**:93
  tissue as basic mechanical unit, **33**:160–161
  unicellular, **31**:14–15
  urodeles and anurans, convergence and extension, **27**:67–68
  vertebrate growth factor homologs, **24**:319
  Xenopus
    actin-binding proteins, **26**:37, 40–41
      cell shape changes, **26**:38–40
      MAb2E4 antigen, **26**:41–50
    axial development, **30**:257, 268–269
    convergence and extension, **27**:67, 74–75
    convergent extension, **27**:154–158
    epiboly, **27**:154–158
    function of mesodermal cell migration in, **27**:51–56
    without blastocoel roofs, **27**:75
    without bottle cells, **27**:75
  XTC-MIF, **24**:278
gax gene, cardiovascular development role, **40**:23–24
Gbx genes, **29**:36, 39, 44
GC-rich domains, sarcomeric gene expression, **26**:153–155
GDPbS, **30**:83

Gel electrophoresis, apoptosis measurement, **36:**265–266
Gel filtration
　actin organization in sea urchin egg cortex, **26:**10
　chicken intestinal epithelium, **26:**136
Gel shift, sarcomeric gene expression, **26:**156
Gelsolin
　actin-binding proteins, **26:**40, 43
　chicken intestinal epithelium, **26:**129
　egg reversible actin binding, **31:**111
Gene-cassette, fish, **30:**194–195
Gene cloning, *see* Cloning
Gene conversion, mammalian germ line recombination, **37:**12–18
　evolutionary evidence, **37:**13
　gene conversion measurement strategies, **37:**15–18
　major histocompatibility complex, **37:**13–14
Gene expression, *see also specific genes; specific study techniques*
　avian embryo gene inhibition by antisense oligonucleotides
　　delivery methods, **36:**45–47
　　oligodeoxynucleotide application, **36:**43–45
　　oligodeoxynucleotide design, **36:**38–39
　　optimization methods, **36:**45–47
　　overview, **36:**37–38, 47
　　specificity controls, **36:**40, 41–42
　B/C and D/E protein mRNAs, **33:**64–66
　cell interactions, **21:**59
　cell lineage, **21:**77
　cell patterning, **21:**18
　cultured primary neuron analysis, **36:**183–193
　　cDNA preparation, **36:**186–187
　　ciliary factor effects, **36:**191–193
　　leukemia inhibitory factor effects, **36:**191–193
　　neuron depolarization, **36:**191–193
　　overview, **36:**183–184
　　polymerase chain reaction, **36:**187, 193
　　primer selection, **36:**187–189
　　primer specificity, **36:**189–191
　　RNA preparation, **36:**186–187, 193
　　sympathetic neuron culture, **36:**184–186
　dominant negative construct modulation
　　dominant negative mutations, **36:**77–78
　　interpretation
　　　artifact avoidance, **36:**82–86
　　　controls, **36:**86–88

　　　derepression, **36:**84–85
　　　downstream factor rescue, **36:**87
　　　gene family inhibition, **36:**85–86
　　　inhibitory effects detection, **36:**82–86
　　　specificity assessment, **36:**87–88
　　　squelching, **36:**85
　　　toxicity, **36:**83–84
　　　wild-type protein rescue method, **36:**86–87
　　mutant examples, **36:**88–95
　　　adhesion molecules, **36:**93–94
　　　cytoplasmic signal transduction pathways, **36:**91–92
　　　hormone receptors, **36:**91
　　　naturally occurring mutants, **36:**94–95
　　　serine–threonine kinase receptor, **36:**90–91
　　　soluble ligands, **36:**89
　　　transcription factors, **36:**82, 92–93
　　　tyrosine kinase receptor, **36:**89–90
　　mutant generation, **36:**78–82
　　　active repression inhibition, **36:**82
　　　multimerization inhibition, **36:**79–80
　　　strategies, **36:**78–79
　　　targeted-titration inhibition, **36:**80–82
　　mutant overproduction, **36:**88
　　overview, **36:**75–77
　　　embryologic function, **36:**76–77
　　　eukaryotic gene function assay, **36:**76
　　　gain-of-function approach, **36:**77
　　　loss-of-function approach, **36:**77
　Drosophila development, paternal effects, **38:**7–8
　early, urogenital ridge, **32:**9–12
　ectodermal, alterations, **33:**182–183
　gut embryogenesis, **32:**210–212
　mammalian meiosis
　　expressed genes, **37:**148–178
　　　CDC2 protein, **37:**163–164
　　　cell cycle regulators, **37:**162–165
　　　cyclin, **37:**163–164
　　　cytoskeletal proteins, **37:**174–175
　　　DNA repair proteins, **37:**152–155, 221–222
　　　energy metabolism enzymes, **37:**172–174
　　　growth factors, **37:**166–167
　　　heat-shock 70-2 protein, **37:**163–164
　　　histones, **37:**149–151
　　　intercellular communication regulators, **37:**165–168
　　　kinases, **37:**169–170

lamins, **37:**149
neuropeptides, **37:**167
nuclear structural proteins, **37:**149–152
phosphodiesterases, **37:**170
promoter-binding factors, **37:**157–160
proteases, **37:**175–177
receptor proteins, **37:**168
regulatory proteins, **37:**170–172
RNA processing proteins, **37:**160–162
signal transduction components, **37:**169–172
synaptonemal complex components, **37:**151–152
transcriptional machinery, **37:**160
transcription factors, **37:**155–157
tumor-suppressor proteins, **37:**164–165
overview, **37:**142–146, 178–181
RNA synthesis, **37:**147–148
mesoderm-specific, **33:**265
myogenesis
expression pattern, **38:**50–55
inappropriate gene expression, **38:**66–67
myogenic, embryoid bodies, **33:**269–270
sarcomeric, *see* Sarcomeric gene expression
syncytial development, **31:**169
Gene libraries, *see specific types*
Genes, *see specific gene*
Genetic analysis, *see specific genes; specific techniques*
Genetic control mechanisms
allantois development
Brachyury, **39:**15–18
chorioallantoic fusion, **39:**14–15
morphology, **39:**16–18
kidney development, **39:**264–288
collecting ducts, **39:**266–275
kidney disease development, **39:**287–288
lineage relationships, **39:**266–268
mesenchyme derivatives, **39:**267–268
renal function development, **39:**287–288
WT1 gene, **39:**264–266
neuronal cell development regulation, apoptosis, **39:**192–200
AP-1 transcription factors, **39:**193–194
bcl-2 gene family, **39:**196–200
cell-cycle-associated genes, **39:**195–196
pattern formation, **39:**73–113
anterior–posterior polarity, asymmetry establishment, **39:**78–81
blastomere development pathways, **39:**111–113
blastomere identity gene group, **39:**90–111

AB descendants, **39:**91–92
anterior specificity, **39:**102–106
intermediate group genes, **39:**106–111
P$_1$ descendants, **39:**91–102
posterior cell-autonomous control, **39:**92–97
specification control, **39:**91–92
Wnt-mediated endoderm induction, **39:**97–102
cytoskeleton polarization, **39:**78–81
anterior–posterior polarity, **39:**78–81
germline polarity reversal, **39:**89–90
mes-1 gene, **39:**89–90
par group genes, **39:**82–90
par protein distribution, **39:**84–86
sperm entry, **39:**81–82
early embryogenesis, **39:**75–76
intermediate group genes, **39:**106–111
mutant phenotypes, **39:**108–111
products, **39:**106–108
overview, **39:**74–82
programmed cell death in *Caenorhabditis elegans,* **32:**141–149
Genetic diseases, *see specific diseases*
Geneticin, embryonic stem cell manipulation, gene targeting, **36:**104–105
Genetic mosaicism, *see* Mosaics
Genetic regulation, *bicoid* message localization, **26:**23
Genetics
developmental
future, **23:**13–14
gene expression, **23:**15–19
gene sequence conservation and homeo boxes, **23:**13
haploid embryonic stem cells, **23:**10–11
large genome analysis, **23:**10
mutagenesis
developmental mutation selection, **23:**12
insertional, **23:**11–12
tissue-specific promoter detection, **23:**12–13
problems, **23:**9–10
study with embryonic stem cells, **33:**263–264
female choice of partner, **33:**114–115
microtubule motors in sea urchin, **26:**72, 86
Genetic screening, *see specific genes; specific techniques*
Gene trapping
caveats, **28:**201

Gene trapping *(continued)*
  embryonic stem cell manipulation
    constructs, **36:**108–109
    electroporation, **36:**109
    LacZ-positive clone screening, **36:**110
    positive clone analysis, **36:**110
    selection method, **36:**109
    theory, **36:**108–109
  identification of novel myogenic factors, **33:**270–273
  large-scale, mouse ES stem cells, **28:**199–200
  vector design, **28:**198–199
Genome, *see specific species*
Genomic imprinting
  androgenesis, **29:**233–234
  biological role, **29:**234–236
  chimera studies, **29:**233
  deleterious mutation effects, **40:**268–271
  differential screen for, **29:**266–267
  division of labor, **40:**286–287
  dose-dependent abortion effects, **40:**271–273
  effects, **29:**228–230
  embryological evidence, **29:**231–234
  embryonic stem cells in, **29:**233
  endogenous genes, **29:**237–238
  evidence for, **29:**228
  evolutionary dynamics, **40:**262–271
    deleterious mutations, **40:**268–271
    evolutionary trajectories, **40:**266–267
    fitnesses, **40:**264–266
    growth inhibitor genes, **40:**267–268
    quantitative genetics, **40:**262–264
  example mammals, **40:**258–260
  future research directions, **40:**283–289
  gene regulating allocation, **40:**273–277
  genetic conflict hypothesis, **40:**260–262, 283–285
  genetic evidence for, **29:**228–230
  gynogenesis, **29:**232–233
  H19, **29:**239–240
  identifying, **29:**265–267
  IgfII, **29:**238–239
  IgfIIr, **29:**240–241
  interspecific variations, **40:**287–288
  map, mouse, **29:**228
  mechanism, **29:**227–228, 245–265
  methylation involvement in, **29:**260–265, *see also* methylation
  MHC Class I alleles, **29:**243
  nonconflict hypothesis, **40:**281–283
  overview, **40:**255–258, 288–289
  parthenogenesis, **29:**231–233
  paternal disomies, **40:**273–277
  Snrpn, **29:**241–242
  strain-specific, **29:**253–254
  Surani's hypothesis, **29:**234
  transgenes, **29:**236–237
  voluntary control versus manipulation, **40:**285–286
  Xist, **29:**242–243
  X-linked gene selection, **40:**277–281
    dosage compensation, **40:**279–281
    sexual differentiation, **40:**278
Germ-band formation, polyembryonic insects, **35:**125–127, 140–141
germ cell deficient gene, **29:**193
Germ cells, *see also* Primordial germ cell
  Drosophila male meiosis regulation, cytokinesis, **37:**322–324
  embryonic history, **29:**190–194
  female, formation during oogenesis, **28:**128–131
  formation, allantois development, **39:**18–20
  function, **29:**189
  human male chromosome nondisjunction, **37:**387–393
  life cycle, **29:**190
  mammalian female meiosis quality control checkpoint, **37:**362–363
  mammalian recombination, **37:**1–26
    crossing over, **37:**8–12
      physical versus genetic distances, **37:**10–11
      recombination hotspots, **37:**11–12
      sex differences, **37:**9–10
    disease, **37:**18–22
    gametogenesis study problems, **37:**3–7
      experiment size, **37:**6–7
      meiotic product recovery, **37:**3–4
    gene conversion, **37:**12–18
      evolutionary evidence, **37:**13
      gene conversion measurement strategies, **37:**15–18
      major histocompatibility complex, **37:**13–14
    genetic control, **37:**22–26
      early exchange genes, **37:**22–23
      early synapsis genes, **37:**23–24
      late exchange genes, **37:**24–26
    overview, **37:**2–3
  migration to gonads, **32:**7
  mouse embryo, *see also* Primordial germ cells
    adhesion to monolayers of somatic cells gonadel origin

Subject Index

adhesion test, **23**:156
    cell-type specificity, **23**:157–158
    effect on PGC viability and differentiation, **23**:158–161
    permeable channels between PGC and follicular cells, **23**:157–158
differentiation periods
    cell death, **23**:150
    migratory, **23**:147–148
    proliferation, **23**:148
    sex differentiation, **23**:149–150, 164–165
    timing, **23**:148
genetic mosaicism pattern
    allocation time, **23**:140
    progenitor cell number, **23**:138–140
interactions with ECM during migration
    ECM degradation by plasminogen activator from PGC, **23**:150–151
    fibronectin as substrate, **23**:151–153
PGK isozymes, **23**:139
somatic cell role during migration, **23**:153–161
    fetal ovary fragment culture, **23**:154–155
    heterotypic adhesion *in vivo*, **23**:154
    separation and reaggregation *in vitro*, **23**:158–159
polarity reversal, *mes-1* gene role, **39**:89–90
transformation, **30**:195
Germinal disc, perivitelline layer, **33**:130
Germinal plate, cell interactions, **21**:36
Germinal vesicles
    actin component, **30**:222–223
    breakdown, **30**:118–120, 125–128, 132
        associated microtubule array migration, **31**:396–397
        cellular diacylglycerol content, **31**:26
        Chaetopterus spp., **31**:6
        disassembly of cytokeratin filament network, **31**:411
    chromatin condensation, **28**:127
    nuclear transplantation, **30**:155
    oocytes
        maturation, **30**:117–118
        reorganization, **26**:58, 60–61
        Xenopus, **31**:389–397
Germ-line analysis, *Caenorhabditis elegans* sex determination, **41**:119–120, 125
Germplasm, **30**:218
GGT, *see* g-Glutamyl transpeptidase
Gibberellins, sex determination, ferns, **38**:206–207
Giberellic acid, effects on phyllotaxis, **28**:53

Gin-trap reflex
    activation, **21**:356–358
    endocrine control, **21**:360–362
    mechanosensory neurons, **21**:354–355
glabrous mutation (Arabidopsis), **28**:64
Glial cells
    development, carbonic anhydrase role
        early embryonic development, **21**:212–213
        oligodendroglia, **21**:210–212
        overview, **21**:207–209, 213–214
    glia-free single neuron culture
        functionality examples, **36**:296–301
        hippocampal microcultures, **36**:294–296
        overview, **36**:293–294
    identification, **36**:171–172
    monoclonal antibodies, **21**:259
    mouse fetus retina, long-term culture, chicken δ-crystallin gene expression, **20**:160, 163
    transdifferentiation, **20**:163
    panning selection, **36**:169–170
    quail embryo, neural crest-derived, transitory conversion into melanocytes, **20**:203–204
    synapse formation, **21**:277, 282–283
Glial fibrillary acidic protein
    intermediate filament composition, **21**:155, 159, 177
    Xenopus, **31**:456, 463, 475–476
Glial filament protein, **22**:7–8
Glial growth factor, **24**:69
Glial proteins
    GFAP
        absence in matrix cells, **20**:233–234
        brain during neuroglia formation, **20**:232–233
        retinoblastoma cell line, human, **20**:214
        RT4-AC cells and derivative RT4-D line, **20**:216–217
    optic nerve regeneration, **21**:247
        axonal transport, **21**:225, 227
        injury, **21**:243–245
    S100P
        ependymal brain cells, mouse, **20**:213
        RT4-AC cells and derivative RT4-D line, **20**:216–217
gl mutation (maize), **28**:59–60
GLO gene, flower development role, **41**:138–143
Glomeruli, neural reorganization, **21**:344
glp-1, **24**:294, 309–311, 323, 324
Glucagon, epidermal growth factor, **22**:176

Glucocorticoids
  adrenergic differentiation in neural crest culture, **20**:184
  epidermal growth factor in mice, **24**:49
  intestinal neuron noradrenergic properties, **20**:171–172
  proteases, **24**:227, 234
  proteins, **24**:196
  reserpine-induced increase in plasma, **20**:171
Gluconeogenesis, cell lineage, **21**:74
Glucose
  brush border cytoskeleton, **26**:111
  effects on antigen and glycogen content, *Dictyostelium discoideum*, **20**:249–251
  insulin family peptides, **24**:140, 151, 154
  nerve growth factor, **24**:167
  utilization by prespore and prestalk cells, *Dictyostelium discoideum*, **20**:253
Glucose-6-phosphate isomerase
  cell lineage, **21**:74, 77
  embryo-derived stem cell detection in chimeras, mouse, **20**:364–365
  isozymes, as genetic marker in chimeras, **23**:119, 121
  marker, **27**:237
  sertoli cells of XX↔XY chimeras, mouse, **23**:168
    isozymes in male and female chimeras, **23**:169
Glutamic acid, human keratin genes, **22**:8
Glutamic acid decarboxylase, meiotic expression, **37**:178
Glutamine synthetase, retinal Müller glia cells, induction by cortisol, **20**:5
  contact with neurons required for, **20**:5–6
Glutamyllysine, epidermal differentiation, **22**:41
γ-Glutamyl transpeptidase
  degradation of extracellular gluthathione, **33**:77–78, 82
  protection of sperm, **33**:77–87
Glutaraldehyde, preservation of microtubules, **31**:420–421
Glutathione
  extracellular, GGT-catalyzed degradation, **33**:77–78
  oxidized, intraluminal concentrations, **33**:80
  reduced, as antioxidant in epididymis, **33**:73–74
Glutathione peroxidase, protection of sperm, **33**:76–77
Glutathione S-transferase
  meiotic expression, **37**:177
  protection of sperm, **33**:74–76
  Y_f subunit, immunolocalization, **33**:76
Glycine
  β-keratin genes, **22**:239, 240
  human keratin genes, **22**:20
  keratin gene expression, **22**:204
    differentiation in culture, **22**:50
    phosphorylation, **22**:54–56, 58
    protective system, **22**:260
Glycocalyxes, optic nerve regeneration, **21**:221
Glycoconjugates
  cell surface, **27**:105–106
  extracellur matrix, **27**:105
Glycogen
  Dictyostelium discoideum
    glucose effect, **20**:250
    prespore/prestalk cells, **20**:253
  insulin family peptides, **24**:140, 151, 154
  pancreatic hepatocytes, rat, **20**:66–67
Glycolipid
  monoclonal antibodies, **21**:267
  optic nerve regeneration, **21**:221
Glycolysis
  cell lineage, **21**:74
  epidermal growth factor, **22**:176
Glycoproteins
  brain-specific genes, **21**:140
  complex on egg surface, **32**:43
  epidermal growth factor receptor, **24**:5
  fibroblast growth factor, **24**:76
  human zona ZP3, **32**:65–68
  insulin family peptides, **24**:140, 142
  optic nerve regeneration, **21**:221
  proteases, **24**:220, 230, 232, 235
  proteins, **24**:193, 194, 211
    cathespin L, **24**:200
    ECM, **24**:205–207
  transforming growth factor-β, **24**:125–126
  vertebrate growth factor homologs, **24**:322
Glycosaminoglycans
  epidermal growth factor in mice, **24**:34
  fibroblast growth factor, **24**:73, 82
  side chains, **25**:111–113
  sulfated, synthesis by cartilage developed from skeletal muscle, **20**:50–53
  transforming growth factor-β, **24**:105, 107
Glycosphingolipids, plasmalemma, **21**:195
Glycosylation
  brain-specific genes, **21**:131, 147
  chicken intestinal epithelium, **26**:128
  epidermal growth factor receptor, **24**:14
  insulin family peptides, **24**:140

Subject Index

monoclonal antibodies, 21:272
proteases, 24:228, 229
proteins, 24:206, 207
transforming growth factor-β, 24:99, 101, 105
vertebrate growth factor homologs, 24:320
Glycosyltransferase, cadherin association, 35:162–163
GM1, optic nerve regeneration, 21:221
gnu mutation *(Drosphila)*, 27:281
Golgi complex
   axon-target cell interactions, auditory system
      early development, 21:317–318
      posthatching development, 21:331, 334, 336
      synaptic connections, 21:318
   bicoid message localization, 26:27
   brush border cytoskeleton, 26:112
   epidermal growth factor receptor, 24:18
   insulin family peptides, 24:139
   nerve growth factor, 24:167
   optic nerve regeneration, 21:234
   plasmalemma, 21:196
   proteins, 24:200
   rearrangement, 28:130
   synapse formation, 21:279
Gonad anlagen, 29:189, 190
Gonadotropins, *see also* GTH-I; GTH-II
   17a,20b-DP production, 30:120–122
   17a-hydroxyprogesterone production, 30:121–122
   20b-HSD production, 30:121
   effect on vitellogenin uptake, 30:110, 121–124
   estradiol-17b stimulation, 30:110–113
   follicle response, 30:120–124
   mammalian female meiosis regulation, 37:366–367
   maturation-inducing hormone receptor, 30:126–127
   nondisjunction, 29:310
   oocyte maturation, 30:118–119, 137
   oocyte meiosis resumption induction, 41:163–179
      fertility implications, 41:178–179
      follicle maturation, 41:166–167
      gonadotropin receptor localization, 41:167–168
      granulosa cell population heterogeneity, 41:167–168
      meiosis-activating sterol role, 41:174–178
      oocyte maturation, 41:168–169
      overview, 41:163–165
      ovulation induction, 41:168–169
      preovulatory surge effects, 41:166–167
      signal transduction pathways, 41:169–175
         calcium pathway, 41:174
         cyclic adenosine 5′-monophosphate, 41:170–172
         inositol 1,4,5-triphosphate pathway, 41:174
         meiosis-activating sterols, 41:174–175
         nuclear purines, 41:173–174
         oocyte–cumulus–granulosa cell interactions, 41:169–170
         phosphodiesterases, 41:172–173
         protein kinase A, 41:172–173
   pregnant mare serum gonadotropin, 30:113
   receptor, 30:121–123
   testosterone production stimulation, 30:112
Gonads, *see* Oocytes; Spermatozoa
Goodrich hypothesis of body metamerism, 25:83–84
Goosecoid
   expression, 30:256–257, 262
   induction, 29:91
   zebrafish, 29:71
goosecoid gene *(Xenopus)*, 27:354, 30:256
gp160^{Dtrk}
   cell culture, 28:94
   distribution, 28:94–95
   sequence analysis, 28:94
G_2 phase
   M transition regulation, 39:147–148
   regulation, 30:161–162
G protein
   β-transducin, WD-40 repeats, 31:74
   egg activation, 30:82–84
   egg activation, involvement, 25:6–8
   inhibitor, 30:38–41
   pertussis toxin effect, 30:40
   PIP2 hydrolysis via to trigger Ca^{2+} wave, 25:9–10
   receptor model, 30:38–42
   transforming growth factor-β, 24:103
Grafting experiments
   for floral determination *(N. tabacum)*, 27:10
   leaf-apex communication, 27:3
Granular bodies
   associated with stored mRNA, 31:17
   meiotic spindle, 30:244
   oocyte, 30:235, 236
Granulation tissue, filling wound space, 32:179–180

Granulosa cells
  c-*kit* expression, **29:**310
  estradiol-17b production, **30:**110–113
  fibroblast growth factor, **24:**69–70, 80
  gonadotropin-induced meiosis resumption role
    oocyte–cumulus cell interactions, **41:**169–170
    population heterogeneity, **41:**167–168
  gonadotropin stimulation, **30:**121, 123–124
  MIS expression, **29:**213
  oocyte, **30:**107
  transforming growth factor-β, **24:**122, 126
  two-cell type model, **30:**137
Gravity, **30:**242, 263–264
Gray crescent formation, reorganization in frog egg, **26:**61–62
Grb2, containing Src homology domains, **33:**15–16
Griseofulvin
  microtubules, **29:**300
  prevention of pronuclear formation and migration, mouse, **23:**38
Groove formation
  equatorial, inhibition by H-7, **31:**220
  Tubifex eggs, **31:**208–211
Group synchronous ovary, **30:**104, 106
Growth-associated proteins (GAP)
  optic nerve regeneration, **21:**235, 237, 239, 241
  plasmalemma, **21:**190
Growth-cones
  autonomous pathfinding by, **29:**148–155
  axon-target cell interactions, **21:**316, 318
  characteristics, **29:**143, 145
  filopodia, pathfinding role, **29:**161
  guidance cue
    axonal cell-surface molecules as, **29:**154–155
    cellular localization, **29:**154–155
    diffusible signals as, **29:**154
    distribution of positional, **29:**149–151
    models, **29:**151–153
    molecules involved, **29:**156–164, *see also* Guidance cue molecules
    nature, **29:**148–155
    neuroepithelial signals, **29:**155
    transduction machinery, **29:**160–164
  membranes, plasmalemma, **21:**194, 200–201
  particles, plasmalemma, **21:**187–191, 193, 195, 204

  retinal, **29:**136, 143, 145
  autonomous pathfinding by, **29:**148–155
  growth
    highway model, **29:**152
    patchwork cue model, **29:**153
    X-Y coordinate model, **29:**152–153
  signal location for, **29:**148–149
  signal location for, **29:**148–149
  synapse formation, **21:**298, 303, 306
  transduction machinery, **29:**160–164
  vesicles, plasmalemma, **21:**196
Growth factor-regulated proteases
  ECM, **24:**219–224
  inhibitors
    lysosomal proteinase, **24:**232–234
    metalloproteinases, **24:**227–232
    serine proteases, **24:**225–227
  overview, **24:**219, 248–250
  regulation
    angiogenesis, **24:**236–239
    embryo implantation, **24:**234–236
    neurogenesis, **24:**247–248
    osteogenesis, **24:**240–246
    ovulation, **24:**246–247
Growth factors, *see also* specific growth factors; *specific types*
  environmental cues, neural crest derived subpopulations differentially responsive, **25:**140–142
  gene regulators in initial segment, **33:**86–87
  hematopoietic, **25:**171
  inner ear development role, **36:**126–128
  meiotic expression, **37:**166–167
  muscle development, **33:**273–275
  neural crest cell induction, **40:**181–182
  protein regulation, **24:**193–194, 211–212
    cathespin L, **24:**200–201
      cultured cells, **24:**201–203
      expression, **24:**203–205
    collagen, **24:**206–207
    ECM, **24:**205
    fibronectin, **24:**206
    growth factor, **24:**207–211
    mitogen-regulated protein, **24:**194–195
      cell proliferation, **24:**198–199
      expression, **24:**196–197
      inibition, **24:**198
      stimulation, **24:**197–198
      tissue culture cells, **24:**195–196
    placental lactogens, **24:**199–200
  vertebrate homologs

epidermal growth factor
  Caenorhabditis, **24:**307–311
  Delta locus, **24:**301–306
  Drosophila, **24:**306–307
  Notch locus, **24:**292–301
  Stronglyocentrotus, **24:**311–312
  overview, **24:**289–292, 323–325
  transforming growth factor-β, **24:**312
    gene product, **24:**316–317
    genetic analysis, **24:**312–316
    molecular analysis, **24:**317–318
    transcription, **24:**318–319
  wingless, **24:**319–320
    gene product, **24:**320–321
    genetic analysis, **24:**320
    molecular analysis, **24:**321–322
    transcription, **24:**322–323
Growth hormone
  antisense RNA, **30:**204
  fibroblast growth factor, **24:**84
  gene transfer, **30:**192–195
  proteins, **24:**195, 200
  transcriptional activation by retinoic acid, **27:**362
  transgenic fish, **30:**191, 202
Growth hormone gene, regulation, **29:**45
Growth hormone-releasing factor gene, **29:**45
Growth hormone-releasing hormone, **30:**196
gsb-p and *gsb-d* genes *(Drosphila),* **27:**370
GST, *see* Glutathione S-transferase
GTH-I, **30:**104, 110, 121
GTH-II, **30:**104, 118–119, 121
GTP
  microtubule motors in sea urchin, **26:**80
  transforming growth factor-β, **24:**103
GTP-binding proteins, **25:**6–7, **32:**184–187
Gtx, expression, **29:**37
Guanidine, bone matrix extract, chondrogenic activity, **20:**58–60
Guanine nucleotide-binding regulatory protein β-transducin, WD-40 repeats, **31:**74
  egg activation, **30:**82–84
  egg activation, involvement, **25:**6–8
  inhibitor, **30:**38–41
  pertussis toxin effect, **30:**40
  PIP2 hydrolysis via to trigger Ca2+ wave, **25:**9–10
  receptor model, **30:**38–42
  transforming growth factor-β, **24:**103
Guanosine, reflecting platelet induction in melanophores, **20:**84–85

Guanylate cyclase, **30:**87
Guard cells, stomal, **28:**62
Guarding behaviour, male zebra finch, **33:**110–112, 145–147
Guidance cue molecules
  adhesion, **29:**157–159
  criteria for, **29:**156–157
  extracellular matrix, **29:**159–160
  molecular perturbations, **29:**156
  positional distribution, **29:**149–151
  topography, **29:**160
  transduction machinery, **29:**160–164
GV, *see* Germinal vesicle
Gynogenesis, **29:**232–233
Gynogenetic embryos, **30:**167–168
Gynogenones, **29:**232–233

H

H19
  genomic imprinting, **29:**236, 238–240
  methylation pattern, **29:**255–260
H-7, inhibition of equatorial grooving, **31:**220
Haig hypothesis, **29:**235
Hair follicle, epidermal growth factor in mice, **24:**46
hairy genes, **29:**128
  Drosophila eye development, differentiation progression
    gene function, **39:**144–145
    proneural–antineural gene coordination, **39:**145–146
Half-somites, *see* Somitogenesis
Halocynthia roretzi, **30:**42
hay mutation *(Drosphila),* **27:**300
Heart development, *see* Cardiovascular development
Heat shock promotor, **30:**203
Heat-shock 70-2 protein, meiotic expression, **37:**163–164
Heavy chains, microtubule motors in sea urchin, **26:**76–77, 79–80
hedgehog gene
  Drosophila eye development, differentiation progression, **39:**135–139, 145–146
  signal pathway dissection paradigms, **35:**244–249
Hedra helix, juvenile and adult phases, stability, **20:**374
Heliocidaris erythrogramma, direct and indirect developer, **33:**242–246

Helobdella, **29:**112, 122–124
Helper virus, retroviral vector lineage analysis method, **36:**54–55
Hemangioblasts, MB1 antigen, avian embryo, **20:**296–297
Hematopoietic cells
  development, simple model, **25:**157
  epidermal growth factor receptor, **24:**3
  insulin family peptides, **24:**152
  regulation in chimeric mice, **27:**251–252
  transforming growth factor-β, **24:**120–122, 124, 125
Hemidesmosomes, experimental manipulation, **22:**78
Hemolymph, neural reorganization, **21:**357–358
Hemopoietic cells
  amphibian embryo
    from dorsolateral plate mesoderm
      differentiation and migration in late larvae, **20:**320–321
      as thymocyte precursors, **20:**319–320
    from ventral blood island mesoderm
      differentiation and migration in early and late larvae, **20:**320
      as erythrocyte precursors, **20:**319–321
      migration to thymus, pathway, **20:**321
      as thymocyte precursors, **20:**319–320
  avian embryo
    bursa of Fabricius colonization
      quail-chicken chimeras, **20:**294–296
      single event during development, **20:**301–302
      staining with monoclonal antibody a-MB1, **20:**296–301
    ontogeny, **20:**309–311
    thymus colonization
      attraction by chemoattractants, **20:**303–305
      history, **20:**293–294
      Ia-positive cells in medulla, **20:**308–309
      quail-chicken chimeras, **20:**294–296
      several waves during development, **20:**298–301
      staining with monoclonal antibody a-MB1 quail, **20:**296–298
  mouse development
    background, **25:**164
    reconstituted animals, analysis, **25:**164–167
    regulation *in vivo,* **25:**167–168
    clonal analysis of stem cell differentiation *in vivo,* **25:**164–168
  commitment, stochastic event, **20:**337
  conclusions, **25:**173–174
  differentiation into mast cells, **20:**329–331
  differentiation process, **25:**155–157
  isolation and characteristics of stem and progenitor cells, **25:**157–164
    background, **25:**157–158
    developmental lineage scheme, **25:**162–164
    purification of precursor cells, **25:**158–159
    in vivo analysis, **25:**160–161
  stem cell development *in vitro,* analysis, **25:**168–174
    background, **25:**168
    bone marrow cultures, growth analysis, **25:**168–170
    growth, analysis of with defined growth factors, **25:**170–171
    regulation *in vivo,* **25:**171–173
Henliathus annus, floral determination, **27:**29–30
Hensen's node, *see* Organizer
Heparin
  binding and TGF-β subfamilies, **25:**61–64
  calcium regulation role, **30:**72, 75–77
  effects on gastrulation, **27:**117
  epidermal growth factor, **22:**182
  fibroblast growth factor, **24:**60, 73–74, 80, 82, 85
  pathfinding role, **29:**159–160
  proteases, **24:**235
  proteins, **24:**206
  transforming growth factor-β, **24:**106
Hepatitis B virus, genetic imprinting, **29:**237
Hepatocytes
  conversion from acinar/intermediate cells
    association with islet cells, **20:**73
    hepatocyte-specific mitochondria, **20:**73–75
    mechanism, **20:**76–77
    multistep process, **20:**75–76
    overview, **20:**71, 73–76
  hampster, **20:**76
  induction, *see* Pancreas
  morphology
    cytochemistry, **20:**66–69
    ultrastructure, **20:**69
  permanent phenotype, **20:**71
  peroxisome proliferation, **20:**69–73
Hepatomas, mosaic individuals, **27:**256

Subject Index

Herbimycin, retinal axons, **29**:161
her-1 gene
  characteristics, **35**:73–75
  sex determination regulation, **41**:112–114, 119–122
Hermaphrodites
  Caenorhabditis elegans sex determination, sperm–oocyte decision, **41**:120–123
  plants, sex determination
    floral structure, **38**:171–174
    hermaphrodite–unisexual plants compared, **38**:210–211
Hermaphrodite-specific neuron, programmed cell death, **32**:143–144
Hernia, diaphragmatic, embryonic surgical repair, **32**:198–199
Herparan sulfate
  fibroblast growth factor, **24**:73–74, 81–82
  proteases, **24**:221, 237
  transforming growth factor-β, **24**:105
Herpes simplex virus type 1, thymidine kinase, **30**:203
Hertwig's macrocytic anemia gene, **29**:193
Heteroblastic variation
  leaf shape and size, **28**:69–70
  plants, **28**:70–71
Heterochromatin, cell lineage, **21**:75
Heterochrony
  flower development, **29**:325–326
  genes involved, **29**:326–327
  maize leafs, **28**:63, 72
Heterodimerization
  of RXRs with RARs, **27**:336
  thyroid hormone receptor retinoid X receptor, **32**:221, 227–228
Heterogeneity
  brain-specific genes, **21**:117–118
  human keratin genes, **22**:11
  intermediate filament composition, **21**:152, 155–158
  keratin
    differentiation, **22**:64
    experimental manipulation, **22**:69, 90
    expression patterns, **22**:117–118, 121
  monoclonal antibodies, **21**:261, 265
  neocortex innervation, **21**:393
  nerve growth factor, **24**:175, 177
  protective system, **22**:259
  pupoid fetus skin, **22**:223
  synapse formation, **21**:289
Heterokaryon, experimental manipulation, **22**:85–86

Heterophylly, leaf shape, **28**:69–70
Heterotopies, apparent, archenteron elongation, **33**:240–242
Hex gene, cardiovascular development role, **40**:28–31
H4 histone, **29**:293, 309
High-density lipoprotein, fibroblast growth factor, **24**:72–73
High-mobility group box, sex determination role, **34**:7–8
High-pressure liquid chromatography (HPLC), visual cortical plasticity, **21**:371, 374, 376, 378
Hindbrain
  development, retinoid role, **40**:117–118
  segments of zebrafish, features, **25**:95–104
  zebrafish
    patterning, **29**:73–80
    posterior region of transition to spinal cord, **25**:103–104
    backgrounds, **25**:157–158
    developmental lineage scheme, **25**:162–164
    purification, variability and evolution, **25**:158–159
    in vivo analysis, **25**:160–161
Hippocampus
  brain-specific genes, **21**:122, 136, 139
  cell lineage, **21**:80
  nerve growth factor, **24**:170–171
  single neuron culture
    functionality examples, **36**:296–301
    microcultures, **36**:294–296
    overview, **36**:293–294
  synapse formation, **21**:283
  visual cortical plasticity, **21**:386
Hippurus vulgaris, aerial leaf morphology production, **28**:70
Histidine
  epidermal differentiation, **22**:38
  filaggrin expression, **22**:129
  keratinization, **22**:212
  protective system, **22**:261
Histidinol dehydrogenase gene, as reporter in promoter trap vectors, **28**:195–196
Histochemistry, *see* Immunohistochemistry
Histogenesis
  β-keratin genes, **22**:236, 243–248
  larval small intestine, **32**:209–210
  monoclonal antibodies, **21**:271, 273
Histology
  endogenous gene product analyses, **28**:49

Histology *(continued)*
  keratin
    expression patterns, **22:**117, 121
    gene expression, **22:**201, 203–204
    protective system, **22:**260
    pupoid fetus skin, **22:**225
Histones, *see also specific types*
  epidermal differentiation, **22:**38
  meiotic expression, **37:**149–151
  sperm nuclei to male pronuclei
    transformation, **34:**33–40
Historical perspectives
  Chaetopterus, as model system, **31:**5–8
  Danio rerio, patterning body segments,
    25:77–78
  developmental mechanism, **29:**103
  embryonic induction in amphibians,
    24:267–268
  evolution, **29:**103
  hemopoietic cells, avian embryo, thymus
    colonization, **20:**293–294
  mammalian meiotic protein function analysis,
    observation methods, **37:**207–208
  nematode development, control of cell
    lineage and fate during, **25:**177–178
  neural crest development, *Xenopus* embryo
    induction, **35:**193–196
  photoperiod, flowering plants, **27:**2–4
  sea urchin gastrulation models, **33:**161–163
  sperm activation, **25:**2–4
  thymus, avian embryo, colonization by
    hemopoietic stem cells, **20:**293–294
  wound healing, embryonic, **32:**180–181
H1 kinase
  activity
    at anaphase onset, **28:**134
    specific to MPF, **28:**139
  characterization, **30:**129
HL-60 cell line, retinoic acid-induced
  differentiation, **27:**327
Hlx genes
  cardiovascular development role, **40:**31
  dorsoventral patterning role, **29:**79–80
  hindbrain expression, **29:**74–75
  induction, **29:**91–92
HMG box domain, predicted structure,
  32:21–22
hnRNA, brain-specific genes, **21:**123, 127,
  145–146
Hoechst 33342 dye, cell cycle analysis,
  31:312–313

Hog1 group kinases, phosphorylation, **33:**7–9
Holder model, flower development, **29:**328–329
Holliday junction
  hypervariable minisatellite DNA site
    resolution, **37:**60–65
  synaptonemal complex recombination site,
    37:259
Holometabolous insects, neural reorganization,
  21:342, 345, 359
Homeobox genes, *see also* specific genes
  cardiovascular development role, **40:**1–35
    cardiac structures, **40:**4–9
      embryonic heart tube formation,
        40:5–7
      epicardium function, **40:**9–10
      internal heart morphogenesis, **40:**7–10
      mature heart, **40:**4–5
    future research directions, **40:**34
    gene characteristics, **40:**2–4
    gene function, **40:**14–34
      Eve gene, **40:**32
      gax gene, **40:**23–24
      genes expressed, **40:**15–16
      Hex gene, **40:**28–31
      Hlx gene, **40:**31
      Hoxa-1 gene, **40:**26–27
      Hoxa-2 gene, **40:**32
      Hoxa-3 gene, **40:**28
      Hoxa-5 gene, **40:**33
      Hoxd-4 gene, **40:**32
      Mox-1 gene, **40:**24–25
      Mox-2 gene, **40:**23–24
      Msx-1 gene, **40:**25–26
      Msx-2 gene, **40:**25–26
      Pax3 gene, **40:**32–33
      Prx-1 gene, **40:**27–28
      Prx-2 gene, **40:**27–28
      SHOX gene, **40:**33
      tinman-related genes, **40:**14–23
      Zfh-1 gene, **40:**31
    overview, **40:**1–2, 34–35
    vascular development, **40:**10–14
      architecture, **40:**10–12
      vasculature formation, **40:**12–14
  chromosomal location, mouse brain, **29:**13
  DNA binding, **29:**4–5
  evolutionary implications, **40:**211–247
    Hox gene cluster, **40:**218–235
      antiquity, **40:**218–220
      archetypal cluster reconstruction,
        40:236

Subject Index

    archetypal pattern variations, **40:**236–238
    axial differentiation, **40:**231
    axial patterning mechanisms, **40:**231–233
    axial specification role, **40:**229–235
    cnidarian gene expression, **40:**234, 239–242
    diploblastic phyla gene isolation, **40:**220–221
    even-skipped gene expression, **40:**234–235, 238–239
    genomic organization significance, **40:**235–240
    homology, **40:**221–229
    terminal delimitation, **40:**231
  overview, **40:**212–214
  phylogenetics role, **40:**243–247
    ancestral–derived state discrimination, **40:**245–246
    even-skipped gene phylogenetic analysis, **40:**246–247
    orthologous–paralogous gene discrimination, **40:**243–245
    variable gene recovery interpretation, **40:**246
  sea anemone study, **40:**214–218
  zootype limitations, **40:**242–243
expression
  animal head development, **29:**51–52
  complex pattern, **29:**48–49
  eye, **29:**45–46
  forebrain, **29:**27–46
  function versus expression, **29:**49
  midbrain isthmus, cerebellum, **29:**23–27
  mouse brain, **29:**13
  outside CNS, **29:**50–51
  peripheral cranial sense organs, **29:**46
  pituitary, **29:**43–45
  retinoic acid effect on, **29:**18–19
functions, **29:**5–8
homeodomain definition, **29:**3–5
mutations, **29:**20–22, 50–51
  developmental disorders, **29:**50
proteins encoded by, definition and structure, **29:**3–5
structure, **29:**3–5
transgenic fish, **30:**202
urogenital ridge formation, **32:**9–12
Homeobox proteins
  amino acid sequence, **29:**8–9
  cytoskeleton positional information, **26:**1
  Drosophila melanogaster, **29:**5
  function, **29:**5–8
  MATa1, **29:**5
  MATa2, **29:**5
  zebrafish, CNS expression of engrailed-type, **25:**96–98
Homeosis
  compartmentation-like processes in vertebrates, **23:**249–252
    decisions of preimplantation embryo resulting in tissue segregation, mouse, **23:**249–250
    limb development, chicken, **23:**251–252
      anterior-posterior axis, morphogen, **23:**251
    vertebral column development from somites, **23:**250–251
  Drosophila embryo
    compartmentation, **23:**248–249
    genetics, **23:**235–237
    segment identity, **23:**235–236
  flower development, **29:**325–326
  genes involved, **29:**326–327
HOM genes for *Drosophila,* **25:**107
HOM/Hox complex, **25:**80–82, **29:**109, 126
Homology
  actin-binding proteins, **26:**40
  annelid and arthropod, **29:**113–115
  axon-target cell interactions, **21:**310, 312
  bicoid message localization, **26:**32
  biochemical, **29:**108
  β-keratin genes, **22:**238, 239
  brain-specific genes, **21:**129, 141, 144
  brush border cytoskeleton, **26:**95
  cell interactions, **21:**36, 59
  cytoskeleton positional information, **26:**1–3
  epidermal growth factor, **22:**176, 191
  human keratin genes, **22:**21, 23, 28
  filament, **22:**8, 12–13, 19
  keratin, **22:**2
    expression, **22:**37
    gene expression, **22:**196, 202
  molecular-genetic, **29:**108
  monoclonal antibodies, **21:**257, 272
  neocortex innervation, **21:**403
  neural reorganization, **21:**346
  recombination, for mutagenesis studies, **28:**187
  sequence, **29:**108
  syntagmata, **29:**108, 124–126

Homology *(continued)*
  vertebrate growth factors
    epidermal growth factor
      Caenorhabditis, **24:**307–311
      Delta locus, **24:**301–306
      Drosophila, **24:**306–307
      Notch locus, **24:**292–301
      Stronglyocentrotus, **24:**311–312
    overview, **24:**289–292, 323–325
    transforming growth factor-β, **24:**312
      gene product, **24:**316–317
      genetic analysis, **24:**312–316
      molecular analysis, **24:**317–318
      transcription, **24:**318–319
    wingless, **24:**319–320
      gene product, **24:**320–321
      genetic analysis, **24:**320
      molecular analysis, **24:**321–322
      transcription, **24:**322–323
Honeybee development, hormonal polymorphism regulation, *see* Polymorphism
Hook assay, reorganization in frog egg, **26:**65
Horka gene, *Drosophila* development, paternal effects, **38:**27–28
Hormones, *see* Endocrine system; *specific hormones*
Horny cells, protective system, **22:**261–262
Horseradish peroxidase
  axonal guidance marker, **29:**137
  axon-target cell interactions, **21:**314
  cell interactions, **21:**33
  as exogenous marker in cell lineage assay, **23:**120, 122–123, 128, 130
  as genetic marker in chimeras, **23:**120–121
  neural reorganization, **21:**354
  in situ hybridization detection method, **36:**234–235
Hox gene cluster, *see also* Homeobox genes
  amino acid sequence, **29:**67
  cardiovascular development role
    Hoxa-1 gene, **40:**26–27
    Hoxa-2 gene, **40:**32
    Hoxa-3 gene, **40:**28
    Hoxa-5 gene, **40:**33
    Hoxd-4 gene, **40:**32
  central nervous system development, axial patterning, **40:**151–153
  Danio rerio
    identification, **29:**66
    mammalian correlation, **29:**69
    neuron differentiation, **29:**77
    organization, **29:**67
    regulatory network, **29:**68
    sequence conservation, **29:**68
  expression
    outside CNS, **29:**50
    retinoic acid effect, **29:**18–19
    rhombencephalon, **29:**12–17
      neural crest, **29:**14–17
      pattern, **29:**13
      regulation, **29:**17–20
      spatial restriction, **29:**14
      temporal complexities, **29:**13–14
  function, **29:**6–8, 22
  gene products as transcription factors, **27:**368–369
  homeobox evolutionary implications, **40:**211–247
    antiquity, **40:**218–229
      diploblastic phyla gene isolation, **40:**220–221
      homology, **40:**221–229
    axial specification role, **40:**229–235
      cnidarian gene expression, **40:**234, 239–242
      differentiation, **40:**231
      even-skipped gene expression, **40:**234–235
      patterning mechanisms, **40:**231–233
      terminal delimitation, **40:**231
    genomic organization significance, **40:**235–240
      archetypal cluster reconstruction, **40:**236
      archetypal pattern variations, **40:**236–238
      even-skipped gene location, **40:**238–239
    overview, **40:**212–214
    phylogenetics role, **40:**243–247
      ancestral–derived state discrimination, **40:**245–246
      even-skipped gene phylogenetic analysis, **40:**246–247
      orthologous–paralogous gene discrimination, **40:**243–245
      variable gene recovery interpretation, **40:**246
    sea anemone study, **40:**214–218
    zootype limitations, **40:**242–243
  homology, **29:**68
  identification in various species, **27:**363
  mammalian, zebrafish counterparts, **29:**66–67
  mesoderm gene expression, **29:**88–89
  multiple species expression, **29:**51

Subject Index

murine, organization, **29:**67
mutation, **29:**21–22, 22
mutations, **29:**22
patterns of expression., **27:**363–364
promoter analysis, **29:**93
regulatory aspects, **29:**17–18
regulatory elements, identification, **29:**17
retinoic acid regulation, **27:**331
role in embryogenesis, **27:**362–363
sequential activation of genes with in, **27:**364–366
transgenic fish, **30:**202
vertebral specification, **27:**366–368
vertebrate limb formation role, pattern formation, **41:**45–46, 49–51
Hsf1-0 mutation (maize), **28:**71–72
Hsp83, enhancer of *sevenless E(sev)3A,* **33:**30
hst oncogene, **24:**61
ht-en, expression, leech, **29:**122–123
[^{3}H]Thymidine, as short-term marker in chimeras, **23:**119–120, 130–131
htr-ci, expression patterns, **29:**125
htr-wnt-1, expression patterns, **29:**125
Human biology
  abortion-prone women, immunotherapeutic treatment, **23:**227–228
  embryonic stem cells, primate models
    disease transgenics, **38:**154–157
    implications, **38:**157–160
    mouse–human–primate cell comparison, **38:**142–151
    in vitro tissue differentiation, **38:**151–154
  EPF in serum, women
    after embryo transfer, **23:**77–79
    disappearance after therapeutic abortion, **23:**79–82
    pregnancy, **23:**74–75
  female meiosis regulation, **37:**359–376
    checkpoint control, **37:**372–374
    chromosome role, **37:**368–370, 374–375
    competence, **37:**365–366
    fetal development role, **37:**361–362
    follicle growth period, **37:**364–368
    future research directions, **37:**375–376
    initiation, **37:**361–362
    meiosis resumption, **37:**364–367
    meiotic errors, **37:**360–361
    metaphase–anaphase transition, **37:**370–374
    metaphase II arrest, **37:**374–375
    oocyte growth period, **37:**365–366, 368
    overview, **37:**359–360
    pachytene quality control mechanisms, **37:**362–364
    periovulatory hormonal stimuli, **37:**366–367
    spindle formation, **37:**368–372
  fertilization and development, **32:**59–92
  fetus, repair of embryonic defects, **32:**198–199
  homeo box genes
    homology with murine, **23:**239–240
    transcription, **23:**244
  male nondisjunction, **37:**383–402
    etiology, **37:**393–400
      aberrant genetic recombination, **37:**396–397
      age relationship, **37:**394–396
      aneuploidy, **37:**397–400
      environmental components, **37:**400
      infertility, **37:**397–400
    future research directions, **37:**400–402
    overview, **37:**383–384
    study methodology, **37:**384–393
      aneuploidy, **37:**384–393
      male germ cells, **37:**387–393
      trisomic fetuses, **37:**384–386
  ovum factor, women, **23:**84
  pregnancy, maternal immune response, **23:**218
  preimplantation embryo development *in vitro,* **23:**93–102, 108–111
  sperm, acrosome reaction, **32:**64–67
  trophoblast, antigen expression, **23:**214–216, 222–227
Human foreskin fibroblasts, chicken intestinal epithelium, **26:**137
Human natural killer-1 monoclonal antibody, neural crest subset study, **36:**19–20
Human placental alkaline phosphatase gene, retroviral library lineage analysis
  polymerase chain reaction analysis, **36:**64–65
  virus stock production, **36:**53–54
Humulus lupulus, sex determination, **38:**190–194
Hunchback gene, **29:**105
Huntington's disease, genetic imprinting, **29:**243–244
Hyalin, calcium-binding motifs, **33:**220–222
Hyaline layer
  attachment of microvilli, **33:**166–168
  blister at site of ingression, **33:**174
  PMC adhesion, **33:**220–224
  primary invagination, **33:**192–193

Hyaline membrane disease, **22**:177
Hyaluronic acid
  epidermal growth factor, **22**:182–183
  epidermal growth factor receptor, **24**:9
  proteases, **24**:221, 234
  synthesis by cartilage developed from skeletal muscle, **20**:53–54
Hyaluronidase, stimulation of PEC conversion into lentoids, **20**:29–30, 32
Hybrid embryos, arrested, ECM disruption in, **27**:117–118
Hybridization, *see also* Cross-hybridization
  bicoid message localization, **26**:24, 27–28, 30, 32
  chicken intestinal epithelium, **26**:133
  β-keratin genes, **22**:240, 247–248
  brain-specific genes, **21**:124–128, 140, 143–144
  cell lineage, **21**:76, 84, 89
  epidermal differentiation, **22**:44
  fluorescent *in situ* 73, **32**:82, 84, 92
  human keratin genes, **22**:25, 26
  keratin gene expression, **22**:197, 202
  protective system, **22**:261
  skin disease, **22**:63
Hybridoma
  monoclonal antibodies, **21**:267, 273
  synapse formation, **21**:279–280, 300, 303, 306–307
Hybrids
  interspecific, imprinted gene identification, **29**:265–266
  selection, β-keratin genes, **22**:248, 251
  somatic cells, keratins, **22**:69–70, 85
    expression, **22**:85–91
    IF, **22**:91–94
Hydatidiform moles, **29**:234, 240
Hydrolysis, microtubule motors in sea urchin, **26**:71, 77, 80
6-Hydroxydopamine (6-OHDA)
  neocortex, **21**:419
  visual cortical plasticity, **21**:367, 374–377, 381, 385
  β-adrenergic antagonists, **21**:383
  intraventricular reexamination, **21**:376–377
  LC, **21**:382
  neonatal injections, **21**:369–372
20-Hydroxyecdysone (20-HE)
  neural reorganization, **21**:342–343, 357–359, 361, 363

neuronal death, **21**:100, 107–109
Hydroxyproline, epidermal growth factor, **22**:183
Hydrozoa
  epithelial cells
    basal disk gland at basal end, **20**:262–265
    battery in tentacles, **20**:262, 265–267
    displacement, **20**:260–261
    division rate, position-dependent, **20**:260–261
    epitheliomuscular in body column, **20**:261–269, *see also* Epitheliomuscular cells, hydra
  lateral inhibition in, **28**:35
  metamorphosis, **38**:84–93
    ammonia, **38**:88–90
    attachment, **38**:86–87
    inorganic ions, **38**:88–90
    larval state stabilization, **38**:90–92
    neuroactive substances, **38**:90
    overview, **38**:81–84, 93–94
    polyp proportioning, **38**:96–97
    protein kinase C-like enzymes, **38**:87–88
    signal transmission, **38**:86–87, 92–93
    signal uptake, **38**:92–93
    substrate selection, **38**:84–86
  morphogenetic potentials, **20**:283–286
    alteration in mutants, **20**:285–286
  morphology, bilayer construction, **20**:258–260
  nematocyte differentiation, **20**:281–289, *see also* Nematocytes, hydra
  nervous system, **20**:268–277, *see also* Nervous system, hydra
  pattern formation
    biochemical approaches, **38**:113–117
    budding, **38**:106–109
    colonies, **38**:118–122
    growth, **38**:110–112
    hierarchical model, **38**:103–106
    larval systems, **38**:95–96
    molecular approaches, **38**:117–118
    overview, **38**:81–84, 123
    polar body pattern generation, **38**:98–102
    polarity transmission, **38**:94–95
    polyps
      formation, **38**:120–122
      polyp systems, **38**:95–96
      proportioning, **38**:96–97
    size, **38**:110–112
    stolon formation, **38**:119–120

Subject Index

Hyla regilla
  autonomous and corrective movements, **27**:94
  function of convergence and extension movements, **27**:75–76
Hymenoptera, *see specific species*
Hyperphosphorylation, K8, **31**:466–468
Hyperplasia
  epidermal growth factor, **22**:180
  pupoid fetus skin, **22**:219, 222
Hyperproliferation
  human keratin genes, **22**:26, 30
  keratin
    developmental expression, **22**:146
    differentiation-specific keratin pairs, **22**:100, 102, 113
    expression, regulation, **22**:116–117
  skin disease, **22**:62
Hypoblasts
  layers, appearance (chick embryo), **28**:161–162
  role in primitive streak formation, **28**:169–170
Hypoglossal nerves, optic nerve regeneration, **21**:239
Hypothalamic releasing factors, brain-specific genes, **21**:147
Hypothalamus
  brain-specific genes, **21**:122
  visual cortical plasticity, **21**:373

I

ICE, *see* Interleukin-1β-converting enzyme
ICM, *see* Inner cell mass
if(α_{PS2}) gene mutations, **28**:99
Igf2 gene
  genomic imprinting, **29**:235, 237–239, 240–241, 254, 260–262
    examples, **40**:258–259
    gene regulating allocation, **40**:273–277
    growth inhibition, **40**:267–268
  methylation, **29**:255–260, 262
IGFs, *see* Insulinlike growth factors
Imaginal disc cells
  Drosophila, **28**:85
    development, **27**:291–293
    effect of mitotic mutations, **27**:293–297
    inducible membrane-bound polysomal genes (*Drosophila*), **28**:107–108
    mutations, **31**:178–179
Immobilin, sperm immobilization, **33**:67–68

Immune response
  bystander effect, **30**:84
  maternal
    alloantibody, restricted during pregnancy, human, murine, rat, **23**:217
    by amniochorion cytotrophoblastic cells *in vitro*, human, **23**:223–224
    cell-mediated to paternal MHC antigen pregnancy *in vivo,* negative results, human, murine, **23**:218
    by trophoblast *in vitro*
      human, **23**:215–216, 222
      murine, **23**:216–217, 222–223
    induction by placental cells injected into virgin mouse, **23**:218–219
    regulatory factors, hypothesis, **23**:219–223
      effector cell activity, **23**:221
      inductive phase, **23**:220–221
      significance for fetus survival, **23**:221–223
    by yolk sac endodermal cells *in vitro,* murine, **23**:224
Immunoaffinity chromatography, monoclonal antibodies, **21**:271
Immunochemistry
  brush border cytoskeleton, **26**:103–108, 111
  keratin expression, **22**:120
  microtubule labeling, **31**:338–339
  monoclonal antibodies, **21**:259
Immunocytochemistry
  actin organization in sea urchin egg cortex, **26**:17
  brain-specific genes, **21**:134–136, 138, 139
  brush border cytoskeleton, **26**:100, 111, 114–115
  carbonic anhydrase, **21**:212, 213
  cell lineage, **21**:71, 73, 77–78, 83
  chicken intestinal epithelium, **26**:133, 137
  epidermal differentiation, **22**:43
  keratin experimental manipulation, **22**:70, 89, 90, 94
  microtubule motors in sea urchin, **26**:76, 82
  visual cortical plasticity, **21**:386
  whole-mount, *Tubifex* eggs, **31**:232
Immunodeficiency, retinoic acid effects, **27**:330
Immunofluorescence microscopy
  actin-binding proteins, **26**:48
  actin organization in sea urchin egg cortex, **26**:12, 17
  ascidian eggs and embryos, **31**:272
  brush border cytoskeleton, **26**:104, 108

Immunofluorescence microscopy *(continued)*
chicken intestinal epithelium, **26:**136
confocal, microtubules, **31:**387–405, 419–424
cytokeratins, **22:**159, 160, 162, 165, 167–168
organization, **22:**76–78, 82, 86, 89, 91, 93
epidermal differentiation, **22:**41, 43
epidermal growth factor, **22:**182
fibroblast growth factor, **24:**76
human keratin genes, **22:**16
keratin gene expression, **22:**198
localization of p58 and actin, **31:**260–262
pupoid fetus skin, **22:**215
reorganization in frog egg, **26:**65
sister-cohesion protein analysis, **37:**282–283
staining methods
embryos, **31:**192–193
indirect
cortical lawns, **31:**129
whole teleost eggs, **31:**373–374
synapse formation, **21:**288, 299, 300
synaptonemal complex structure analysis, **37:**245–247
Immunogens
actin-binding proteins, **26:**48
brush border cytoskeleton, **26:**108
monoclonal antibodies, **21:**255
Immunoglobulin domains, with adhesion function *(Drosophila)*, **28:**85
fasciclin II, **28:**87–90
fasciclin III, **28:**90–92
gp160^{Dtrk}, **28:**94–95
neuroglian, **28:**92–94
Immunoglobulins
fibroblast growth factor, **24:**84
transforming growth factor-β, **24:**121
Immunohistochemistry
β-keratin genes, **22:**243, 245
carbonic anhydrase, **21:**212–213
cytokeratins, **22:**159
epidermal growth factor, **22:**183, 187
intermediate filament composition, **21:**153, 155, 157, 170–171
keratin developmental expression, **22:**143, 146–147
monoclonal antibodies, **21:**256, 267
multiple gene product detection, *in situ* hybridization
antibody incubation, **36:**230–231
chromogenic alkaline phosphatase detection, **36:**231–234
endogenous phosphatase activity, **36:**241

multiple color detection time-table, **36:**236–237
nonspecific binding, **36:**240–241
overview, **36:**223–224
persistent phosphatase activity, **36:**242
neocortex innervation, **21:**395, 401, 405, 407, 411, 413
neocortex innervations, **21:**405, 407
pupoid fetus skin, **22:**231
staining methods, keratin developmental expression, **22:**140–142, 145
Immunohistology, keratin developmental expression, **22:**133
Immunolocalization
GST Y$_f$ subunit, **33:**76
mammalian meiotic protein function analysis, **37:**201–232
candidate protein selection, **37:**216–228
biological activity involvement, **37:**217–223
cell cycle progression, **37:**223
family connections, **37:**223–225
knockout comparisons, **37:**225–227
meiotic involvement, **37:**216–217
mismatch repair proteins, **37:**221–222
mitotic proteins, **37:**223
polymerases, **37:**222–223
Rad51 protein, **37:**217–219
Rpa protein, **37:**219–221
chromosome aberration analysis, **37:**228–230
marker antibodies, **37:**211–214
meiotic process, **37:**203–207
observation methods
current methods, **37:**208–211
historical perspectives, **37:**207–208
overview, **37:**201–203, 230–232
spatial resolution, **37:**214–216
temporal resolution, **37:**214–216
yeast comparison, **37:**231
Immunological tolerance, aggregation chimeric mice, **27:**259–260
Immunoperoxidase, *Xenopus* actin-binding proteins, **26:**48
Immunoreactivity
brain-specific genes, **21:**133–136, 138, 139
epidermal growth factor, **22:**189
intermediate filament composition, **21:**157, 159, 165, 169–171
keratin developmental expression, **22:**144
monoclonal antibodies, **21:**261–266, 271, 274
neocortex innervation, **21:**407

visual cortical plasticity, **21:**386
Immunostaining, *Drosophila* cell cycle study methods
  embryos, **36:**284–286
  female meiotic spindles, **36:**288–289
  larval neuroblasts, **36:**286–288
Incorporation cone, formation, **31:**325
Indole-3-acetic acid
  effects on abscission zone, dwarf bean
    interaction with ethylene, **20:**390–392
    leaf blade replacement, **20:**390
  secondary abscission zone induction, **20:**393–394
Infertility, human male nondisjunction, **37:**397–400
Inflammation
  adults, neutrophil and macrophage role, **32:**177
  after wounding in embryo, **32:**191–193
  fibroblast growth factor, **24:**74
  proteases, **24:**233–234, 237
Infundibulum, sperm residence time, **33:**128–129
Ingression
  bottle cells
    anurans, **27:**47–48
    function, **27:**48–49
    mechanism, **27:**48
    somitic and notochordal mesoderm in urodeles, **27:**47
  PMC, adhesive changes accompanying, **33:**219–220
  primary mesenchyme, **33:**173–176
Inheritance
  centrosomes, **23:**44–45, **31:**337
  foreign DNA mosaics, **30:**183, 189–191
  maternal cytoplasmic factor and cell fate, **32:**113–123
  phenotype plasticity, **20:**377–378
  preimplantation embryo development *in vitro*, **23:**102, 105, 107–108, 110
  transgenic inheritance, **30:**186–187, 189–190
Inhibin
  function, **29:**181
  Müllerian-inhibiting substance deficiency, **29:**181
  testicular tumors, **29:**181–182
  transforming growth factor-β, **24:**96, 123, 126–127
  vertebrate growth factor homologs, **24:**312
Inhibition
  actin-binding proteins, **26:**36
  actin organization in sea urchin egg cortex, **26:**10, 14–15

chicken intestinal epithelium, **26:**134
embryonic induction in amphibians, **24:**279, 282
epidermal growth factor in mice, **24:**32, 50
  morphogenesis, **24:**37, 40
  teeth, **24:**47, 49
epidermal growth factor receptor, **24:**10, 12
fibroblast growth factor
  muscle formation, **24:**65
  ovarian follicles, **24:**70–71
  vascular development, **24:**73–78, 80
microtubule motors in sea urchin, **26:**76, 80
nerve growth factor, **24:**169
pathways, neural reorganization, **21:**350–352, 358
proteases, **24:**248, 250
  ECM, **24:**222, 223
  lysosomal proteinsases, **24:**232–234
  metalloproteinases, **24:**227–232
  regulation, **24:**238–239, 242, 244–247
  serine proteases, **24:**225–227
proteins, **24:**198, 201, 203, 209
reorganization in frog egg, **26:**60, 62, 67
transforming growth factor-β, **24:**97–98, 100, 102, 126–127
  cellular level effects, **24:**113–116, 118–122
  molecular level effects, **24:**107–111
  receptors, **24:**103–105
Initial segment
  epididymal, morphology, **33:**66–67
  GGT mRNA expression, **33:**81–86
  GST activity, **33:**75–76
Inner cell mass complex
  blastocyst symmetry, **39:**56–58
  cytokeratins
    blastocyst-stage embryos, **22:**164–166
    germ cells, **22:**169
    preimplantation development, **22:**153, 155–156
  definition, **39:**42
  early embryo development, conventional view, **39:**45–48
  nuclear transplantation, **30:**148, 157
  preimplantation embryo, mouse
    generation by inner cells, **23:**128–130, 142
    numerology, **23:**128–130
    potency to generate trophectoderm cells, **23:**130
  primitive streak specification, **39:**61–62
Inner-cell-mass–like cells, apoptosis modulation, **35:**19–22
Inner centromere proteins, **29:**305

Inner ear development, *see* Cochleovestibular ganglia
Inorganic ions, hydrozoa metamorphosis control, **38:**88–90
Inositol 1
  cADPR effect, **30:**80
  calcium regulation, **30:**64, 73–75, 88
  effect on cortical granule exocytosis, **30:**35–37
  egg activation, **30:**29–32, 86
  measurement, **30:**31–32
  mesoderm induction, **30:**272
  monoclonal antibody, **30:**30
  production activation, **30:**82
  receptor, **30:**71–73
  sperm, **30:**46, 166
Inositol cycle and G proteins in egg activation, evidence for involvement, **25:**4–9
  DAG and protein kinase C in egg activation, involvement, **25:**8–9
  G proteins in egg activation, involvement, **25:**6–8
  phosphatidylinositol turnover during egg activation, **25:**4–6
Inositol trisphosphate
  egg activation, **30:**30
  fertilization calcium ion signaling mechanisms, **39:**225–229
  gonadotropin-induced meiosis resumption role, **41:**174
  production during egg fertilization, **31:**103–104
  release of [Ca^{2+}]i, **31:**25–27
Insects, *see also specific species*
  polyembryonic development, **35:**121–153
    Copidosoma floridanum
      cellularized development, **35:**122, 134
      early development, **35:**122, 129–131
      hymenoptera species compared, **35:**145
      larval caste morphogenesis, **35:**132–134, 141–144
      polarity establishment, **35:**137–139
      polymorula development, **35:**132
      proliferation regulation, **35:**139–140
      segmental gene expression, **35:**134–136
      segmental patterning regulation, **35:**140–141
      typical insect development compared, **35:**136–144
      evolutionary aspects
        embryological adaptations, **35:**147–149
        endoparasitism consequences, **35:**149–152

    insect life history, **35:**147–149
    mechanisms, **35:**151–152
    overview, **35:**121–122
    metazoa, **35:**123
    overview, **35:**121–122
    phylogenic relationships, **35:**123–125
    segmentation regulation, **35:**125–128
      Apis, **35:**128
      Drosophila, **35:**126–127
      germ-band formation, **35:**125–127, 140–141
      Musca, **35:**128
      oogenesis, **35:**125–126
      Schistocerca, **35:**128
Insemination, *see also* Spermatozoa
  large initial, **33:**146–147
  sperm fate following, **33:**127–135
Insertional mutagenesis
  characterization, **28:**187–189
  drawbacks, **28:**200
  trapping vectors, **28:**189–191
In situ hybridization
  bicoid message localization, **26:**24, 27–28, 30
  chicken intestinal epithelium, **26:**133
  embryonic induction in amphibians, **24:**266, 280
  epidermal growth factor in mice, **24:**52
  insulin family peptides, **24:**150–152
  proteases, **24:**223, 240–242, 244, 247
  proteins, **24:**196, 197, 204
  retinoic acid receptors during embryogenesis, **27:**361
  transforming growth factor-β, **24:**123
  vertebrate growth factor homologs, **24:**299, 304–307, 317–321
Insulin
  embryo cell analysis, flow cytometry
    intracellular insulin detection, **36:**217–218
    receptor insulin detection, **36:**218–220
  epidermal growth factor, **22:**176
  epidermal growth factor receptor, **24:**22
  nerve growth factor, **24:**174, 178–185, 187
  transforming growth factor-β, **24:**111
Insulin family peptides, **24:**137–138, 153–156
  postimplantation embryos
    IGFs, **24:**150–152
    insulin, **24:**152–153
  preimplantation embryos, **24:**143
    IGFs, **24:**143–145
    insulin, **24:**145–148
    teratocarcinoma cells, **24:**148–150
  structure, **24:**138–143

Subject Index

Insulin-like growth factors
  inner ear development role, **36**:126–128
  insulin family peptides, **24**:138, 154–156
    postimplantation embryos, **24**:150–153
    preimplantation embryos, **24**:143–150
    structure, **24**:138–143
  life-and-death regulation, **35**:26–27
  nerve growth factor, **24**:174, 184, 185
  proteins, **24**:198, 200
  transforming growth factor-β, **24**:101, 113
  transgenic fish, **30**:196
Integrin receptors, **27**:103–104
Integrins
  actin-binding proteins, **26**:40
  egg activation role, **30**:50–52
  epidermal growth factor receptor, **24**:9
  gene expression, **27**:103–105
  pathfinding role, **29**:158–159
  proteases, **24**:235–236
  proteins, **24**:205–206, 209, 210
  transforming growth factor-β, **24**:107, 114
Intercalation
  boundary polarization of protrusive activity, **27**:72–73
  mediolateral
    convergence and extension by, **27**:68–70
    convergence and extension of NIMZ, **27**:70
  Xenopus gastrulation, **27**:156
Intercellular bridges, *see* Ring canals
Intercellular communication regulators, *see also* Cell-cell interactions
  growth factors, **37**:166–167
  meiotic expression, **37**:165–168
  neuropeptides, **37**:167
  receptors, **37**:168
Interferon
  fibroblast growth factor, **24**:73, 75
  transforming growth factor-β, **24**:109, 121
Interkinetic nuclear migration
  cell shape, **27**:149–150
  model, **27**:163
Interleukin-1, transforming growth factor-β, **24**:109, 121
Interleukin-2, transforming growth factor-β, **24**:120–121
Interleukin-3
  mouse, produced by T cells, mast cell induction *in vitro*, **20**:329
  transforming growth factor-β, **24**:121
Interleukin-1β-converting enzyme, similarity to Ced-3, **32**:146, 155–158

Intermediate filaments
  actin-binding proteins, **26**:36, 38
  assembled, storage sites, **31**:297–299
  bicoid message localization, **26**:28
  brush border cytoskeleton, **26**:97–98, 102
  composition, neurogenesis, **21**:151–152, 180
    cytoskeleton-associated and regulatory proteins, **21**:174–176
    differentiation, neuroectoderm, **21**:171–174
    lineage analysis, **21**:176–178
    mature nervous system, **21**:152–153
      localized post-translational modification, **21**:155–158
      polypeptide distribution, **21**:153–155
    neurofilament polypeptide expression, **21**:153–155, 158–159
      postmitotic neuroblasts, **21**:159–167
      post-translational events, **21**:170–171
      replicating cells, **21**:167–169
    postmitotic neuroblasts, **21**:178–180
    tubulin, **21**:174
  cross-linked network, *see* Sheets
  cytokeratins, **22**:153, 159, 161–162, 170–171
    experimental manipulation, **22**:72
    germ cells, **22**:167–170
  differentiation-specific keratin pairs, **22**:100
  distribution in oocyte cortex, **31**:438
  human keratin genes, **22**:8, 21, 23–24
  interaction with 3' end of mRNA, **31**:20–21
  keratin, **22**:2
    developmental expression, **22**:143, 145
    expression, **22**:36–37, 40
    hair and nail, **22**:59
    phosphorylation, **22**:54
    stratum corneum, **22**:41
  keratinization, **22**:212
  nonepithelial, appearance, **31**:475–476
  organization
    reorganization and function, **31**:455–479
    stage VI oocytes, **30**:220–222
  presence in mammalian eggs, **31**:281
  sea urchin eggs, **31**:77
  two layers held in register, **31**:289–293
  Xenopus, **31**:456–463
Interphase
  actin-binding proteins, **26**:39
  chromatin organization, **35**:53–54
  microtubule motors in sea urchin, **26**:72, 86
  reorganization in frog egg, **26**:54, 56–57, 59
Intersegmental muscles, neural reorganization, **21**:346–347, 352, 354–355

Intersomite junction, associated with
    sarcolemma, **31**:476–477
Intestine
  amphibian, embryogenesis, **32**:207–212
  chicken intestinal epithelium, **26**:123–125
    brush border formation
      enterocyte development, **26**:132–134
      maintenance, **26**:134–135
      microvillus, **26**:135
      molecular organization, **26**:128–131
    crypt of Lienerkühn, **26**:127–128
    morphogenesis, **26**:125–126
    regulation of development, **26**:135–138
  fatty acid binding protein
    expressed in enterocytes, **32**:212
    regulated by thyroid hormone, **32**:224
    remodeling during metamorphosis,
      32:212–227
int-1 oncogene, **24**:290, 319, 321–323
int-2 oncogene, **24**:61–62
Introns
  human keratin genes, **22**:21, 23
    position, **22**:23–25
  keratin, **22**:2
Invagination
  bottle cells
    apical constriction, **27**:41–43
    behavior, **27**:41
    context dependency, **27**:43–44
    invasiveness, **27**:44–45
    pattern of formation, **27**:45
    respreading, **27**:45–46
    tissue interactions, **27**:46–47
  cell interactions regulating, **33**:239–240
  normal process, exogastrulation, **33**:209–211
  primary, process and proposed mechanisms,
    33:183–193
  primary and secondary, **27**:152–153
  secondary, cell rearrangement in, **33**:199–208
  vegetal plate epithelium, **33**:169
Involucrin
  keratin, **22**:4
  protective system, **22**:262
  pupoid fetus skin, **22**:209
Involution
  marginal zone
    autonomy of convergence and extension
      movements, **27**:75
    bottle cell anchorage for, **27**:44
    cell behavior during mediolateral
      intercalation, **27**:70–74
    involution, **27**:77

overview, **27**:77–78
two phases in gastrulation, **33**:245–246
Ion channels, *see* Voltage-gated ion channels
Ionomycin, pathfinding role, **29**:161
Ionophore, **30**:27–29
Ion-sensitive microelectrode, **30**:67
Iridophores
  fish, proliferation without conversion into
    melanophores, **20**:86–87
  Rana catesbeiana
    conversion from melanophores, **20**:84–85
    conversion into melanophores in culture,
      20:80–82
    proliferation without transdifferentiation
      iridescent cells responding to MSH,
        20:82–83
      phenotype maintenance, tadpole serum,
        20:84
    reflecting platelets in, **20**:79, 84–85
Iscitrate dehydrogenase, cell marker, **27**:237
Isl-1, **29**:37
  expression, **29**:38
Isotretinoin, teratogenicity, **27**:328
Isthmus, homeobox genes expressed in,
  29:23–27
IVT (*in vitro* fertilization), *see* Embryos,
  preimplantation

J

JAK/STAT signaling pathway, dissection
  paradigm, **35**:249–250
Jnk/SAP kinase group
  activation, **33**:20
  branch of Ras signaling, **33**:40
  in c-*fos* transcription, **33**:17
  Ras-dependent activation, **33**:20
  stress-activated, **33**:9
Junctional complexes, at embryonic compaction,
  31:299–302
Juvenile hormone
  neural reorganization, **21**:342–343, 357–361,
    363
  neuronal death, **21**:100–101
  social insect polymorphism regulation,
    40:46–50, 63–69

K

K8
  hyperphosphorylated, **31**:466–468
  mouse eggs and embryos, **31**:294–295

Subject Index

Karyogamy, *Drosophila* sperm–egg interactions, **34**:97
Karyotypes, scoreable, **32**:87
Keratin
  antibodies, **31**:293–295
  blastocyst-stage embryos, **22**:164
    antigen distribution, **22**:164–166
    filament distribution, **22**:164–166
    polypeptide composition, **22**:166, 167
  characteristics, **22**:1–4
  developmental expression, **22**:127–128, 133–134, 147–149
    animal studies, **22**:128
    electrophoresis, **22**:134–139
    epidermal development stages, **22**:130–133
    genetic disorders, **22**:145–147
    immunohistological staining, **22**:140–141
    localization, **22**:143–145
    protein expression, **22**:142–143
  early mammalian embryo, **31**:281
  embryonic induction in amphibians, **24**:266–267, 283
  epidermal differentiation, **22**:46
  epidermal growth factor, **24**:2–3, 33
  experimental manipulation, **22**:69–70, 70
    applications, **22**:84–85
    cell-cycle dependent organization, **22**:80–84
    cytokeratin organization
      applications, **22**:84–85
      cell-cycle dependent organization, **22**:80–84
      drug studies, **22**:74–80
      filament distribution, **22**:70–74
    drug studies, **22**:74–80
    keratin filament distribution, **22**:70–74
    somatic cell hybrids, **22**:91
    somatic cell hybrids, expression, **22**:85–91
    IF, **22**:91–94
  expression modification, **22**:35–37, 63–65
    differentiation in culture, **22**:49–54
    epidermal differentiation, **22**:37–40
      granular layer, **22**:46
      palmar-plantar epidermis, **22**:46–49
      sequential expression, **22**:43–45
      stratum corneum, **22**:41–43
    hair and nail, **22**:59–61
    phosphorylation, **22**:54
      culture, **22**:55
      epidermal keratins, **22**:54–55
      location, **22**:55–58
    skin disease, **22**:62–63

  expression patterns, **22**:97, 120–124
    differentiation-specific keratin pairs
      coexpression, **22**:99–111
      species differences, **22**:108, 111–113
    embryonic patterns, **22**:118–120
    markers, **22**:116–118
      of terminal differentiation, **22**:113–115
    regulation, **22**:116
  fibroblast growth factor, **24**:83
  filaments
    disassembly, maturation-induced, **31**:464–469
    distribution, **22**:157–160, **30**:220–222, 267
    formation in *Xenopus*, **32**:188
    geodesic array, **31**:438, 445
    intermediate filament composition, **21**:171, 173
    intermediate proteins in germ cells, **22**:167–170
    network, **31**:456, 458–460, 469–472
    network disassembly, **31**:411
    role in implantation, **31**:301–302
  gene expression, **22**:195–196, 206
    differentiation state
      localization, **22**:198–201
      RNA, slot-blot analysis, **22**:196–197
      vaginal epithelium, **22**:201–204
    human, **22**:5–7
      assembly, **22**:16–19
      classification, **22**:7–11
      differentiation expression, **22**:25–30
      function, **22**:19, 20
      intron position, **22**:23–25
      structure, **22**:11–17, 20–23
    subunit structure, **22**:204–206
  keratinization, **22**:255, 263
    chicken embryo
      induction by high oxygen content, **20**:2–4
      respiratory epithelial cells of chorioallantoic membrane, **20**:2–4
    epidermal growth factor, **22**:175, 178–180, 182–184
    protective system, **22**:255–258
      filamentous network, **22**:258–260
      horny cells, **22**:261–262
      intercellular substance, **22**:262–263
      matrix, **22**:260–261
    pupoid fetus skin
      abnormal, **22**:219–233
      invasion of mutant epidermis, **22**:213–219

Keratin *(continued)*
  oocytes
    antigen distribution, **22:**157–160
    filament distribution, **22:**157–160, **30:**220–222, 267
    monoclonal antibodies, **22:**162–164
    overview, **22:**153, 170–171
    polypeptide composition, **22:**160–162
  preimplantation development
    cytoskeleton, **22:**156–157
    differentiation, **22:**153–156
  reorganization in frog egg, **26:**60
  transforming growth factor-β, **24:**109, 118
  Western blot analysis, **31:**300
Keratin antisera, **22:**1
Keratohyalin granules, **22:**129, 132
kfgf oncogene, **24:**275
Kidneys
  brain-specific genes, **21:**120–122, 124, 126–128, 143, 145
  brush border cytoskeleton, **26:**93–94, 102
  development, **39:**245–292
    apoptosis, **39:**255
    congenital cystic kidney diseases, **39:**260–263
    differentiated cell types, **39:**255–256
    epidermal growth factor receptor gene effects, **35:**88–90
    experimental analysis, **39:**264–288
      collecting duct morphogenesis, **39:**273–275
      downstream nephron induction effects, **39:**282–287
      epitheliogenesis, **39:**285
      mesenchyme induction, **39:**275–282
      stromal–nephrogenic cell relationship, **39:**281–282
    future research directions, **39:**288–293
    genetic analysis, **39:**264–288
      collecting ducts, **39:**266–275
      kidney disease development, **39:**287–288
      lineage relationships, **39:**266–268
      mesenchyme derivatives, **39:**267–268
      renal function development, **39:**287–288
      WT1 gene, **39:**264–266
    growth, **39:**253–255
    kidney-derived cell lines, **39:**256–260
      classical renal cell lines, **39:**256–257
      nephrogenic cell lines, **39:**257–260
    overview, **39:**245–251, 292
      mouse kidney formation, **39:**246–249

      study tools, **39:**249–250
    in vivo study, **39:**251–253
  epidermal growth factor
    mice, **24:**32, 35, 43–47, 50
    receptor, **24:**12–13, 15, 20, 23
  fibroblast growth factor, **24:**79–80, 82
  insulin family of peptides, **24:**152
  mosaic pattern analysis, **27:**247
  proteases, **24:**220
  proteins, **24:**200–201
  synapse formation, **21:**290
  transforming growth factor-β, **24:**125–126
Killifish, *see Fundulus heteroclitus*
Kinases, *see also specific types*
  meiotic expression, **37:**169–170
Kinesin
  β-gal fusion protein, localization, **31:**152–153
  dorsoanterior axis formation, **30:**263
  microtubule motors in sea urchin, **26:**72, 75, 79–82, 86
  nondisjunction, **29:**299
  reorganization in frog egg, **26:**59, 65–66
Kinesin-like protein, Eg5, associated with microtubules, **31:**405
Kinetic instability, at prespore state *(Dictyostelium)*, **28:**33
Kinetochore
  chromosome segregation role, **37:**287–290
    duplication, **37:**287–288
    functional differentiation, **37:**288–290
    overview, **37:**264–269
    reorganization, **37:**287
  defection, **29:**298–299
  microtubule motors in sea urchin, **26:**72
Kn gene (tobacco), **28:**73
Knirps, **29:**105
Knl mutation (maize), **28:**61, 69, 72
Knockout genes
  fetal development, epidermal growth factor receptor genes, **35:**72, 84–86
  kidney formation study, **39:**249–250
  limitations, **36:**75, 95
  mammalian female meiosis regulation studies, **37:**375–376
  mammalian protein meiotic function analysis, **37:**225–227
Koller's sickle, **28:**161–162
Kranz anatomy, **28:**67–68
Krox20 gene
  regulation, **29:**18
  zebrafish hindbrain expression, **29:**74
Kruppel gene, **29:**105

Subject Index

Krüppel-related zinc finger, zebrafish, **29:**72
KS-FGF oncogene, **24:**61
KS3 oncogene, **24:**61

L

LacZ gene
  embryonic stem cell clone screening, **36:**110
  gene trap CONSTRUCTS, **33:**271–273
  retroviral library lineage analysis
    polymerase chain reaction analysis, **36:**64–65
    virus stock production, **36:**53–54
  transgenic analysis, **29:**18–19, 93
Lamellipodia
  crawling mechanisms
    reepithelialization, **32:**178
    into wound space, **32:**181
  protrusions
    archenteron, **33:**201–202
    blastopore, **33:**206–207
Lamina
  axon-target cell interactions, **21:**336
  epidermal growth factor, **22:**178–179, 182
  keratinization, **22:**212
  monoclonal antibodies, **21:**268
  neocortex innervation
    dopaminergic, **21:**401
    monoaminergic, **21:**416–417
    noradrenergic, **21:**394–396, 406–407
    serotonergic, **21:**399, 411
  nuclear transplantation role, **30:**160–161
Lamination, neocortex innervation, **21:**392–393
Lamin genes, human keratin genes, **22:**21, 23
Laminin
  epidermal growth factor, **22:**184, **24:**9, 34
  extracellular matrix (amphibian), **27:**97
  fibroblast growth factor, **24:**76, 81
  optic nerve regeneration, **21:**219
  proteases, **24:**220–222
    inhibitors, **24:**228–229, 233
    regulation, **24:**235, 237
  proteins, **24:**206–207
  pupoid fetus skin, **22:**217
  role in adhesion, **28:**111
  sea urchin embryo basal lamina, **33:**226
  synthesis in *Pleurodeles* embryos, **27:**56
Lamins
  cell cycle dynamics, **35:**50–51
  developmental structural changes
    gametogenesis, **35:**56
    pronuclear formation, **35:**59–61

  spermatogenesis, **35:**57–59
  human keratin genes
    keratin filament, **22:**8, 11
    keratin genes, **22:**21, 23
  meiotic expression, **37:**149
  nuclear
    fertilization, **23:**39–43
      Colcemid effects, **23:**43–44
    mitosis in somatic cells, **23:**39
    spermatogenesis, **23:**39
  nuclear lamina structure, **35:**49–50
  nuclear transplantation role, **30:**160–161
  pupoid fetus skin, **22:**215, 217, 231
  sperm nuclei to male pronuclei transformation, **34:**64–69
  visual cortical plasticity, **21:**375
Lamium amplelxicaule
  growth curve, **29:**330
  timing of events in, **29:**332
Lampbrush chromosome, **30:**223
La mutation (tomato), **28:**71, 73
Lanthanum, **30:**86
Large aggregating proteoglycans, **25:**113–117
Lasers
  ablation, SMCs, **33:**199
  microbeams, **30:**186
Latent period, **30:**68
Lateral geniculate nucleus
  terminals, neocortex innervation, **21:**418
  voltage-gated ion channel development, terminal differentiation expression patterns, mammals, **39:**171–173, 175
Lateral inhibition
  Amblystoma, **28:**36
  C. elegans, **28:**35
  concomitant function, **28:**37
  Hydra, **28:**35
  model, analysis, **28:**31–34
  prestalk cells by prespore cells (*Dictyostelium*), **28:**26–29
  S. purpuratus, **28:**36
  Tubularia, **28:**35
  Wolffian lens regeneration, **28:**36
Lateral neurepithelial cells, rearrangements during neurulation, **27:**147
Lateral signal *lin-12,* **25:**214–215
Latrunculin
  actin filament inhibitor, **31:**323–324
  effects on
    fertilized oocytes, mouse
      comparison with cytochalasin, **23:**33
      pronuclear migration inhibition, **23:**33, 38

Latrunculin *(continued)*
  sperm incorporation into oocytes
    mouse, **23:**26, 28–29
    sea urchin, **23:**26
  unfertilized oocytes, reversal of Colcemid
    effect on chromosomes, mouse,
    23:31–32
  isolation from sponge *Latruncula magnifica,*
    23:25
  microfilament organization disruption, **23:**25
Leaf development
  cell fate acquisition, **28:**55–56
  communication with apex, **27:**3
  compartmental hypothesis, **28:**51
  compound leaves, **28:**57–58
  differentiation-dependent model, **28:**66
  dual nomenclature for, **28:**48
  founder cells, **28:**54–55
  indeterminate leaves, **28:**58
  marginal meristems, **28:**54–55
  meristematic regions of cell division,
    28:57–60
  monocots and dicots, **28:**49–50
  mutational analysis with clonal analysis,
    28:49
  phyllotactic patterns, **28:**51–54
  plastochron concept, **28:**48
  root-leaf interplay (*N. tabacum*), **27:**6–7
  shape
    heteroblastic variation, **28:**70–73
    heterophyllic variation, **28:**69–70
  shoot apex, **28:**50–51
  simple leaves, **28:**57–58
  tissue differentiation, **28:**60–69
  traditional approaches, **28:**48–49
leafy mutant, **29:**351
Lectins
  brain-specific genes, **21:**312
  brush border cytoskeleton, **26:**94, 112–113
  extracellular matrix (amphibian), **27:**97–98
  plasmalemma, **21:**186
Leech
  development
    macromeres, **29:**110
    segmentation, **29:**109–113
    selected stages, **29:**110
    teleoblast mitosis, **29:**112
  en expression in, **29:**121–123
  midbody segments, **29:**190
  position dependent cell interactions, **21:**31–32
    commitment events, **21:**49–59

embryonic development, **21:**32–37
O and P cells
  blast cell fate, **21:**42–46
  blast cell position, **21:**46–49
regionalization genes, **29:**119–121
segmentation genes, **29:**121–123
legless mutation, retinoic acid regulation,
  27:339
Lens
  chicken embryo
    δ-crystallin earliest expression, **20:**154
    δ-crystallin mRNA, **20:**140, 142
  mouse, epithelial cells, chicken δ-crystallin
    gene expression, **20:**155, 157–159
Lentoids, avian embryo, conversion *in vitro*
  from
    pineal cells, **20:**90–91, 95
    retinal glia cells, **20:**4–17
    retinal PEC, **20:**26–35
LET-23, vulval precursor cells, **33:**32–34
LET-60 Ras, as guanine nucleotide exchange
  factor target, **33:**34
Leukemia inhibitory factor
  activation, **29:**207–208
  cultured primary neuron gene expression
    analysis, **36:**191–193
  embryo implantation, **29:**207
  functions, **29:**205, 208
  molecular characteristics, **29:**205
  nomenclature, **29:**205
  receptors for, **29:**206, 208
  related cytokines, **29:**207
Leukocytes, fibroblast growth factor, **24:**74
Leydig cells
  differentiation, sex determination, **23:**164,
    169
  Müllerian-inhibiting substance influence on,
    29:177
  Sry expression, **32:**14
l(2)gl gene product, **28:**95–96
Lg3 mutation (maize), **28:**73
Lg4 mutation (maize), **28:**73
LH-2 expression, **29:**38
Licensing factor, **30:**162
Ligands
  bicoid message localization, **26:**28–31
  egg activation role, **30:**22, 50–51
  embryonic induction in amphibians, **24:**281
  epidermal growth factor
    mice, **24:**33, 35, 52
    receptor, **24:**2–3, 20

Subject Index

insulin family peptides, **24:**138, 153, 155–156
    postimplantation embryos, **24:**150–151, 153
    preimplantation embryos, **24:**144–146
    structure, **24:**138, 142
proteases, **24:**235
vertebrate growth factor homologs, **24:**317
Light chains, microtubule motors in sea urchin, **26:**79–80
Light microscopy
    actin organization in sea urchin, **26:**82
    apoptosis measurement, **36:**272
    epidermal differentiation, **22:**43
    mammalian protein meiotic function analysis, **37:**207–208
    neocortex innervation, **21:**406
    neuronal death, **21:**105
    quail–chick chimeras study, **36:**5
Lilium longiflorum, timing of events in, **29:**332
Limb development
    colonization by myogenic cells, quail-chicken transplants
        apical ectodermal ridge role, **23:**192
        somitic cell migration, **23:**192
    development, resemblance to compartmentation, chicken, **23:**251
        apical ectodermal maintenance factor in posterior part, **23:**251
    early muscle colony-forming cells
        clones of three types, **23:**194
        insensitivity to tumor promoters, **23:**193
        as muscle cell precursors, **23:**200
        slow myosin in myotubes from, **23:**193
    late muscle colony-forming cells
        differentiation inhibition by tumor promoters, **23:**193–194
        fast myosin in myotubes from, **23:**193
        as muscle cell precursors, **23:**200–201
    regeneration, fibroblast growth factor, **24:**68–69
    vertebrate pattern formation, **41:**37–59
        anterior–posterior axis, **41:**46–52
        Hox gene role, **41:**45–46, 49–51
        polarizing activity characteristics, **41:**46–49
        positional information, **41:**46–49
        region specification, **41:**51–52
        dorsal–ventral axis, **41:**52–58
            apical ectodermal ridge formation, **41:**53–54
            dorsal positional cues, **41:**54–57
            dorsoventral boundary, **41:**53–54
            ectoderm transplantation studies, **41:**52–53
            mesoderm transplantation studies, **41:**52–53
            ventral positional cues, **41:**57–58
        overview, **41:**37–39, 59
        proximal–distal axis, **41:**39–46
            apical ectodermal ridge role differentiation, **41:**40–42
            fibroblast growth factor role, **41:**39–42
            gene expression, **41:**43–46
            limb outgrowth, **41:**39–40
Limbic system, synapse formation, **21:**282–283
LIM/homeodomain gene, expression, **29:**37–38
LIN-3, EGF-like inductive signal, **33:**31–32
Lin-11, **29:**37
lin-12, **24:**34, 294, 307–311, 323–324
Lindau's disease, characteristics, **39:**262
LINE-15A, as negative regulator of LET-23, **33:**34
Lineages, *see* Cell Differentiation; Cell Lineage; *specific cells*
LIN-45 Raf, mediator of LET-60 Ras function, **33:**34–35
Lipid peroxidation, sperm membranes, **33:**71–73
Lipids
    chicken intestinal epithelium, **26:**129
    plasmalemma, **21:**194–196
    protective system, **22:**258, 260, 262–263
    transforming growth factor-β, **24:**105
Lipofection, **29:**156
Lipofuscin, pancreatic hepatocytes, localization in peroxisomes, **20:**71
Liposomes
    cell lineage, **21:**74
    protective system, **22:**262–263
Lithium
    Xenopus dorsoanterior axis formation, **30:**262, 271, 272
    zygote–early blastocyst relationship, **39:**55
Lithium chloride, treatment of embryos, **33:**198–199
Liver
    brain-specific genes, **21:**120–122, 126–128, 143, 145
    cells development, epidermal growth factor receptor gene effects, **35:**88–90
    epidermal growth factor receptor, **24:**7–8, 18
    insulin family peptides, **24:**138, 151–153

Liver *(continued)*
  proteins, **24**:197, 200
  synapse formation, **21**:290
  transforming growth factor-β, **24**:115, 121, 123–125
L1 layer, in plants, **28**:50
L2 layer, in plants, **28**:50
l(3)13m-281 mutation, **27**:284, 293–294
l(3)7m-62 mutation *(Drosophila)*, **27**:295
Localization
  actin-binding proteins, **26**:36, 39, 41
  actin organization in sea urchin egg cortex, **26**:9
  anillin and 95F myosin, **31**:184–186
  anterior, **31**:154–158
  of *bicoid* message, **26**:23–33
  brush border cytoskeleton, **26**:96–97, 104–111
  chicken intestinal epithelium, **26**:131, 137
  cytological preparations, **31**:9–14
  cytoplasm
    Chaetopterus eggs, **31**:8–16
    function of CCD, **31**:22–23
    microtubule role, **31**:79–83
  cytoskeleton positional information, **26**:1–3
  developmental determinants, **31**:143–150
  keratin gene expression, **22**:198–201
  microtubule motors in sea urchin, **26**:76, 79, 82
  movements, in living eggs, **31**:8–9
  myoplasmic cytoskeletal domain, **31**:254–255
  protein kinase C in eggs and embryos, **31**:311–312
  reorganization in frog egg, **26**:59–61
  RNA
    Drosophila oocytes, **31**:139–164
    Xenopus cortical cytoskeleton, **31**:440–442
  specific mRNAs, **31**:237–239
Locomotion, blebbing, deep cells, **31**:369–370
Locus activation region, **30**:191–192
Locus ceruleus (LC)
  neocortex innervation, **21**:418, 419
    monoamine, **21**:416
    noradrenergic, **21**:394, 406–407
  visual cortical plasticity, **21**:374
    electrical stimulation, **21**:382–383
    6-OHDA, **21**:369, 372–373
lodestar mutation *(Drosophila)*, **27**:285, 294
Lolium temulentum, floral determination, **27**:27–29
Long terminal repeat element, recombination hotspot identification, **37**:45, 50

Loss-of-function gene studies
  alleles affecting profilin transcript, **31**:177
  overview, **36**:77
Low-density lipoprotein
  epidermal growth factor receptor, **24**:12
  transforming growth factor-β, **24**:115, 121, 123–125
Lox-2, **29**:119
L-Plastin, brush border cytoskeleton, **26**:95, 105
l(1)TW-6^{CS} mutation *(Drosophila)*, **27**:302
Lumbosacral sympathetic ganglia
  dissection, **36**:162–163
  dissociation, **36**:166–167
Luminal fluid
  epididymal
    microenvironment, **33**:64–66
    oxygen tension, **33**:72–73
  GGT activity, **33**:78–80
Lungs
  development, epidermal growth factor receptor gene effects, **35**:92–93
  epidermal growth factor, **22**:177–178
  epidermal growth factor in mice, **24**:32, 35, 47–50
Lurcher cell lineage, **21**:84–86, 88–90
Luteinizing hormone
  epidermal growth factor receptor, **24**:10
  fibroblast growth factor, **24**:70
  mammalian female meiosis regulation, **37**:366–367
  oocyte growth, **30**:104, 111–112
  oocyte meiosis resumption induction
    follicle maturation role, **41**:166–167
    germinal vesicle breakdown induction, **41**:170
    granulosa cell population heterogeneity, **41**:167–168
    meiosis-activating sterol role, **41**:174–178
  proteases, **24**:227
  serum, after therapeutic abortion, **23**:82
Lx mutation (tomato), **28**:73
Lymphocytes
  homing, **30**:15
  transforming growth factor-β, **24**:109, 115, 120–121
Lymphokines, transforming growth factor-β, **24**:121
Lysin, **30**:85
Lysine, human keratin genes, **22**:8
Lysosomal proteinase, **24**:232–234
Lysosomes
  chicken intestinal epithelium, **26**:126

Subject Index

epidermal growth factor, **24**:18, 33
insulin family peptides, **24**:142–143
proteases, **24**:222, 243
proteins, **24**:212
    cathespin L, **24**:200–202, 204
    motogen-regulated protein, **24**:195–197
transforming growth factor-β, **24**:101, 103

M

a$_2$-Macroglobulin
  proteases, **24**:226, 230, 232–234
  transforming growth factor-β, **24**:100–101
Macroglomerular complex (MGC), axon-target cell interactions, **21**:344
Macromeres, leech, **29**:110, 112
Macrophages
  avian embryo, Ia-positive, thymus, **20**:306, 309
  epidermal growth factor receptor, **24**:3, 8
  fibroblast growth factor, **24**:82–83
  neutrophils, adult inflammatory response, **32**:177
  proteases, **24**:233–234
  recruitment to wound surface, **32**:193
  transforming growth factor-β, **24**:109, 121–122
MADS box, **29**:37
Magnesium
  actin organization in sea urchin egg cortex, **26**:11
  microtubule motors in sea urchin, **26**:76, 80
Maize leaf
  auxin flow in, **28**:66–67
  bundle sheath cell lineage, **28**:68
  cell fate acquisition, **28**:55–56
  clonal analysis, **28**:51
  epidermal organization, **28**:61
  histological analysis, **28**:61, 67–68
  initiation, **28**:55
  Knl mutation, **28**:72
  ligular region, **28**:59–60
  meristematic regions of cells division, **28**:59–60
  nomenclature, **28**:48
  phytomers, **28**:51
  shape heteroblasty, **28**:70–73
  shoot apical meristem, **28**:50–51
  vascular differentiation, **28**:64–67
  waxes on surface and cell walls, **28**:63–64
Major excreted protein
  proteases, **24**:232–234

proteins, **24**:194, 201–203, 205
Major histocompatibility complex
  class I alleles, genetic imprinting, **29**:243
  mammalian germ line recombination conversion, **37**:13–14
  recombination hotspots, **37**:44–46
Malic enzyme, *in situ* histochemical localization, **27**:237
Mammals, *see also specific species*
  development, paternal effects, **38**:3–6
  early development, **31**:277–280
  eggs
    acquisition procedure, **31**:307–308
    detergent extraction, **31**:282–284, 287
    intermediate filament network remodeling, **31**:277–315
  eggs and embryos, detergent extraction, **31**:308–311
  germ line recombination, **37**:1–26
    crossing over, **37**:8–12
      physical versus genetic distances, **37**:10–11
      recombination hotspots, **37**:11–12
      sex differences, **37**:9–10
    disease, **37**:18–22
    gametogenesis study problems, **37**:3–7
      experiment size, **37**:6–7
      meiotic product recovery, **37**:3–4
    gene conversion, **37**:12–18
      evolutionary evidence, **37**:13
      gene conversion measurement strategies, **37**:15–18
      major histocompatibility complex, **37**:13–14
    genetic control, **37**:22–26
      early exchange genes, **37**:22–23
      early synapsis genes, **37**:23–24
      late exchange genes, **37**:24–26
    overview, **37**:2–3
  homologs of nematode programmed cell death genes, **32**:150–158
  death genes, **32**:150–158
  human male nondisjunction, **37**:383–402
    etiology, **37**:393–400
      aberrant genetic recombination, **37**:396–397
      age relationship, **37**:394–396
      aneuploidy, **37**:397–400
      environmental components, **37**:400
      infertility, **37**:397–400
    future research directions, **37**:400–402
    overview, **37**:383–384

Mammals *(continued)*
  study methodology, **37:**384–393
    aneuploidy, **37:**384–393
    male germ cells, **37:**387–393
    trisomic fetuses, **37:**384–386
  humans, *see* Human biology
  ion channel signaling
    ionic environment influence, **34:**123
    long-range gametic communication, **34:**130–131
    short-range gametic communication, **34:**137–144
  meiosis regulation
    female genetic control, **37:**359–376
      checkpoint control, **37:**372–374
      chromosome role, **37:**368–370, 374–375
      competence, **37:**340–342, 365–366
      fetal development role, **37:**361–362
      follicle growth period, **37:**364–368
      future research directions, **37:**375–376
      initiation, **37:**361–362
      meiosis resumption, **37:**364–367
      meiotic errors, **37:**360–361
      metaphase–anaphase transition, **37:**370–374
      metaphase II arrest, **37:**374–375
      oocyte growth period, **37:**365–366, 368
      overview, **37:**359–360
      pachytene quality control mechanisms, **37:**362–364
      periovulatory hormonal stimuli, **37:**366–367
      spindle formation, **37:**368–372
    sexual dimorphism, **37:**333–352
      gametogenesis role, **37:**336–339
      metaphase arrest, **37:**342–345, 351
      oogenic gap$_2$/mitotic phase transition, **37:**339–345
      overview, **37:**333–335
      prophase gametic function, **37:**350–351
      prophase onset regulation, **37:**335–336
      spermatogenic gap$_2$/mitotic phase transition, **37:**346–350
  meiotic gene expression
    expressed genes, **37:**148–178
      CDC2 protein, **37:**163–164
      cell cycle regulators, **37:**162–165
      cyclin, **37:**163–164
      cytoskeletal proteins, **37:**174–175
      DNA repair proteins, **37:**152–155
      energy metabolism enzymes, **37:**172–174
      growth factors, **37:**166–167
      heat-shock 70-2 protein, **37:**163–164
      histones, **37:**149–151
      intercellular communication regulators, **37:**165–168
      kinases, **37:**169–170
      lamins, **37:**149
      neuropeptides, **37:**167
      nuclear structural proteins, **37:**149–152
      phosphodiesterases, **37:**170
      promoter-binding factors, **37:**157–160
      proteases, **37:**175–177
      receptor proteins, **37:**168
      regulatory proteins, **37:**170–172
      RNA processing proteins, **37:**160–162
      signal transduction components, **37:**169–172
      synaptonemal complex components, **37:**151–152
      transcriptional machinery, **37:**160
      transcription factors, **37:**155–157
      tumor-suppressor proteins, **37:**164–165
    overview, **37:**142–146, 178–181
    RNA synthesis, **37:**147–148
  meiotic protein function analysis, **37:**201–232
    candidate protein selection, **37:**216–228
      biological activity involvement, **37:**217–223
      cell cycle progression, **37:**223
      family connections, **37:**223–225
      knockout comparisons, **37:**225–227
      meiotic involvement, **37:**216–217
      mismatch repair proteins, **37:**221–222
      mitotic proteins, **37:**223
      polymerases, **37:**222–223
      Rad51 protein, **37:**217–219
      Rpa protein, **37:**219–221
    chromosome aberration analysis, **37:**228–230
    marker antibodies, **37:**211–214
    meiotic process, **37:**203–207
    observation methods
      current methods, **37:**208–211
      historical perspectives, **37:**207–208
    overview, **37:**201–203, 230–232
    spatial resolution, **37:**214–216
    temporal resolution, **37:**214–216
    yeast comparison, **37:**231
  model systems, cytoskeletal dynamics during fertilization, **31:**332–339
  mouse, *see* Mouse
  myogenesis, **38:**60–62

Subject Index

myogenic helix–loop–helix transcription factor myogenesis, mutational analysis, **34:**183–188
primates, *see* Primates
reporter constructsfor active chromosomal domains, **28:**195–196
sex determination, **34:**1–18
  DSS locus, **34:**16–17
  Müllerian inhibitory substance, **34:**13–14
  overview, **34:**1–2
  SOX9 gene, **34:**15–16
  SRY gene, **34:**2–7
    gonadogenesis, **34:**2–3
    transcription, **34:**3–5
    transcript structure, **34:**5–7
  SRY protein, **34:**7–13
    DNA-binding properties, **34:**8–9
    high mobility group box, **34:**7–8
    transcript activation, **34:**9–12
  steroidogenic factor 1, **34:**14–15
  Tas locus, **34:**16–17
  testis-determining factor, **34:**1–2
  Wilms' tumor-associated gene, **34:**15
sex determination, *Sry* role, **32:**1–29
stromelysin-3 gene, **32:**226–227
Mammary glands
  development, epidermal growth factor receptor gene effects, **35:**95–97
  epidermal growth factor in mice, **24:**41–43, 46, 49
  transforming growth factor-β, **24:**115
Manduca
  neural reorganization, **21:**342, 343, 346, 348, 352, 359, 363
  neuronal death, **21:**100, 102–104, 107, 109–111
Mangold Organizer, *see* Organizer
Mannitol
  pollen embryogenesis induction, **20:**401–402
  pollen isolation, **20:**403
Mannose-6-phosphate
  insulin family peptides, **24:**142
  proteases, **24:**232–234
  proteins, **24:**195–197, 200
  transforming growth factor-β, **24:**101–102
Mannose-6-phosphate receptor, IgfIIr protein, **29:**240
Manubrium, medusa, regeneration from isolated tissues, **20:**119, 126–127, 130
MAP, *see* Microtubule-associated proteins
MAP kinase phosphatases, inactivation of p42 and p44, **33:**13

MAP kinases
  activation, **33:**37–38, 41–42
  family, **33:**3–10
  identification, **33:**14–15
  p42 and p44 activation, **33:**11–13
  pathway
    components, **33:**10–18
    ramifications, **33:**18–21
Marginal meristem concept, **28:**54
Marginal zone
  actin-binding proteins, **26:**39, 41
  developmental potential, quantification, **28:**169–170
  inductive and inhibitory effects, **28:**166–169
Markers, *see also* Probes
  blastomeres injected with, **32:**104, 106, 119–121
  embryonic induction in amphibians, **24:**265–267
  mammalian germ line phenotype, **37:**7
  mammalian protein meiotic function analysis, **37:**211–214
  molecular
    Dictyostelium prestalk cells, **28:**4
    urogenital ridge, **32:**10–11
  neuroretina cells
    flow cytometric quantification, **36:**216–217
    organocultured cells, **36:**141–142
  quail–chick chimera studies
    antibodies, **36:**3
    nucleic probes, **36:**3–4
    nucleolus, **36:**3
  recombination polarity effects, **37:**40–44
  selective embryonic brain cell aggregation visualization, **36:**207–208
  Sertoli cell development, **32:**12
  sex-related differences, **38:**208–209
Marsupials
  blastocysts
    axis formation, **27:**226
    bilaminar
      complete, **27:**217
      embryonic area, versus medullary plate, **27:**216–217
      formation, **27:**211–214
      polarity renewal, **27:**215
      primary endoderm cells, **27:**215–216
    trilaminar
      cell lineages in, **27:**219–220
      formation, **27:**217–218
      mesoderm formation, **27:**218–219

Marsupials *(continued)*
  unilaminar
    characterization, **27:**205–206
    expansion and growth, **27:**209–211
    formation, **27:**207
    structure, **27:**207–209
  cell fate specification, **27:**224–225
  cleavage, **27:**191–205
    blastomere-blastomere adhesion, **27:**201–202
    blastomere regulation, **27:**224
    blastomere-zona adhesion, **27:**198–199
    cell divisions during, **27:**204–205
    cell populations during, **27:**202–203, 222–224
    cytoplasmic emissions, **27:**191
    extracelluar matrix emission, **27:**192–193
    patterns, **27:**194–198
    sites, **27:**193–194
    yolk elimination, **27:**192
  egg envelopes
    mucoid, **27:**189–190
    shell, **27:**190–191
    zona pellucida, **27:**189
  fertilization
    activation effects, on nuclear polarity, **27:**187–188
    polar and radial patterns during, **27:**187
    sperm-egg interactions, **27:**186–187
    timing of events, **27:**183, 185–186
    in vivo, **27:**186
  oocytes
    apolar state, **27:**178–179
    cytoplasmic polarity, **27:**180–181
    nuclear polarity, **27:**179–180
    ovulation, **27:**182–184
    polarity, investments, **27:**221–222
    vitellogenesis, **27:**181–182
  pouch wound healing, **32:**196–197
Mash2 gene, genomic imprinting, dose-dependent abortion, **40:**271–273
Mast cell growth factor, **29:**197
Mast cells, mouse
  connective tissues
    bone marrow origin, mutant studies, **20:**326–327, 329–330
    differentiation from blood-migrating hemopoietic stem cells, **20:**329–331
    functions, **20:**325
  differentiation from thymus cells cultured on skin fibroblasts, **20:**327, 329

  induction by interleukin 3 from T cells, **20:**329
  from peritoneal cavity
    dedifferentiation, **20:**330–331
    development in bone marrow suspension, **20:**328
    properties, **20:**330
Mastermind neurogenic gene, **25:**36
Mastoporan, pathfinding role, **29:**161
MATa2, homoedomain, **29:**4
Maternal control mechanisms, pattern formation, **39:**73–113
  anterior–posterior polarity, asymmetry establishment, **39:**78–81
  blastomere development pathways, **39:**111–113
  blastomere identity gene group, **39:**90–111
    AB descendants, **39:**91–92
    anterior specificity, **39:**102–106
    intermediate group genes, **39:**106–111
    P_1 descendants, **39:**91–102
    posterior cell-autonomous control, **39:**92–97
    specification control, **39:**91–92
    Wnt-mediated endoderm induction, **39:**97–102
  cytoskeleton polarization, **39:**78–81
    anterior–posterior polarity, **39:**78–81
    germline polarity reversal, **39:**89–90
    mes-1 gene, **39:**89–90
    par group genes, **39:**82–90
    par protein distribution, **39:**84–86
    sperm entry, **39:**81–82
  early embryogenesis, **39:**75–76
  intermediate group genes, **39:**106–111
    mutant phenotypes, **39:**108–111
    products, **39:**106–108
  overview, **39:**74–82
Maternal determinants, marsupial cell fate, **27:**223–224, 226–227
Maternal effects
  Drosophila development, paternal–maternal contribution coordination, **38:**15–19
  mutations, *Drosophila* embryo development, **34:**100–102
Maternal histone, sperm nuclei to male pronuclei transformation, **34:**33–40
Matrix, *see also* Extra cellular matrix
  bundles
    formation during neurogenesis, **20:**234–235

Subject Index

    neuroblast guidance during corticogenesis, **20**:235–238
    cell cycle, kinetics, **20**:225–226
    cell interactions, somitogenesis, **38**:237–238
    differentiation into neuroblasts, **20**:224–226
        major, **20**:226–229
        minor, **20**:226–228
    DNA synthesis, time course, **20**:225–226
        cytodifferentiation, **20**:226–228
        S phase length increase, **20**:227–229
    elevator movement in neural tube wall, **20**:224–225
    GFAP absence, **20**:233–234
    neuron production, **20**:223–224
    Reeler mutant, transitory abnormality, mouse, **20**:237, 239–241
    vimentin, transitory expression, **20**:230–231, 233
Maturation
    competence, **30**:126–127
    divisions, *Tubifex,* **31**:198–199
    human oocytes, **32**:61–63
    keratin filament disassembly, **31**:464–469
    oocyte, unstimulated cycles, **32**:91–92
    oocytes
        Chaetopterus, **31**:9–11
        Xenopus, **31**:394–400, 409, 413–414
    sperm, acrosome reaction, **32**:64–67
Maturation-promoting factor
    activation mechanism, **30**:133–137
    calcium regulation, **30**:29
    cAMP cascade, **30**:125–126
    cell cycle role, **29**:305
    centrosome targets, **28**:138
    characterization, **30**:129, 131–132
    competence acquisition, **28**:138–139
    effect on cytokeratin filament, **30**:221
    homolog in Drosophila, **27**:280
    nuclear transplantation, **30**:155, 160–161
    oocyte arrest, **32**:69–70
    oocyte maturation, **30**:119–120, 126–127, 127–127
    receptor, **30**:125–126, 137
    resumption of meiosis, **28**:138–139
    species comparison, **30**:130–132, 135, 137–138
Maturation spot, **30**:241–242
M-CAT binding factor, sarcomeric gene expression, **26**:158–159, 162, 164
MCD, *see* Myoplasmic cytoskeletal domain
MCP/CD46, **30**:49

mdg mutation, studies using aggregation chimeras, **27**:263
Mec-3, **29**:37
Mechanical deformation, archenteron, **33**:202–205
Mechanical integrator, hyaline layer as, **33**:220–222
Mechanosensory neurons
    recycling
        inductive mechanisms, **21**:355, 357
        pupal stage, **21**:354–355
        topographic projections, **21**:352–354
    synapse formation, **21**:285
Meckel's syndrome, characteristics, **39**:261
Medaka, transgenic fish development, **30**:200–201, 204
    ooplasmic segregation, **31**:352–355
    zygotes, microtubules, **31**:356–359
Media
    dissociation, **32**:127
    vitrification, **32**:87
Medial palatal epithelium, epidermal growth factor, **22**:180, 182, 187
Median hinged point
    cell rearrangements during neurulation, **27**:147
    formation during neural plate bending, **27**:137–139
    orientation cranial to Hensen's node, **27**:147
Mediolateral intercalation
    cello interactions during, **27**:71–72
    convergence and extension by, **27**:68–70
        noninvoluting marginal zone, **27**:70
    protrusive activity during, **27**:70–71
    simultaneous mesodermal cell migration, **27**:73–74
Medulla
    axon-target cell interactions, **21**:317
    monoclonal antibodies, **21**:268
Medullary cystic disease, characteristics, **39**:261
Medullary plate, marsupial embryonic area, **27**:216–217
Medusa
    endoderm, subumbrella plate
        differentiation *in vitro*
            conversion into all cell types in regenerate, **20**:128, 131–132
            destabilization by striated muscle, **20**:128–131
            stability, **20**:126, 128
        isolation, **20**:122

Medusa *(continued)*
  organs and tissues, **20:**118–119
  striated muscle, mononucleated
    differentiation *in vitro*
      conversion into smooth muscle and y
        cells, **20:**123–124
      destabilization, **20:**123
      manubrium regeneration, **20:**124–127
      stability, **20:**122–123
    isolation, **20:**119–122
MEF-2 binding site, **29:**37
mei-41 mutation *(Drosophila)*, **27:**286
mei-9 mutation *(Drosphila)*, **27:**286
Meiosis
  chromosome cores, *see* Chromosomes,
    prophase cores
  chromosome nondisjunctions, *see*
    Chromosomes, nondisjunction
  chromosome pairing, *see* Chromosomes,
    pairing
  chromosome segregation, *see* Chromosomes,
    bivalent segregation
  DNA repair, *see* DNA, double-stranded breaks
  function, **37:**317–319
  gonadotropin-induced resumption in oocytes,
    41:163–179
    fertility implications, **41:**178–179
    follicle maturation, **41:**166–167
    gonadotropin receptor localization,
      41:167–168
    granulosa cell population heterogeneity,
      41:167–168
    meiosis-activating sterol role, **41:**174–178
    oocyte maturation, **41:**168–169
    overview, **41:**163–165
    ovulation induction, **41:**168–169
    preovulatory surge effects, **41:**166–167
    signal transduction pathways, **41:**169–175
      calcium pathway, **41:**174
      cyclic adenosine 5′-monophosphate,
        41:170–172
      inositol 1,4,5-triphosphate pathway,
        41:174
      meiosis-activating sterols, **41:**174–175
      nuclear purines, **41:**173–174
      oocyte–cumulus–granulosa cell
        interactions, **41:**169–170
      phosphodiesterases, **41:**172–173
      protein kinase A, **41:**172–173
  male *(Drosophila)*, **27:**297–300
  mammalian protein immunolocalization
    function analysis, **37:**201–232
    candidate protein selection, **37:**216–228
      biological activity involvement,
        37:217–223
      cell cycle progression, **37:**223
      family connections, **37:**223–225
      knockout comparisons, **37:**225–227
      meiotic involvement, **37:**216–217
      mismatch repair proteins, **37:**221–222
      mitotic proteins, **37:**223
      polymerases, **37:**222–223
      Rad51 protein, **37:**217–219
      Rpa protein, **37:**219–221
    chromosome aberration analysis,
      37:228–230
    marker antibodies, **37:**211–214
    meiotic process, **37:**203–207
    observation methods
      current methods, **37:**208–211
      historical perspectives, **37:**207–208
    overview, **37:**201–203, 230–232
    spatial resolution, **37:**214–216
    temporal resolution, **37:**214–216
    yeast comparison, **37:**231
  meiotic drive, **37:**96–109
    chromosomal sterility, **37:**100–109
      metaphase mitotic model, **37:**106–109
      pairing site saturation, **37:**103–105
      X-autosome translocations, **37:**100–101
      X-inactivation, **37:**105–106
      Y-autosome translocations, **37:**100–101
      y^+Ymal^+ chromosome, **37:**102
    distorted sperm recovery ratios, **37:**96–98
    sex chromosome rearrangements, **37:**96–98
    spermatid elimination effects, **37:**98
    sperm dysfunction, **37:**98
    target specificity, **37:**98–99
microtubule motors in sea urchin, **26:**75
nuclear envelope changes, **35:**56–59
proteases, **24:**246
recombination, *see* Recombination
regulation
  cell cycle machinery regulation,
    37:311–314
    candidate regulators, **37:**312–314
    Dmcdc2 mutant activity control, **37:**311
    twine mutant activity control, **37:**311,
      325–326
  cytokinesis, **37:**319–325
    contractile ring assembly, **37:**321
    Drosophila germ line, **37:**322–324
    yeast budding, **37:**322–324
  differentiation coordination, **37:**314–315

mammalian female genetic control,
37:359–376
checkpoint control, **37**:372–374
chromosome role, **37**:368–370, 374–375
competence, **37**:340–342, 365–366
fetal development role, **37**:361–362
follicle growth period, **37**:364–368
future research directions, **37**:375–376
initiation, **37**:361–362
meiosis resumption, **37**:364–367
meiotic errors, **37**:360–361
metaphase–anaphase transition, **37**:370–374
metaphase II arrest, **37**:374–375
oocyte growth period, **37**:365–366, 368
overview, **37**:359–360
pachytene quality control mechanisms, **37**:362–364
periovulatory hormonal stimuli, **37**:366–367
spindle formation, **37**:368–372
meiosis entry, **37**:309–311
overview, **37**:301–309
male meiotic mutant identification, **37**:309
morphology, **37**:304–309
spermatogenesis, **37**:302–304
second meiotic division regulation, **37**:315–317
sexual dimorphism, **37**:333–352
gametogenesis role, **37**:336–339
metaphase arrest, **37**:342–345, 351
oogenic gap$_2$/mitotic phase transition, **37**:339–345
overview, **37**:333–335
prophase gametic function, **37**:350–351
prophase onset regulation, **37**:335–336
spermatogenic gap$_2$/mitotic phase transition, **37**:346–350
spindle formation, **37**:317–319, 368–372
reinitiation, **28**:126
reorganization in frog egg, **26**:54, 56, 61
resumption, **28**:138–139
strategies during, **28**:131–137
unfertilized oocytes
centrosomes, **23**:45–46, 48–49
chromosomes
effects of microfilament inhibitors, **23**:32–33
peripheral nuclear antigen-ensheathed, **23**:40–41
microtubule-containing spindle, **23**:35, 37

vertebrate growth factor homologs, **24**:309–311
Meiosis-activating sterols, oocyte meiosis resumption role, **41**:174–178
MEK kinase, role in MAP kinase activation, **33**:14
Meks, activation of p42 and p44, **33**:11–13
Melanin, amphibian melanophores, MSH effects, **20**:80, 82, 85
Melanoblasts, neural crest cell migration, **40**:199–202
Melanocytes
avian
formation by spinal ganglia in culture embryogenesis, **20**:203–204
12-*O*-tetradecanoylphorbol-13-acetate, **20**:204
formation from crest cell clusters in culture, substrate effects, **20**:205
mammalian
development *in vitro* from unpigmented skin cells, human, **20**:336–337
morphology, **20**:335
steel factor effect, **29**:200–201
Melanocyte-stimulating hormone (MSH), melanophore response, **20**:79–80, 82–83, 85
Melanoma B16C3, mouse
clones, size and pigmentation, **20**:339
commitment after stabilization, **20**:340
depigmentation at low pH, **20**:340
pigmented cell development from unpigmented cells, **20**:336–337
inhibition by high pH, **20**:337–338
stochastic initiation event, **20**:338
Melanophores, *Rana catesbeiana*
conversion from
iridophores, **20**:80–82
xanthophores, **20**:82, 203
conversion into iridophores, **20**:84–85
proliferation in culture, **20**:80
responsiveness to MSH, **20**:79–80, 82–83, 85
Membrane attack complex inhibitory protein, **30**:49
Membrane cofactor protein, **30**:49
Membrane cytoskeletal dynamics, egg spectrin and dynamin, **31**:119–123
Me mutation (tomato), **28**:73
MEP, *see* Major excreted protein
Mercurialis annua, sex determination, **38**:189–190

Meristems
  marginal, **28:**54
  mutants, *Arabidopsis thaliana*, **29:**344–347
  N. tabacum
    floral determination in, **27:**11–17
    nodes prior to flowering, **27:**5–8
Mesenchyme
  axon-target cell interactions, **21:**330
  chicken intestinal epithelium, **26:**126
  embryonic induction in amphibians, **24:**275
  embryonic wound, contraction, **32:**189–190
  epidermal growth factor, **22:**178, 180, 182, 187
  epidermal growth factor in mice, **24:**52
    morphogenesis, **24:**37, 40, 375
    receptor, **24:**41, 43, 46, 47
  epithelial–mesenchymal interactions
    ECM, **24:**50–51
    lungs, **24:**48–50
    morphogenesis, **24:**35, 40
    overview, **24:**31, 41, 51–52
    teeth, **24:**47–49
  fibroblast growth factor, **24:**58, 85–86
    mesoderm induction, **24:**62
    vascular development, **24:**79–80
  importance in epithelial development, **32:**225–227
  insulin family of peptides, **24:**152
  keratin
    expression patterns, **22:**123
    hair and nail, **22:**161
  kidney development
    experimental analysis, **39:**275–282
    genetic analysis, **39:**267–268
  nerve growth factor, **24:**175
  primary, morphogenesis and ingression, **33:**171–176
  proteases, **24:**222, 242
  proteins, **24:**208
  sea urchins, **27:**152–153
  secondary mesenchyme cells
    archenteron formation, **27:**153
    conversion response, **33:**237–239
    dependent archenteron elongation, **33:**196–199
    filopodia attachment
      to animal hemisphere, **33:**203
      to ectoderm, **33:**196–199
    gastrulation, **33:**211–219
    morphogenesis, **33:**169
    motile repertoire, **33:**211
  spiculogenic, phylogenetic variation, **33:**240–246
  transforming growth factor-β, **24:**107, 115, 119, 125
mes-1 gene, cytoskeleton polarization, germline polarity reversal, **39:**89–90
Mesoderm
  adhesion to fibronectin-coated substrata, **27:**112–113
  amphibian embryo
    dorsolateral plate, hemopoietic cell origin, **20:**319–322
    ventral blood island, hemopoietic cell origin, **20:**319–322
  central nervous system development, retinoid effects, **40:**119
  deep
    cell behavior, **27:**69–70
    role in convergence and extension (*Xenopus*), **27:**68
  development onset, **33:**265
  dorsal, inductive signaling, **32:**123–125
  dorsalization, *Danio rerio* dorsal gastrula organizer role, **41:**12–14
  early myogenic subdivision, **38:**37–39
  embryonic induction in amphibians, **24:**263, 265, 267
    dorsolization, **24:**279
    modern view, **24:**268–274
    neural induction, **24:**279
    research, **24:**281–283
  fibrillar matrix interaction, disruption with
    Arg-Gly-Asp peptides, **27:**115–116
    Fab' fragments of anti-fibronectin IgG, **27:**113
    heparin, **27:**117
    tenascin, **27:**116–117
  fibroblast growth factor, **24:**62–64
  formation (chick embryo), **28:**175–176
  induction, **30:**257, 259–260, 268, 270, 274
    assay, **30:**259–260, 269
    chick embryo, **28:**173–175
    comparison to dorsalization, **30:**274–275
    dorsal bias independent, **32:**129–130
    Xenopus laevis, **33:**36–38
  insulin family peptides, **24:**151, 154
  intermediate, *Lim-1* expression, **32:**11
  involution, **27:**77–78
  marsupial, formation, **27:**218–219
  mesodermal belt, **30:**257–258
  migration

Subject Index

cell interactions, **27**:63–64
cell motility during, **27**:61–62
changes at onset, **27**:62–63
as coherent stream, **27**:53–54
extraacellular matrix cues for (amphibian), **27**:59–61
fibronectin role, **27**:57–59
function in amphibian gastrulation, **27**:65–66
initiation, **27**:96–97
mesoderm movement, **27**:51–53
probes for disruption, **27**:113–119
simultaneous mediolateral intercalation, **27**:73–74
substrate, **27**:57–59
tenascin effects, **27**:116–117
urodeles, **27**:116
Xenopus, **27**:115
neural crest, differences in contribution, **25**:106
paraxial mesoderm somitogenesis
cellular oscillators, **38**:249–252
prepatterns, **38**:241–246
specifications, **38**:231–236
proteases, **24**:235, 236
proteins, **24**:211
protrusive activities during medialateral intercalation, **27**:70–71
tissue, *Pax* gene expression, **27**:371
vertebrate growth factor homologs, **24**:300, 304, 308, 315, 319
vertebrate limb dorsoventral patterning studies, **41**:52–53
zebrafish
nonsomitic, gene expression, **29**:89
somitic, gene expression, **29**:8–89
Mesoderm-inducing factor, *see also* XTC-MIF
embryonic induction in amphibians, **24**:262, 271, 274–276
Mesometrial–antimeosometrial axis, early embryo development, conventional view, **39**:44–45
Mesonephros
amphibian embryo, hemopoietic site, **20**:321–322
cord formation, **32**:13–14
primordial germ cells entering gonad via, **32**:7
Messenger RNA
actin-binding proteins, **26**:36, 50
α- and β-crystallin, chicken embryo

lens cells during embryogenesis, **20**:144–145
retinal cells during transdifferentiation, **20**:144–147
α-and β-tubulin, **31**:71
Anl-3, **32**:114
B/C and D/E protein, gene expression, **33**:64–66
bicoid message localization, **26**:23–33
β-keratin genes, **22**:236, 251
expression, **22**:239–240, 243–247
localization, **22**:247–248
pCSK-12 probe, **22**:240–243
brain-specific genes, **21**:118–119, 126–128, 147–148
brain-specific protein 1B236, **21**:129, 132, 134, 138–139
clonal analysis, **21**:123–126
expression, **21**:143
rat brain myelin proteolipid protein, **21**:140–142
RNA complexity studies, **21**:120–123
brush border cytoskeleton, **26**:110–111
chicken intestinal epithelium, **26**:133–135
c-mos, **28**:140
cortical, distribution, **31**:10
CRES, localization, **33**:69–70
critical for oocyte patterning, **31**:143–150
cyclin, in *Drosophila,* **27**:290
cytoskeleton positional information, **26**:1–2
distribution, **30**:218–219, 221–222, 236
ecmA and *ecmB* genes, **28**:19
embryonic induction in amphibians, **24**:266, 271, 275, 278, 281, 283
3' end, interaction with intermediate filaments, **31**:20–21
endogenous, storage during oocyte growth, **28**:130
epidermal growth factor, **22**:191–192
epidermal growth factor and mice, **24**:32, 34, 46
receptor, **24**:8–13, 17, 22
fibroblast growth factor, **24**:60, 63, 65, 84
GGT, **33**:78–87
homeo box gene transcripts
human, **23**:244
murine, **23**:240–246
Xenopus, **23**:246
human keratin genes, **22**:21, 25–26
ICE, **32**:157
insulin family peptides, **24**:155

Messenger RNA *(continued)*
postimplantation embryos, **24:**150–152
preimplantation embryos, **24:**144
structure, **24:**139–140
keratin, **22:**2
differentiation in culture, **22:**50
experimental manipulation, **22:**90
expression patterns, **22:**98
gene expression, **22:**196–197
localization, **22:**199–201
phosphorylation, **22:**55
localization, **31:**237–239
maternal, **32:**129
maternal, accumulation and distribution, **31:**391–393
mgr mutation *(Drosophila),* **27:**294–295, 298–299
mh mutation *(Drosophila),* **27:**282
microtubule-associated, translational status, **31:**82–83
monoclonal antibodies, **21:**271
nerve growth factor, **24:**164, 166, 170–171
neural reorganization, **21:**343, 362
nuclear transplantation, **30:**156, 199, 204
PEA3, **33:**86–87
polar lobes rich in, **31:**12
prespore-specific proteins *(Dictyostelium),* **28:**12
prestalk, during *Dictyostelium discoideum* development, **20:**248
prestalk-specific proteins *(Dictyostelium),* **28:**19
proteases, **24:**223–224
inhibitors, **24:**227, 231–232, 234
regulation, **24:**235, 242–248
proteins
cathespin L, **24:**201–205
ECM, **24:**208–211
mitogen-regulated protein, **24:**195–198
pupoid fetus skin, **22:**222
reorganization in frog egg, **26:**60
retinoic acid receptors, **27:**315–316
retinoid X receptors, **27:**315–316
for ribose-1,5-biphosphate carboxylase subunits, **20:**388
induction by light or cytokinin, cucumber cotyledons, **20:**388
spectrin, late blastulation, **31:**120–121
storage in egg, **31:**30
synthesis during oogenesis, **28:**130
transforming growth factor-β, **24:**109, 115, 121, 123–125

Vg1
anchored to cortex, **31:**441–442
solubilization, **31:**464
Xwnt-11, **32:**115, 117–118
Metabolism
embryos, **32:**88–91
energy metabolism enzymes, meiotic expression, **37:**172–174
Metalloproteinases, proteases, **24:**248
inhibitors, **24:**227–232
regulation, **24:**235, 238–239, 244–248
Metallothionein
brain-specific genes, **21:**120
MIS gene, **29:**176
Metallothionein gene, **30:**193
Metamere, zebrafish, **25:**104
Metamorphosis, *see also* Polymorphism
ammonia, **38:**88–90
attachment, **38:**86–87
hydrozoa, **38:**84–93
inorganic ions, **38:**88–90
insect, neural reorganization, *see* Neural reorganization
intestinal remodeling during, **32:**212–227
larval state stabilization, **38:**90–92
neuroactive substances, **38:**90
neuronal death, **21:**100–104
overview, **38:**81–84, 93–94
polyp proportioning, **38:**96–97
protein kinase C-like enzymes, **38:**87–88
signal transmission, **38:**86–87, 92–93
signal uptake, **38:**92–93
substrate selection, **38:**84–86
Metaphase
activation, **30:**29
arrest, **28:**139–140
chromosome segregation
achiasmatic division, homolog attachment, **37:**283–286
chiasmata
cohesion factor catenation, **37:**280–281
crossover correlation, **37:**269–272
crossover failure, **37:**273–274
crossover position, **37:**272–273
disjunction, **37:**269–274
homolog attachment points, **37:**269
metaphase–anaphase transition role, **37:**370–371
sister chromatid cohesion, **37:**277–283
terminal binding, **37:**274–278
orientation mechanisms, **37:**266–269

bipolar orientation recognition, **37**:267–269
bivalent structure, **37**:266–267
dyad structure, **37**:266–267
reorientation, **37**:267–269
overview, **37**:263–265, 292–293
sister chromatid attachment maintenance, **37**:290–293
centromeric region cohesion mechanisms, **37**:291–293
equational nondisjunction, **37**:290–291
meiosis II cohesion disruption mutations, **37**:292
proximal exchange, **37**:290–291
sister kinetochore function, **37**:287–290
duplication, **37**:287–288
functional differentiation, **37**:288–290
reorganization, **37**:287
spindle assembly–chromosome-mediated checkpoint, **37**:371–372
furrows, *see also* Cleavage furrows; Pseudocleavage
Drosophila mutant effects, **31**:180–181
localization of anillin and 95F myosin, **31**:184–186
positioning, **31**:173–175
gap$_2$/mitotic phase transition regulation
oogenesis, **37**:342–345
spermatogenesis, **37**:350
metaphase II arrest, **37**:343–345, 374–375
mitotic chromosome sterility model, **37**:106–109
reorganization in frog egg, **26**:56–59
Metaphase II, **30**:163–164
Metaphase-promoting factor, *see* Maturation-promoting factor
Metaplasia, *see* Transdifferentiation
Metazoa, *see also specific species*
axial diversity, **40**:231
Metencephalon, *see* Pons
Methionine, keratin
differentiation in culture, **22**:50
epidermal differentiation, **22**:43, 46
phosphorylation, **22**:54–55, 58
Methoprene, neural reorganization, **21**:359, 360
Methylation
assays, **29**:249
cytosine, **29**:246
endogenous gene, **29**:255–260
distribution, **29**:263
enhancer competition model, **29**:259
gamete, **29**:250–251

imprinted gene, **29**:251–260
imprinting involvement, **29**:260–265
overview of DNA, **29**:245–249
regulation, **29**:249–251
role in eukaryotes, **29**:247–249
transgene, **29**:251–255
distribution, **29**:263
5-Methylcytosime, eukaryotic, **29**:245–246
[Methyl-^{3}H]-thymidine, neuroretina cell proliferation assay, **36**:138, 141
Methyltransferase, **29**:245, 262
mex genes, blastomere development
identity mutations, **39**:106–111
gene products, **39**:106–108
mutant phenotypes, **39**:108–111
pathways, **39**:111–113
Microelectrodes, ion-sensitive, **30**:67
Microenvironment, luminal fluid, **33**:64–66
Microfilaments
apical, constriction, **33**:191–192
chicken intestinal epithelium, **26**:126
cortical organization of CCD, **31**:19–20
cytokeratin organization, **22**:70, 72, 74, 76–78, 80–81, 85
human keratin genes, **22**:5, 7
intermediate filament composition, **21**:151–153
keratin expression, **22**:36
latrunculin-induced disruption, **23**:25
ooplasmic segregation dependent on, **31**:214–215
optic nerve regeneration, **21**:222
teleost, identification, **31**:355–356
Xenopus contracted apices, **27**:42
Microinjection
immotile sperm into perivitelline space, **32**:68
sperm, micromanipulative techniques, **32**:74–76
transgenic fish production, **30**:180, 183, 185, 190
Micromanipulation
Beroe ovata eggs, **31**:59–60
Chaetopterus eggs, **31**:34–35
fertilization techniques, **32**:74–76
Micromeres, *see also* Blastomeres
committed to PMC differentiation pathway, **33**:173
ctenophore, **31**:43–47
different fates, **31**:58
pole plasms partitioned into, **31**:199–200
transplanted, **33**:231–233
Micronucleus, nondisjunction, **29**:299

Microscopy, *see specific types*
Microsporocyte, pachytene, **30:**128
Microsurgery
  neurulation studies, **27:**145–146
  nuclear transplantation, **30:**148, 153
Microtubule-associated proteins
  high-molecular-weight, **31:**414–417
  intermediate filament composition, **21:**175–176
  77-k Da echinoderm, **31:**72–74
  microtubule motors in sea urchin, **26:**76
  mitotic apparatus, **31:**75–77
  optic nerve regeneration, **21:**235, 237
  regulated microtubule assembly, **31:**405–417
  reorganization in frog egg, **26:**58–59
  taxol, **31:**73–75
  visual cortical plasticity, **21:**386–387
Microtubule motors
  sea urchin embryo, **26:**71–76
    ATPase, **26:**75–77, 79–80, 82, 86
    dyneins
      axonemal, **26:**76–78
      cytoplasmic, **26:**77, 79
    functions, **26:**82, 86
    kinesin, **26:**79–81
  transport of RNA species, **31:**151–153
Microtubules
  associated protein, **30:**236
  asters
    associated motor proteins, **31:**255
    interaction with
      CCD, **31:**25, 30
      cell cortex, **31:**228–229
    long, return at anaphase, **31:**328–333
  axonal, centrosomal origin, **33:**283–295
  basally radiating, **31:**172
  bicoid message localization, **26:**27–28, 30
  brush border cytoskeleton, **26:**97–98, 114
  Chaetopterus, cytoplasmic reorganization, **31:**24–25
  chicken intestinal epithelium, **26:**129
  cold-stable, **30:**225
  cortical rotation, **30:**263, **31:**447–448
  ctenophore, organization changes, **31:**51–52
  cytokeratin organization, **22:**70, 72, 74, 76–78, 80–81, 85
  cytoskeleton
    organization, **31:**186
    positional information, **26:**2–3
    remodeled during maturation, **31:**394–400
    reorganization during early diplotene, **31:**387–392
  distribution, **30:**230
  distribution during ingression, **33:**174–175
  epiboly, **31:**365–368
  fixation, modifications, **31:**191–192
  human keratin genes, **22:**5, 7
  intermediate filament composition, **21:**151–153, 174–176
  keratin expression, **22:**36
  localization of *bcd* RNA, **31:**145
  meiotic spindle, **31:**325–327
  network, **30:**117–118
  oocyte polarity, **30:**223–226
  optic nerve regeneration, **21:**222
  organization
    amphibian oogenesis, **31:**385–405
    complex with transient microtubule array, **31:**394–400
    mammalian species, **31:**328–333
    microtubule motors in sea urchin, **26:**72
    nondisjunction, **29:**302
    oocyte differentiation, **28:**127–128
    oogenesis, **30:**117–118, 226–228, 238, 240–241
    regulated microtubule assembly, **31:**405–417
    reorganization in frog egg, **26:**57–58
    sea urchin, **31:**66–67
    young egg chamber, **31:**142–143
  parallel, vegetal array, **31:**361–362
  pole plasm distribution, **31:**224
  polymerization, drugs affecting, **29:**300
  reorganization
    frog eggs, **26:**54, 67
      cell cycle, **26:**56–57
      cytoplasm, **26:**60–66
      dynamics, **26:**54–56
      MAPs, **26:**58–59
      MTOCs, **26:**57–58
    mutations affecting, **31:**151
  role in
    early mammalian development, **31:**282
    translational regulation, **31:**79–83
  sea urchin
    assembly dynamics, **31:**77–79
    organization and components, **31:**66–67
  subcortical, specification of dorsal-ventral axis, **31:**401–405
  surrounding oocyte nucleus, **31:**148
  teleost zygote, **31:**356–359
  tissue-specific cytoskeleton structures, **26:**4
  transient, **30:**242, 244
  transient, complex with MTOC, **31:**394–400

Subject Index

vertebrate growth factor homologs, **24**:305
visualization, **31**:338–339
Xenopus
  actin-binding proteins, **26**:36–38
  assembly and disassembly, **31**:412–414, 417–419
  oocytes, **31**:392–394
Microtubule-severing proteins, **31**:413–414
Microvilli
  actin organization in sea urchin egg cortex, **26**:10–11, 13–16, 18
  brush border cytoskeleton, **26**:93–94, 96–98, 112–114
    differentiation, **26**:109–110, 112
    embryogenesis, **26**:101–106
  chicken intestinal epithelium, **26**:123, 129, 131–135
  coincidence with actin filaments, **31**:105–107
  core, brush border cytoskeleton, **26**:95–96, 102, 104–109, 115
  distribution over oocyte, **31**:328
  elongate, formation after fertilization, **31**:118–119
  elongation, **31**:446
  formation, role of fascin, **31**:112–113
  local disappearance, **31**:323–325
  tissue-specific cytoskeletal structures, **26**:5
Microvillus-associated bodies, blastular, **33**:166–168
Microvillus inclusion disease, brush border cytoskeleton, **26**:114–115
Midbrain
  homeobox genes expressed in, **29**:23–27
  midbrain-hindbrain boundary, expression domains in, **29**:84–86
Migration, *see* Cell migration
Migration pathways, *see* Morphogenesis
Minisatellites, hypervariable DNA
  Holliday junction site resolution, **37**:60–65
  recombination hotspot assay, **37**:48–50
MIS, *see* Müllerian-inhibiting substance
mit mutation *(Drosophila)*, **27**:283
Mitochondria
  actin-binding proteins, **26**:36, 48, 50
  function assay, apoptosis measurement, **36**:264–265
  mitochondrial cloud
    actin-binding proteins, **26**:36–37, 48, 50
    cytoplasmic axis definition, **30**:232–233, 235
    encircled by keratin filaments, **31**:458–460

fragments, **31**:463–464
reorganization in frog egg, **26**:60
neuronal death, **21**:105
optic nerve regeneration, **21**:221–223
penetration by microtubules, **31**:389–391
rat, pancreatic hepatocyte induction, cytochemistry, **20**:73–75
reorganization in frog egg, **26**:60
Mitogen-regulated protein, **24**:101, 110, 194–199, 203
Mitogens
  development
    MAP kinase in, **33**:1–42
    role of receptor tyrosine kinase signaling branches, **33**:39–41
  epidermal growth factor, **22**:176, **24**:33, 37
  epidermal growth factor receptor, **24**:1, 12, 15–16
    embryonal carcinoma cells, **24**:22
    mammalian development, **24**:4, 7–8
    regulation of expression, **24**:17, 19
  fibroblast growth factor, **24**:86
    bone formation, **24**:67–68
    ECM, **24**:81
    genes, **24**:59–60
    limb regeneration, **24**:68–69
    mesoderm induction, **24**:64
    nervous system, **24**:66
    ovarian follicles, **24**:69
    vascular development, **24**:71–73, 75, 79, 81
  nerve growth factor, **24**:162, 171–175, 178
    IGF-I, **24**:184–185
    mitosis, **24**:178, 180, 183–185
  proteins, **24**:198–199, 204, 207
  transforming growth factor-β, **24**:115, 120
Mitomycin C, medusa tissue transdifferentiation, **20**:128, 131
Mitosis
  axon-target cell interactions, **21**:316
  bicoid message localization, **26**:24
  cell cycle strategies during, **28**:131–137
  cell fate, **32**:110–112
  cell patterning, **21**:7, 9, 11, 15
  chicken intestinal epithelium, **26**:123, 127
  chromosome separation, nondisjunction, **29**:294–295
  cleavage, ctenophore eggs, **31**:55–56
  DNA replication control, **35**:52–53
  Drosophila chromosome pairing studies, metaphase mitotic model, **37**:106–109
  fibroblast growth factor, **24**:68–69, 82

Mitosis *(continued)*
  gap$_2$ phase–mitotic phase transition
      regulation, **37:**339–350
    oogenesis, **37:**339–345
      competence initiating factors,
          37:340–342
      metaphase I arrest, **37:**342–343, 351
      metaphase II arrest, **37:**343–345
    spermatogenesis, **37:**346–350
      metaphase–anaphase transition, **37:**350
      regulating proteins, **37:**346–348
      in vitro studies, **37:**348–350
  G2–M phase transition regulation,
      39:147–148
  intermediate filament composition, **21:**159,
      163, 165, 166, 178
  keratin, **22:**3
    experimental manipulation, **22:**80–81, 85
    expression, **22:**54, 115, 121
    gene expression, **22:**201
  mammalian germ line expansion, **37:**4–5
  mammalian protein immunolocalization
      function analysis, candidate mitotic
      protein selection, **37:**223
  metanephros growth, **39:**253–254
  microtubule motors in sea urchin, **26:**75–76,
      86
  mutations, effects on *Drosophila*
    imaginal tissues, **27:**293–297
    kinesin mutations, **27:**300–302
    male meiosis and spermatogenesis,
        27:297–300
    maternal effect, **27:**286–287
    postblastoderm embryonic development,
        27:287–288
    preblastoderm embryonic development,
        27:280–286
    tubulin mutations, **27:**300–302
  nerve growth factor, **24:**162, 165, 171–175,
      177–178, 187
    cultured neuroblasts, **24:**183–184
    IGF-I, **24:**184
    insulin, **24:**178–183
    multiple factors, **24:**185–186
  neural crest lineage specification, **40:**184–186
  nuclear envelope role, **35:**54
  plasmalemma, **21:**185
  position dependent cell interactions, **21:**39, 56
  pupoid fetus skin, **22:**219
  quantal, myogenic cell lineage, **23:**188–189
  relative importance at invagination, **33:**187
  reorganization in frog egg, **26:**54, 56–57

somatic cells, nuclear lamins, **23:**39
transforming growth factor-β, **24:**115
vertebrate growth factor homologs, **24:**291,
    321
  epidermal growth factor, **24:**296, 300,
      303–304, 310–311
  transforming growth factor-β, **24:**316
Mitosis-promoting factor, nuclear envelope
    disassembly, **35:**51
Mitotic apparatus
  association with vegetal pole plasm, **31:**225
  microtubule motors in sea urchin, **26:**76, 86
  sea urchin, MAPs, **31:**75–77
Mitotic index *(Drosophila)*, **27:**293
Models, *see specific types*
Molecular markers, *see* Markers
Molgula
  convergent evolution, **31:**266
  evolutionary changes in MCD, **31:**260–264
  feature restoration, **31:**264–265
  phylogenetic analysis, **31:**258–260
  p58 localization, **31:**260–261
mom gene, endoderm induction, **39:**97–102
Monoaminergic innervation, neocortex,
    21:391–392, 403, 405–407, 416–420
Monoclonal antibodies
  A2B5, neuron-specific, reaction with neural
      crest-derived cells, **20:**205–207
  actin, **31:**106
  BL1, effect on epithelial morphology, **33:**226
  brain-specific genes, **21:**118
  cadherin adhesion control, **35:**163
  cell lineage, **21:**73
  cell patterning, **21:**11
  chicken intestinal epithelium, **26:**136
  cytokeratins, **22:**162–164, 166, 168, 170
  2E4 antigen, actin-binding proteins,
      26:41–50
  ECM-1, effect on archenteron, **33:**229
  egg activation, **30:**30–31, 49
  embryonic induction in amphibians,
      24:266–267
  human keratin genes, **22:**8, 16
  hydra-specific, recognition
    basal disc gland cells, **20:**263–265
    epidermal sensory cells, **20:**271–273, 276
    epitheloimuscular cells, **20:**263–267
    hypostome cells, **20:**265
    nerve net in peduncle, **20:**269
    tentacle cells, **20:**265–267
  intermediate filament composition, **21:**155,
      157, 170, 175

keratin, **22**:1
    differentiation, **22**:100, 115
    expression, **22**:36, 43, 98, 120
α-MB1 against quail immunoglobulin μ
    chain, staining of
    bursa of Fabricius, **20**:296–301
    thymus, **20**:296–299
microtubule motors in sea urchin, **26**:77
neural crest subset study, **36**:19–20
neural reorganization, **21**:363
neurogenesis
    antigen, **21**:266–273
    cerebellar corticogenesis, **21**:261, 263–264
    neural tube differentiation, **21**:257, 258
    optic nerve, **21**:264–266
    overview, **21**:255–256, 273–274
    spinal tract development, **21**:257, 259–262
NN18, **31**:250–254
optic nerve regeneration, **21**:219, 251
prestalk- and prespore-specific, *Dictyostelium discoideum* differentiation assay, **20**:247–248
reorganization in frog egg, **26**:65
screening
    Drosophila neurotactin protein, **28**:103–104
    fasciclin III, **28**:91
    PS integrins, **28**:96
synapse formation, **21**:278, 285, 306
    antigens, **21**:282
    TOP, **21**:297
    topographic gradient molecules, **21**:279
α-tubulin, **31**:421–422
Monocular deprivation, visual cortical plasticity
    OHDA, **21**:371–374, 376
    overview, **21**:375–376, 380
Monoecious plants
    blade regions, **28**:58
    breeding system, **38**:174–175
    epidermal differentiation, **28**:61
    evolution, **38**:180–181
    leaf development, **28**:49–50
    sex determination, **38**:182–187
        Cucumis sativus, **38**:186–187
        Zea mays, **38**:182–185
    vascular differentiation, **28**:64
Monosomy, studies using aggregation chimeras, **27**:262
Morphogenesis
    actin organization in sea urchin egg cortex, **26**:9–10
    apoptosis regulation, morphogenetic proteins, **35**:28

autonomous, PMCs, **33**:171–173
axon-target cell interactions, **21**:325
β-keratin genes, **22**:235–237, 243–247
brain-specific genes, **21**:118
cardiovascular development, homeobox role, **40**:7–10
cell lineage, **21**:66, 69
cell patterning, **21**:7, 11, 18
characteristics, **40**:93–94
chicken intestinal epithelium, **26**:125–127
Copidosoma floridanum larval caste development, **35**:132–134, 143–145
cytokeratins, **22**:155–156
embryonic cell preparation, **36**:145–159
    chick embryo explant culture, **36**:146–151
        culture conditions, **36**:151
        embryo preparation, **36**:147
        hindbrain explants, **36**:147–150
        trunk explants, **36**:147–150
        whole embryo explants, **36**:150–151
    chick embryo slice preparation, **36**:151–154
        culture conditions, **36**:154
        embryo preparation, **36**:152
        transverse slices, **36**:152–154
    experimental perturbations, **36**:158
    explant evaluation, **36**:156–158
        sectioning, **36**:157–158
        staining, **36**:157
    mouse embryo explant culture, **36**:154–156
        culture conditions, **36**:156
        embryo preparation, **36**:155
        hindbrain explants, **36**:155–156
    overview, **36**:145–146
    slice evaluation, **36**:156–158
epidermal growth factor, **22**:175, 178, 180, 182–183
gastrulation, **40**:80–84, 97
keratin, **22**:4
monoclonal antibodies, **21**:271
neural crest cell migration pathways, **40**:189–202
    characteristics, **40**:189–190
    dorsolateral migration, **40**:198–202
        environmental factors, **40**:198
        melanoblast role, **40**:199–201
        vagal level migration, **40**:201–202
    ventral migration, **40**:190–197
        dispersion, **40**:191–194
        somite invasion, **40**:194–197
neural reorganization, **21**:357, 362
neurulation, **40**:84–88

Morphogenesis *(continued)*
   position dependent cell interactions, **21**:37, 42, 52
   pregastrula and gastrula, **33**:163–170
   proteases, **24**:219–220, 249
   retinoid role, **35**:5–11
     cultured cells, **35**:10–11
     limb development, **35**:7–8
     neural crest differentiation, **35**:6–7
     palatogenesis, **35**:8–9
     phenotype mutations, **35**:9–10
     tumor response, **35**:10–11
   sarcomeric gene expression, **26**:145
   vertebrate growth factor homologs, **24**:312, 315, 317, 319, 322–323
Morphogenetic proteins, *see* Bone morphogenetic proteins
Morphogens, retinoic acid, **25**:69–70, **27**:358–359
Morphology
   axon-target cell interactions, **21**:318–319, 329
   β-keratin genes, **22**:237
   brain-specific genes, **21**:136
   brush border cytoskeleton, **26**:94, 98, 113
     differentiation, **26**:109, 111–112
     embryogenesis, **26**:100–104
   cell lineage, **21**:76, 94
   chicken intestinal epithelium, **26**:126, 133–134
   cytokeratins
     blastocyst-stage embryos, **22**:164, 166
     oocytes, **22**:157
     preimplantation development, **22**:153, 155–156
   epidermal growth factor, **22**:178, 180, 184, 191
   human embryos, **32**:77–79
   human keratin genes, **22**:30
   intermediate filament composition, **21**:151, 155, 176, 178, 180
   keratin
     developmental expression, **22**:127, 128, 147, 149
     differentiation in culture, **22**:53
     electrophoresis, **22**:137, 139
     experimental manipulation, **22**:81, 86, 93
     expression, **22**:35, 98, 119, 121–123
     filaggrin, **22**:129
     gene expression, **22**:200, 204
     genetic disorders, **22**:145–147
     localization, **22**:144
     protein expression, **22**:142–143
     keratinization, **22**:212–213
   monoclonal antibodies, **21**:255, 257, 265, 273
   neocortex innervation, **21**:399, 401, 406, 410, 420
   neural reorganization, **21**:341, 346, 348, 359–360, 362–363
   plasmalemma, **21**:185, 204
   position dependent cell interactions, **21**:42, 44, 55, 61
   pupoid fetus skin, **22**:222
   visual cortical plasticity, **21**:367
Morulas, embryonic stem cell chimera production, **36**:111–113
Mos, putative MAPKKK, **33**:14
Mosaics
   analysis
     retrospective analysis of progenitor cell numbers, **23**:133–140, 142
     techniques, **23**:123–128, **31**:179–180
   ced-3 and *ced-4* analysis, **32**:145–146
   cell lineage study, **21**:65, 69–71, 92
   cell patterning, **21**:2, 10, 13, 21
   computer simulation patterns, **27**:253–255
   early ctenophore embryo, **31**:45–46
   foreign DNA inheritance, **30**:183, 189–191
   induced by
     DNA microinjection, **23**:125–126, 134, 137, 139
     retroviral infection, **23**:134, 142
   mammalian CNS, **21**:78, 83
   markers, **21**:71–73, 76–77, **27**:237–238
   mixing, **21**:94
   monozygotic, **27**:236
   multizygotic, **27**:235
   neoplasia, **27**:255–257
   pattern analysis in aggregation chimeras
     biochemical, **27**:239–240
     patches, **27**:240–245
   retrospective analysis of progenitor cell numbers
     allocation time of germ line, **23**:140
     for entire embryo, **23**:135–136
     general observations, **23**:133–135, 142
     for germ line, **23**:138–140
     for specific cell types, **23**:136–138
   spontaneous, **23**:124
   X-chromosome inactivation, **23**:124–125, 133–134
mos gene, c-*mos* component of cytostatic factor, **28**:140
Motility
   archenteron, **33**:208

cells
　gastrulation, **27:**95
　migratory mesodermal cells, **27:**61–62
　contribution of teleost fish cytoskeleton, **31:**343–374
　PMCs, **33:**176–177
　SMCs, **33:**211
　spermatozoa, proteins in, **33:**67–68
Motor neurons
　endocrine control, **21:**350–351, 354–355, 358
　recycling, **21:**345–349
　primary
　　mean number, **32:**112
　　number increase, **32:**126–127
　　progenitors, **32:**109–110
　serotonergic, **32:**143–144
Motor proteins
　astral microtubule-associated, **31:**255
　microtubule-associated, **31:**367
Mounting, amphibian oocytes and eggs, **31:**422–423
Mouse
　adhesion molecule models, **28:**114–115
　allantois development, **39:**1–29
　　bud formation, **39:**7–8
　　chorioallantoic fusion, **39:**11–15
　　　characteristics, **39:**11
　　　genetic control, **39:**14–15
　　　mechanisms, **39:**12–15
　　　proliferation verses fusion, **39:**15
　　exocoelomic cavity development, **39:**3–7
　　fetal membrane characteristics, **39:**2–3
　　fetal therapy, **39:**26–29
　　function, **39:**20–26
　　　erythropoietic potential, **39:**23–26
　　　vasculogenesis, **39:**20–23
　　growth, **39:**8–10
　　morphology, **39:**15–18
　　　Brachyury, **39:**15–18
　　　genetic control, **39:**16–18
　　overview, **39:**1–2, 29
　　primordial germ cell formation, **39:**18–20
　　vasculogenesis, **39:**11–12
　bcl-2 deficient, **32:**154–155
　compartmentation-like processes in development, **23:**249–251
　egg–embryo axial relationships, **39:**35–64
　　blastocyst bilateral symmetry basis, **39:**56–58
　　conceptus–uterus relationship, **39:**58–60
　　conventional axes specification views, **39:**42–49

　　epiblast growth, **39:**60–63
　　overview, **39:**35–41, 63–64
　　primitive streak specification, **39:**60–63
　　terminology, **39:**41–42
　　zygote–early blastocyst relationship, **39:**49–55
　embryo explant culture
　　culture conditions, **36:**156
　　embryo preparation, **36:**155
　　experimental perturbations, **36:**158
　　hindbrain explants, **36:**155–156
　embryonic stem cells, mouse–human–primate cell comparison, **38:**142–151
　embryonic stem cells and muscle development, **33:**263–276
EPF
　content in serum
　　after embryo transfer, **23:**78, 80–81
　　pregnancy, **23:**75–76
　production in ovary, **23:**83–84
female meiosis regulation studies
　knockout genes, **37:**375–376
　pachytene quality control checkpoint, **37:**363–364
fetal lip wound, **32:**194–195
hemetopoietic lineages, development
　clonal analysis of stem cell differentiation
　　in vivo, **25:**164–168
　　background, **25:**164
　　reconstituted animals, animals, analysis, **25:**164–167
　　regulation *in vivo,* **25:**167–168
　conclusions, **25:**173–174
　differentiation process, **25:**155–157
　isolation and characteristics of stem and progenitor cells, **25:**157–164
　　background, **25:**157–158
　　development lineage scheme, **25:**162–164
　　purification of precursor cells, **25:**158–159
　　in vivo analysis, **25:**160–161
　stem cell development *in vivo,* analysis, **25:**168–174
　　background, **25:**168
　　bone marrow cultures, growth analysis, **25:**168–170
　　growth, analysis of with defined growth factors, **25:**170–171
　　regulation *in vivo,* **25:**171–173
homeo box genes and their expression, **23:**237–246

Mouse *(continued)*
  kidney formation, **39:**246–249
  myogenic helix–loop–helix transcription factor myogenesis, mutational analysis, **34:**183–188
  nuclear transfer from blastomere to enucleated zygote, **23:**64–68
  oocytes, vitrification, **32:**86–87
  ovum factor, **23:**84–86
  Poschiavinus strain, **32:**15
  pregnancy
    maternal immune response, **23:**218–219
    termination by anti-EPF monoclonal antibodies, **23:**86–87
  preimplantation embryo development *in vitro*
    cytoplasmic maternal inheritance, **23:**102, 105, 107–108, 110
    protein synthesis, **23:**103–108
    timing of first cleavage division, **23:**104–106
  retroviral vector lineage analysis
    babe-derived oligonucleotide library with alkaline phosphatase vector, polymerase chain reaction, **36:**69–72
    exo utero surgical virus injection, **36:**61–62
    in utero virus injection, **36:**59–61
  sex determination in XX↔XY chimeras, **23:**168–170
  SF-1 knockout, **32:**12
  transgenic, cis-regulatory elements, **23:**16–18
  trophoblast, antigen expression, **23:**210–212, 222–223, 225
  weaver mutant, **32:**161
  XXSry transgenic, **32:**4, 16–17
Mox-1 gene, **40:**24–25
Mox-2 gene, **40:**22–24
MPA434 transgene, **29:**252
MPF, *see* Maturation promoting factor
M phase
  entry into, **28:**131–134
  exit from, **28:**134–135
  regulation, **30:**161–162
  transition regulation, **39:**147–148
MPK-1, MAP kinase homolog, **33:**35
MP1 pathway, fasciclin II expression, **28:**89
mRNA, *see* Messenger RNA
mrs (b$_{PS}$) gene mutations, **28:**99
MSH, *see* Melanocyte-stimulating hormone
msh gene, zebrafish, **29:**71
ms(3)K81 mutation *(Drosphila),* **27:**282
msp130, effect on PMC ingression, **33:**178
ms(3)sK81 gene, *Drosophila* development, paternal effects, **38:**22–24

ms(3)sneaky gene, *Drosophila* development, paternal effects, **38:**20–22
Msx genes, **29:**43, 45, **40:**25–26
Msx proteins, zebrafish comparison, **29:**71
Mt-1 promoter, methylation, **29:**255
Mucoid envelope, **27:**189–190
Müller cells, synapse formation, **21:**277, 280–281
Müllerian duct
  gain of function, **29:**176–177
  inhibitor, **29:**173–174
  loss of function, **29:**178–181
  Persistent Müllerian duct syndrome, **29:**179
  sex differentiation, **29:**172–173
Müllerian-inhibiting substance
  assays, **29:**174
  cloning, **29:**175
  deficiency, mouse model, **29:**179–181
  expression, **29:**175
  freemartinism, **29:**176
  function, **29:**176
  genetic location, **29:**175
  germ cell regulator, **29:**213
  marker of Sertoli cell development, **32:**12
  mouse
    deficiency mutants, **29:**179–181
    expression, **29:**180–181
    function, **29:**176–177
    transgenic experiments, **29:**176–177
Müllerian-inhibiting substance/inhibin mutants, **29:**181–182
Müllerian-inhibiting substance/Tfm mutants, **29:**182–183
  mutants, deficiency, **29:**179–181
  persistent Müllerian duct syndrome, **29:**179
  produced by Sertoli cells, **32:**8
  protein, mutant, **29:**178
  role in testis determination, **32:**9
  sex determination, **23:**168–169
  sex determination role, **34:**13–14
  transforming growth factor-β, **24:**96, 125–126
Multimeric proteins, functional inhibition, **36:**79–80
Multiplication-stimulating activity, insulin family of peptides, **24:**138, 149
Musca, embryo development, segmentation regulation, **35:**128
Muscarinic receptor, ml, human, **30:**40
Muscle
  cardiac and skeletal, differentiation, **33:**264–266
  development, epidermal growth factor receptor gene effects, **35:**90–92

development, study with embryonic stem cells, **33**:266–275
differentiation, *Drosophila nautilus* role, **38**:44–49
differentiation, PS integrins, **28**:99–100
dorsal myotomal, *Xenopus*, **31**:476–477
early myogenic patterning, *Drosophila nautilus* role, **38**:40–44
  differentiation, **38**:42–44
  founder cell model, **38**:40–41
  segregation, **38**:41–42
embryonic induction in amphibians, **24**:270, 273–275, 283
enhancers, sarcomeric gene expression, **26**:147–152, 162–164
fiber differentiation in pineal cell culture, quail, rat, **20**:92–95
fibroblast growth factor, **24**:65
genes, sarcomeric gene expression, **26**:146–147, 149–150, 153, 163
genes, tissue-specific cytoskeletal structures, **26**:5
insulin family peptides, **24**:140, 148, 152
mosaic pattern analysis, **27**:246
proteases, **24**:220–221, 230
sarcomeric gene expression, **26**:145, 147
skeletal
  differentiation from mesenchyme, **20**:40–43
    hypothetical mechanisms, **20**:41–43
    in vitro culture, **20**:41–42
  differentiation in embryoid bodies, **33**:265–266
  hyaline cartilage formation on bone matrix, chicken, rat, **20**:43–48
    chondrocyte formation via fibroblasts, **20**:46–48
    extracellular matrix synthesis, **20**:50–57
    heterochromasia, **20**:46–47
    ultrastructure, **20**:46–48
  sarcomeric gene expression, **26**:158–162
smooth, conversion from striated, medusa, **20**:123–124
striated, mononucleated, medusa manubrium regeneration, **20**:124–127
  transdifferentiation, **20**:123–124
thickening during metamorphosis, **32**:219
tissue-specific cytoskeletal structures, **26**:5
vascular smooth muscle, *gax* gene expression study, **40**:23–24
vertebrate growth factor homologs, **24**:305, 319

voltage-gated ion channel development, terminal differentiation expression patterns
  ascidian larva, **39**:166–170
  vertebrate muscle, **39**:171
  Xenopus embryonic skeletal muscle, **39**:170–171, 178
Muscle enhancer factor 1 (MEF 1), sarcomeric gene expression, **26**:147, 149–153, 156–158, 162, 164
Muscle promoters, sarcomeric gene expression, **26**:152–159
Muscular dysgenesis, studies using aggregation chimeras, **27**:263
Muscular dystrophy, satellite cell affected by, **23**:202–203
  in vitro assay, **23**:202–203
mus-101 mutation *(Drosphila)*, **27**:285, 294
mus-105 mutation *(Drosphila)*, **27**:294
Mus satellite DNA, **27**:237
Mutational analysis
  for cell cycle control during development, **28**:142
  cyclins, **28**:134
  Drosophila sperm–egg interactions
    maternal-effect, **34**:100–102
    paternal-effect, **34**:102–103
  leaf development, **28**:49
  myogenic helix–loop–helix transcription factor myogenesis, **34**:183–188
Mutations
  abd-A and *abd-B*, **32**:11
  affecting cytoplasmic dumping, **31**:177
  avian skin appendages, **22**:237
  bicoid message localization, **26**:31
  brush border cytoskeleton, **26**:116
  ced-3 and *ced-4*, **32**:144–146
  cell death, retinoid role
    phenotype mutations, **35**:9–10
    receptor mutants, **35**:12–13
  cell lineage, **21**:74–75, 80, 84–86, 89
  chemical, **28**:183–187
  conditional, **27**:279
  conditional, for cell division mutants, **27**:279
  cytoskeleton positional information, **26**:1
  DCM disruption by, **27**:118–119
  developmental, lethal, stem cell lines, mouse, **20**:360–361
  disruption of ECM by, **27**:118–119
  double-mutant combinations, **28**:113
  effect on microtubule reorganization, **31**:151
  embryogenesis screening, **35**:235–238

Mutations *(continued)*
  epidermal growth factor receptor, **24:**17
  epidermal growth factor receptor genes, natural mutations, **35:**86–87
  epidermis, pupoid fetus, **22:**213–219
  errors in gametes and embryos, **32:**82–84
  fasciclin I, **28:**103
  fasciclin II gene, **28:**90
  fasciclin III gene, **28:**92
  functional redundancy *(Drosophila)*, **28:**112–113
  gain-of-function, **32:**144, 147–148
  G145E, **32:**153
  homeotic, **32:**141–144
  homologous recombination for, **28:**187
  insertional, **28:**187–189, 200
  interfering with sex determination, **32:**15
  loss of function
    Ras1, **33:**27
    sev and *boss*, **33:**25
  loss-of-function, **32:**163–164
  mast cell-deficient, effects of bone marrow cell injection, mouse, **20:**326–327, 329–330
  maternal-effect, **31:**180–182
  mitotic, effects on *Drosophila*
    imaginal development, **27:**291–293
    imaginal tissues, **27:**293–297
    kinesin mutations, **27:**300–302
    male meiosis and spermatogenesis, **27:**297–300
    maternal effect, **27:**286–287
    postblastoderm embryonic development, **27:**287–288
    preblastoderm embryonic development, **27:**280–286
    tubulin mutations, **27:**300–302
  monoclonal antibodies, **21:**261, 267, 271, 273
  morphogenetic potential alteration, hydra, **20:**285–286
  murine *weaver*, **32:**161
  neocortex innervation, **21:**406
  nondisjunction, **29:**289
  nrg gene, **28:**93–94
  ooplasmic streaming, **31:**150–151
  proteases, **24:**221–222, 224
  proteins, **24:**209
  PS integrin phenotypes, **28:**98–101
  Reeler, mouse
    galactosyl transferase deficiency, **20:**239
    matrix cell transitory abnormality, **20:**237, 239–241

  RNA localization, **31:**155–156, 159
  sarcomeric gene expression, **26:**147, 149, 151–153, 156, 160
  screening strategies with trapping vectors, **28:**191–200
  spadetail, **31:**370–371
  α-spectrin, **31:**179
  spontaneous, **28:**182–183
  transforming growth factor-β, **24:**104, 106, 312–313, 315–316, 318
  transgenic gene disruption, **30:**205
  transposon-mediated, **28:**191–192
  vertebrate growth factor homologs, **24:**290, 312, 315–316, 319–321, 323–324
    epidermal growth factor, **24:**292–303, 305–310
  Y-chromosome deletion, **32:**15, 17–18
Muv genes
  inductive signal, **25:**210–215
  Wild-type, **25:**213
Myc prototoncogene
  characteristics, **24:**60
  transforming growth factor-β, **24:**109, 120–122
Myelin
  brain-specific genes, **21:**125, 128–129, 140–143
  carbonic anhydrase, **21:**210, 212–213
  plasmalemma, **21:**194
Myelin basic protein, **30:**204
  brain-specific genes, **21:**140, 143
Myelogenous leukemia, genetic imprinting, **29:**244
Myeloid cells
  apoptosis modulation, **35:**23
  promyelocytic leukemia, **35:**16
Myeloma cells, synapse formation, **21:**279, 304
Myfkins, sarcomeric gene expression, **26:**150–152, 156–157, 162–164
Myoblasts
  acetylcholine receptor expression, **23:**196
  chicken embryo
    cartilage formation on bone matrix, **20:**44–45
    reserve (satellite cells), stage of appearance, **20:**48–50
  early and late, as myogenic cell precursors, **23:**188, 200–201
  fibroblast growth factor, **24:**65, 68, 83
  motor neuron recycling, **21:**348
  myogenic helix–loop–helix transcription factor early activation, **34:**190–191

myosin synthesis, **23:**189–191, 196
TPA-induced differentiation inhibition, reversible, **23:**195–196
transforming growth factor-β, **24:**104, 110
Myocardial cells, sarcomeric gene expression, **26:**160–162
myoD gene
expression upregulation, **33:**267–269
sarcomeric gene expression, **26:**149–150
Myofibrils, brush border cytoskeleton, **26:**96, 105
Myofibroblasts, contraction of adult wound connective tissue, **32:**178–179
Myogenesis
ascidians, **38:**66
aves, **38:**63
Caenorhabditis elegans, **38:**65–66
Drosophila nautilus, **38:**35–68
early myogenesis, **38:**36–37
expression pattern, **38:**50–55
function loss, **38:**55–56
inappropriate expression consequences, **38:**57–58
interacting molecules, **38:**58–59
isolation, **38:**50–55
mesoderm subdivision, **38:**37–39
muscle differentiation, **38:**44–49
muscle patterning, **38:**40–44
differentiation, **38:**42–44
founder cell model, **38:**40–41
segregation, **38:**41–42
overview, **38:**35, 67–68
inappropriate gene expression, **38:**66–67
intermediate filament composition, **21:**153, 161
mammals, **38:**60–62
myogenic helix–loop–helix transcription factors, **34:**169–199
developmental expression, **34:**175–179
gene expression patterns, **34:**177–178
somite subdomains, **34:**178–179
somitogenesis, **34:**175–176
early activation, **34:**188–194
axial structure cues, **34:**189–190
migratory versus myotomal myoblasts, **34:**190–191
regulatory element analysis, **34:**191–194
invertebrate models, **34:**179–181
mutational analysis, **34:**183–188
invertebrate genes, **34:**182–183
mouse mutations, **34:**183–188
myocyte enhancer factor 2 family, **34:**194–198

characteristics, **34:**194–196
developmental expression, **34:**196–197
myogenesis regulation, **34:**197–198
MyoD family, **34:**171–175
cloning, **34:**171–172
properties, **34:**172–174
regulation, **34:**174–174
nonmammalian vertebrate models, **34:**181–182
overview, **34:**169–171
pineal cell culture, quail, rat, **20:**92–96
sarcomeric gene expression, **26:**145–146, 151
sea urchin, **38:**66
Xenopus, **38:**63–64
zebrafish, **38:**64–65
Myogenic cells
fusion into myotubes
asynchronous, **23:**186–187
myogenic clones, chicken and rodent embryos, **23:**187
myosin synthesis, **23:**189–190
future research, **23:**203–204
heterogeneity, MHC isoform expression, **23:**191
limb colonization, avian, **23:**192
nerve cell effects on differentiation and fusion, **23:**191, 194
precursors
contribution to fiber histogenesis, **23:**201–202
early myoblasts, heterogeneity, **23:**200
late myoblasts, properties, **23:**200–201
satellite cells
damage by dystrophy, **23:**202–203
heterogeneity, **23:**200–201
somitic cells, properties, **23:**199–200
quantal mitosis, **23:**188–189
Myogenic factors, novel, identification by gene trapping, **33:**270–273
Myoplasmic cytoskeletal domain
assembly, localization, and segregation, **31:**254–257
evolutionary changes, **31:**260–264
role in anural development, **31:**264–270
structure and composition, **31:**249–254
Myosin
absence in satellite cells, **23:**196
actin-binding proteins, **26:**38, 40
actin organization in sea urchin egg cortex, **26:**11, 15
brush border cytoskeleton, **26:**96–98, 107, 109–112, 115

Myosin *(continued)*
  chicken intestinal epithelium, **26:**126, 129, 131–134
  component of unfertilized egg, **31:**344–348
  cortex following meiosis, **31:**444–445
  cytokeratins, **22:**156
  cytoplasmic type II, **31:**178–179
  95F unconventional, localization, **31:**184–186
  intermediate filament composition, **21:**152
  light-chain
    fast type, myotubes from late myoblasts, **23:**193
      sarcomeric gene expression, **26:**149, 152, 156, 164
    slow type, myotubes from early myoblasts, **23:**193
      sarcomeric gene expression, **26:**149, 152, 156, 164
  synthesis in myoblasts
    cell fusion-independent process, **23:**189–190
    immunocytochemistry, **23:**189–190, 196
      heavy-chain isoform expression, **23:**191
  tissue-specific cytoskeletal structures, **26:**5
Myotonic dystrophy, genetic imprinting, **29:**244
Mypolasmin, localized in deep filamentous lattice, **31:**253–254
Myxococcus xanthus, starvation-induced fruiting body development, **34:**215–218

N

N. tabacum, pollen embryogenesis, **20:**398–404, 406–408
Na$^+$K$^+$ATPase
  plasma membrane lamina, **31:**250
  random distribution in cytoplasm, **31:**262
Nanos gene, **30:**219
Nasal neurons, *see* Olfactory system
Natural killer cells, transforming growth factor-β, **24:**121
Natural killer-1 monoclonal antibody, neural crest subset study, **36:**19–20
Nautilus gene, Drosophila myogenesis role, **38:**35–68
  early myogenesis, **38:**36–37
  expression pattern, **38:**50–55
  function loss, **38:**55–56
  inappropriate expression consequences, **38:**57–58
  interacting molecules, **38:**58–59
  isolation, **38:**50–55

mesoderm subdivision, **38:**37–39
muscle differentiation, **38:**44–49
muscle patterning, **38:**40–44
  differentiation, **38:**42–44
  founder cell model, **38:**40–41
  segregation, **38:**41–42
overview, **38:**35, 67–68
N-CAM adhesion molecules, *see* Cadherins
ncd mutation *(Drosophila),* **27:**301
Nedd-2 gene, **32:**157
Negative gene strategies, *see* Dominant negative constructs
Nematocytes, hydra, differentiation, position-dependent
  desmoneme production, **20:**282–283
    conversion to stenoteles, **20:**284, 288
  interstitial stem cell division, **20:**282
  stenotele production, **20:**282–283
    conversion to desmonemes, **20:**288
    inhibition by stenotele inhibitor, **20:**286–287
Nematodes, *see Caenorhabditis elegans*
Neocortex
  innervation, **21:**391–392, 418–420
    dopaminergic, **21:**400–401, 403–404, 413, 415–416
    monoaminergic, **21:**403, 405, 416–418
    noradrenergic, **21:**394–398
      primate, **21:**407–410
      rodent and carnivore, **21:**405–407
  organization, **21:**392–394, 405–407
  serotonergic, **21:**396–400, 402
    primate, **21:**411–415
    rodent, **21:**411
  visual cortical plasticity, **21:**369, 372, 386
Neomycin phosphotransferase gene, embryonic stem cell manipulation, gene targeting, **36:**104–105
Neoplasia
  epidermal growth factor in mice, **24:**35
  mosaic individuals, **27:**256–257
  retinoid–transcription factor interactions, **35:**14–16
Neoplasms
  brush border cytoskeleton, **26:**94, 114
  keratin expression, **22:**117–118
neo^R, gene trap constructs, **33:**271–273
Nephridia, position dependent cell interactions, **21:**41, 51
Nephrogenic cells, *see* Kidneys
Nephronophthisis
  characteristics, **39:**261

Subject Index

downstream nephron induction effects, **39:**282–287
Nerve cells, myogenic cell differentiation, **23:**191, 194
Nerve growth cone, plasmalemma, **21:**198
Nerve growth factor
 adrenal chromaffin cell conversion into neuronal cells
  culture, **20:**100–103, 105
  in situ, **20:**107
 apoptosis regulation, *in vitro,* **39:**189–190
 central nervous system, **24:**169–171
 discovery, **24:**163–164
 embryonic development, **22:**176
 epidermal growth factor receptor, **24:**11, 13
 fibroblast growth factor, **24:**66–67, 84
 IGF-I, **24:**184–185
 mitosis
  cultured neuroblasts, **24:**183–184
  insulin regulation, **24:**178–183
  multiple factors, **24:**185–186
 mitosis role, **24:**161–162, 187
 nervous system, **24:**163, 174
  heterogeneity, **24:**175, 177
  neuronal precursors, **24:**174–175
  trophic growth factor, **24:**175
 neuroblasts, **24:**176–178
 neuronal precursor proliferation, **24:**172–174
 peripheral nervous system
  cell survival, **24:**165
  nervous process outgrowth, **24:**165–167
  neuronal differentiation, **24:**167–168
  pathway integrity, **24:**168–169
 plasmalemma, **21:**187
 proteases, **24:**224, 248
 transuterine injection, rat, intestinal neuron noradrenergic properties, **20:**172
Nerve sheath, optic nerve regeneration, **21:**243
Nervous system, *see also* Central nervous system; Peripheral nervous system; *specific aspects*
 apoptosis regulation, **39:**187–207
  cytoplasmic regulators, **39:**200–207
   caspases, **39:**200–202
    cellular component interactions, **39:**206–207
    oxidative stress, **39:**202–204
    phosphoinositide 3-kinase–Akt pathway, **39:**204–205
    p75 neurotrophin receptor, **39:**205–206
    reactive oxygen species, **39:**202–204
  genetic controls, **39:**192–200
   AP-1 transcription factors, **39:**193–194
   bcl-2 gene family, **39:**196–200
   cell-cycle-associated genes, **39:**195–196
  overview, **39:**187–189
  in vitro systems, **39:**189–191
   nerve growth factor deprivation, **39:**189–190
   potassium deprivation, **39:**190–191
   serum deprivation, **39:**190
 development in chimeras, **27:**248–250
 fibroblast growth factor, **24:**65–67
 hydra
  nerve net structure, **20:**268–271
   epidermal sensory cells, **20:**270–273
   growth dynamics, **20:**270
  neurons
   properties, effects
    displacement, **20:**271, 273, 275
    regeneration, **20:**274–276
    switching to other subsets, **20:**271–277
  ion channel development, *see* Voltage-gated ion channels
  nerve growth factor, **24:**162–163, 172, 174–177, 187
  new evidence on origins, **25:**56–57
  vertebrate growth factor homologs, **24:**292–293, 307
Neu oncogene, **24:**2, 20
Neural-cell adhesion molecules
 amphibians, **24:**266, 271
 pathfinding role, **29:**157–158
 rhombomeres, **29:**80
 sequence homology with fasciclin II, **28:**87
 Xenopus exogastrulae, **30:**276
Neural crest cells
 acetylcholine synthesis, **20:**179–180
 avian embryo
  development in culture, **20:**178–180
   chicken embryo extract, **20:**184
   culture medium composition, **20:**183–184
   diversification problem, **20:**189–191
   glucocorticoid effects, **20:**184
   migrating mesencephalic in serum-free medium, **20:**185–187
   precursors, heterogeneity, **20:**187–188
   sclerotome culture, **20:**181–183
   serum-free medium, **20:**185–188
   substrate conditions, **20:**185
   trunk crest, adrenergic cell formation, **20:**179–181

Neural crest cells *(continued)*
- transplanted from quail to chicken, **20:**112–114, 188–189, 191
  - plasticity, **20:**188–189, 191
  - quail-type thymic myoid cell formation, **20:**113–114
- catecholamine synthesis, **20:**179–180
- cellular phenotypes during embryogenesis, **20:**197–198
  - culture conditions, **20:**205–207
  - diversity, **20:**198
  - embryonic environment, **20:**198
  - environmental cues, **20:**199
- cephalic crest, cholinergic cell formation, **20:**179–181
- developmental restrictions
  - description, **20:**199–200
  - parial in migrating cells, **20:**201–202
  - population segregation, precise sequence, **20:**200–201
- differentiation, retinoid role, **35:**6–7
- lineage
  - autonomous cellular processes, **25:**149–149
  - developmentally restricted, **25:**137–140
  - differential responses of to environmental cues, **25:**142–144
  - differential responsive to growth factor cues in their environment, **25:**140–142
  - early development fates, **25:**144–145
  - early populations *in vitro*, **25:**135–137
  - subpopulations with partial developmental restrictions, **25:**134–135
- neuronal phenotype
  - detection by monoclonal antibody A2B5, **20:**205–207
  - pigmentation in secondary culture, **20:**206–207
- peripheral nervous system formation from, **20:**177–178
- *in vitro* cloning
  - cell fate, **36:**25–26
  - cell potentiality analysis, **36:**12–14
  - culture technique, **36:**15–20
    - clone analysis, **36:**20
    - cloning procedure, **36:**14–15, 17–19
    - isolation methods, **36:**16–17
    - materials, **36:**15–16
    - protocol, **36:**14–15
    - subset study, **36:**19–20
    - 3T3 cell feeder layer preparation, **36:**16
  - developmental repertoire, **36:**20–23

gangliogenesis analysis, **36:**24–25
Neural crest development, *see also* Neuraxis induction
- lineage specification, **40:**180–189
  - asymmetric mitosis, **40:**184–186
  - cell origin, **40:**180–182
  - detachment, **40:**186–189
  - epidermal ectoderm–neuroectoderm interface, **40:**180–182
  - epithelial–mesenchymal transformation, **40:**186–189
  - segregation, **40:**182–184
- migration pathways, **40:**189–202
  - characteristics, **40:**189–190
  - dorsolateral migration, **40:**198–202
    - environmental factors, **40:**198
    - melanoblast role, **40:**199–201
    - vagal level migration, **40:**201–202
  - ventral migration, **40:**190–197
    - dispersion, **40:**191–194
    - somite invasion, **40:**194–197
- organizer role, **30:**275–277
- overview, **40:**178–180, 202–203
- *Xenopus* embryo induction, **35:**191–218
  - antiorganizers, **35:**211–214
  - autoneuralization, **35:**199–203
  - ectoderm neural default status, **35:**199–203
  - future research directions, **35:**216–217
  - gradient formation, **35:**213–215
  - historical perspectives, **35:**193–196
  - neuralizing factors, **35:**196–198
  - organizer role
    - concepts, **35:**203
    - establishment, **35:**203–206
    - molecular characteristics, **35:**206–207
    - neuralizing signal transmission, **35:**207–210
  - overview, **35:**191–193
  - planar versus vertical signals, **35:**210–211
  - polarity establishment, **35:**213–215
  - tissue respondents, **35:**198–199
Neural ectoderm development, **29:**2–3
Neuralized neurogenic gene, **25:**36
Neural markers, amphibians, **24:**266–267, 270
Neural plate
- bending
  - cell division, **27:**149–150
  - cell rearrangements, **27:**139–141
  - cell shape changes, **27:**149–150
  - characterization, **27:**137–139
- cell rearrangement in, **33:**207–208

Subject Index

formation
  characterization, **27:**135
  intrinsic/extrinsic neurulation forces, **27:**141–146
shaping
  cell division, **27:**149–150
  cell rearrangements, **27:**139–141
  cell shape changes, **27:**149–150
  characterization, **27:**135–137
Neural reorganization, *see also* Polymorphism
  activation, **21:**349, 357, 358
  insect metamorphosis, **21:**341–343, 363–364
    dendritic growth, **21:**349–352
    endocrine control, **21:**358–362
    gin-trap reflex, **21:**356–358
    mechanosensory neuron recycling, **21:**352–355, 357
    motor neuron recycling, **21:**345–349
    postembryonic neurogenesis, **21:**343–345
Neural tube
  defects, **27:**150–151
  expression of *Pax, En-1,* and *Evx-1* genes, **27:**371–375
  monoclonal antibodies, **21:**257–258
Neuraxis induction, *see also* Axogenesis; Neural crest development
  amphibians, **24:**271–272, 279–281
  cell rearrangements during, **27:**133–149
  central nervous system
    anteroposterior positional information, **40:**119–120
    axial patterning, **40:**112–113, 149–154
    detailed patterning, **40:**115–116
    retinoid effects, **40:**119–120
    transformation, **40:**116–117
  differentiation, *Hox* gene cluster, evolutionary implications, **40:**231
  embryo elongation, **31:**246–247
  embryonic induction in amphibians, **24:**263, 273
  extracellular matrix role in, **27:**146
  higher vertebrate Organizer function, **40:**79–102
    characteristics, **40:**91–102
      commitment levels, **40:**94–95
      definition, **40:**91
      elimination in early development, **40:**100–102
      gene expression patterns, **40:**95–98
      migratory patterns, **40:**93–94
      morphogenetic movements, **40:**93–94
      neural differentiation induction, **40:**98–99
      organization mechanisms, **40:**99–100
      organizer cell fates, **40:**92–93
      regionalization, **40:**99–100
    fate mapping, **40:**89–91
    gastrulation, **40:**80–84, 97
    neurulation, **40:**84–88
    overview, **40:**79–80, 102
  intermediate filament composition, **21:**159, 171
  intrinsic and extrinsic forces, **27:**141–146
  neural groove closure, **27:**139
  neural plate
    bending, **27:**137–141
    formation, **27:**135
    neural tube defects, **27:**150–151
    shaping, **27:**135–137, 139–141
    stages, **27:**135
  organizer function, **30:**275–277
Neuroblastoma cells, apoptosis modulation, **35:**23
Neuroblasts
  axon-target cell interactions, **21:**314
  cell lineage, **21:**93–94
  culture, **36:**289–290
  immunostaining, **36:**286–288
  intermediate filament composition, **21:**171, 176
    postmitotic, **21:**176–180
  migration into cortical anlage, guidance by matrix cell bundles, **20:**235–238
  neural reorganization, **21:**343, 345
  neuronal death, **21:**101, 103–104
  synapse formation, **21:**290
  video microscopic analysis, **36:**290–291
Neurocan, GalNAcPTase interactions, cadherin function control
  β-catenin tyrosine phosphorylation, **35:**169–172
  characteristics, **35:**164–165
  cytoskeleton association, **35:**169–172
  neural development, **35:**165–169
  overview, **35:**161–162
  signal transduction, **35:**172–173
Neuroectoderm
  intermediate filament composition, **21:**171–174, 178
  neural crest cell induction, **40:**180–182, 186–189
Neuroepithelial cells, shape, **27:**149–150

Neurofilament
  intermediate filament composition, **21**:180
    cytoskeletal components, **21**:174
    lineage analysis, **21**:177–178
    localized post-translational modification, **21**:155, 157–158
    morphological differentiation, **21**:178, 180
    polypeptide distribution, **21**:153, 155
    polypeptide expression, **21**:158–159
    postmitotic neuroblasts, **21**:159–167
    post-translational events, **21**:170–171
    replicating cells, **21**:167–169
  monoclonal antibodies, **21**:263–264
  optic nerve regeneration, **21**:222
Neurofilament genes, human keratin genes, **22**:21
Neurofilament protein, keratin, **22**:7–8, 15
Neurogenesis
  Drosophila signal transduction studies, **35**:254
  epidermal growth factor receptor gene effects, **35**:93–95
  metamorphosis, **21**:343–345
  monoclonal antibodies, *see* Monoclonal antibodies
  neocortex innervation, **21**:407, 417
  position determined cell interactions, **21**:60
  proteases, **24**:247–248
Neurogenic ectoderm, ventrolateral region of cellular blastoderm, **25**:35–39
  evidence on origins, **25**:56–57
  segment patterning, **25**:94, 96
Neurogenic genes
  adhesive function, **28**:110–111
  functional studies, **28**:109
  sequence analyses, **28**:110
Neuroglian
  cell culture, **28**:93
  distribution, **28**:93
  genetics, **28**:93–94
  sequence analysis, **28**:93
Neuromeres, neural reorganization, **21**:363
Neuromeric model, forebrain, **29**:46–48
Neuronal death
  activation, **21**:113, 114
  insect nervous system, **21**:99–100
    critical periods, **21**:112–113
    degeneration, **21**:106–112
    implications, **21**:113–115
    metamorphosis, **21**:100, 101
    study, systems for, **21**:101–104

    temporal patterns, **21**:104–106
Neurons, *see also* Central nervous system; Neural crest cells
  adrenergic, neural crest-derived
    conversion into cholinergic, **20**:202–203
    substrate effects in culture, **20**:205
    from trunk cells *in vitro*, avian, **20**:179–181
  cholinergic, cephalic crest-derived *in vitro*, avian, **20**:179–181
  ciliary ganglion, chicken
    cholinergic *in vivo*, **20**:166
    noradrenergic *in vitro*, **20**:166
  dorsal root ganglion, survival, **32**:155–156
  ganglionic, conversion into chromaffin-like cells, avian, rat, **20**:109
  gene expression analysis, **36**:183–193
    cDNA preparation, **36**:186–187
    ciliary factor effects, **36**:191–193
    leukemia inhibitory factor effects, **36**:191–193
    neuron depolarization, **36**:191–193
    overview, **36**:183–184
    polymerase chain reaction, **36**:187, 193
    primer selection, **36**:187–189
    primer specificity, **36**:189–191
    RNA preparation, **36**:186–187, 193
  hermaphrodite-specific, programmed cell death, **32**:143–144
  hydra, *see* Nervous system, hydra
  intermediate filament composition, **21**:151, 166
  mature sensory, differentiation, **32**:152
  microtubule assembly, **33**:286
  motor neurons
    endocrine control, **21**:350–351, 354–355, 358
    recycling, **21**:345–349
  primary
    mean number, **32**:112
    number increase, **32**:126–127
    progenitors, **32**:109–110
    serotonergic, **32**:143–144
  nonneuronal cells, release from centrosome, **33**:289–290
  optic nerve regeneration, **21**:221, 247
  outgrowth assay, cochleovestibular ganglia organoculture analysis, **36**:122–123
  outgrowth-blocking-1, axonal guidance, **29**:159
  plasmalemma, **21**:185–187, 190–191, 196, 199–201

Subject Index

rat, conversion from adrenal chromaffin cells, **20:**100–109, *see also* Adrenal chromaffin cells
retina, contact with Müller glia cells, **20:**5–17
R-cognin antigen role in, **20:**12–14
Rohon-Beard
  mean number, **32:**112
  number increase, **32:**126–127
  progenitors, **32:**109–110
sensory, neural crest cell-derived in serum-free medium, **20:**187, 191
single hippocampal cell culture
  functionality examples, **36:**296–301
  microcultures, **36:**294–296
  overview, **36:**293–294
sympathetic
  culture method
    complement-mediated cytotoxic kill selection, **36:**170–171
    culture dish preparation, **36:**172–173
    exogenous gene transfection, **36:**176–178
    ganglia dissection, **36:**161–166
    glial cell population identification, **36:**171–172
    lumbosacral sympathetic ganglia, **36:**162–163
    lumbosacral sympathetic ganglia dissociation, **36:**166–167
    media, **36:**179–180
    negative selection, **36:**170–171
    neuronal cell population identification, **36:**171–172
    neuronal selection methods, **36:**168–171
    overview, **36:**161–162
    panning, **36:**169–170
    preplating, **36:**168
    serum-free media, **36:**175–176
    serum-supplemented media, **36:**173–175, 184–186
    small quantities, **36:**184–186
    solutions, **36:**178–179
    superior cervical ganglia, **36:**163–166, 167
  gene expression analysis, **36:**183–193
    cDNA preparation, **36:**186–187
    ciliary factor effects, **36:**191–193
    leukemia inhibitory factor effects, **36:**191–193
    neuron depolarization, **36:**191–193
    overview, **36:**183–184
    polymerase chain reaction, **36:**187, 193
    primer selection, **36:**187–189
    primer specificity, **36:**189–191
    RNA preparation, **36:**186–187, 193
sympathetic, rat embryo
  cholinergic properties *in vitro,* **20:**165–166
  noradrenergic phenotype
    maintenance during embryogenesis, **20:**166–167
    partial loss in intestinal microenvironment, **20:**167–168
  in vivo, **20:**165
sympathetic, region of centrosome, **33:**285
sympathetic neuron culture method
  culture protocol
    culture dish preparation, **36:**172–173
    serum-free media, **36:**175–176
    serum-supplemented media, **36:**173–175, 184–186
    small quantities, **36:**184–186
  exogenous gene transfection, **36:**176–178
  ganglia dissection, **36:**161–166
    lumbosacral sympathetic ganglia, **36:**162–163
    superior cervical ganglia, **36:**163–166
  ganglia dissociation
    lumbosacral sympathetic ganglia, **36:**166–167
    superior cervical ganglia, **36:**167
  glial cell population identification, **36:**171–172
  media, **36:**179–180
  neuronal cell population identification, **36:**171–172
  neuronal selection methods, **36:**168–171
    complement-mediated cytotoxic kill selection, **36:**170–171
    negative selection, **36:**170–171
    panning, **36:**169–170
    preplating, **36:**168
  overview, **36:**161–162
  solutions, **36:**178–179
synapse formation, **21:**298, 303–306
synaptic transmission analysis, patch-clamp recording, **36:**303–311
  electrophysiologic recordings, **36:**306–307
  larval dissection, **36:**305
  overview, **36:**303–305
  synaptic boutons, **36:**305–306
  technical considerations, **36:**307–311

Neurons *(continued)*
  transitory noradrenergic, rat embryo
    cranial sensory and dorsal root ganglia, **20:**170
    intestinal
      nerve growth factor effect, **20:**172
      norepinephrine uptake and synthesis, **20:**168–169
      reserpine effect, **20:**170–172
      tyrosine hydroxylase activity, **20:**168–169
    vomeronasal organ neuron isolation method, **36:**249–251
Neuropathology, neocortex innervation, **21:**393
Neuropeptides
  brain-specific genes, **21:**128
  meiotic expression, **37:**167
  optic nerve regeneration, **21:**241
Neuropil, neural reorganization, **21:**344, 348, 352, 359–360, 363
Neuroretina cells
  cytoplasmic marker quantification, **36:**216–217
  organoculture, **36:**133–143
    dissociated retinal cell process evaluation, **36:**140–142
      apoptosis measurement, **36:**142
      cellular marker detection, **36:**141–142
      proliferation assay, **36:**141
      retina dissociation procedure, **36:**140–141
    overview, **36:**133–134
    whole cell process evaluation, **36:**137–140
      apoptosis detection, **36:**139–140
      differentiation assay, **36:**138–139
      proliferation assay, **36:**138
    whole neuroretina culture
      culture media, **36:**136–137
      dissection, **36:**134–136
  sibling relationship determination, **36:**56–59
Neurotactin
  cell culture experiments, **28:**105
  distribution, **28:**105–106
  sequence analysis, **28:**105
Neurotransmitters, phenotypic plasticity
  rat embryo, **20:**165–172
  vertebrates *in vitro* and *in vivo*, **20:**173
Neurotrophic factor, neural crest cell differentiation, **36:**26
Neurotrophin receptor, neuronal apoptosis regulation, **39:**205–206

Neurotrophins
  inner ear development role, **36:**128
  mitogenic effect, **29:**199
Neutrophils
  absence at wound site, **32:**193
  macrophages, adult inflammatory response, **32:**177
  transforming growth factor-β, **24:**120
Nexin
  glia-derived, **24:**247–248
  proteases, **24:**226, 227
nf blast cell, identity, **29:**115–117
NFκB/IκB signaling pathway, dissection paradigm, **35:**242–244
NF-κB activation, **32:**162
Nickel chloride, induced ectodermal gene expression, **33:**181–183
Nicotiana
  floral determination
    early state, **27:**23–24
    explants from floral branches and pedicels, **27:**17–20
    genotype, **27:**7–8
    grafting assays, **27:**10
    isolation assays, **27:**10
    late state, **27:**23
    organized buds and meristems, **27:**11–17
    organized versus stem-regenerated meristems, **27:**23–24
    position dependency, **27:**8–10, 21–22
    regenerated shoots, **27:**20
    root-shoot interplay, **27:**6–8
    terminal buds
      nodes, **27:**5–8
      rooting assay, **27:**11–12
    types of shoot apical meristems, **27:**16–17
  flower development, **41:**134–135
  leaf marginal meristem concept, **28:**54
  pollen embryogenesis, **20:**403–405, 407–408
  terminal buds, developmental behavior, **27:**11–16
Nieuwkoop center
  Danio rerio pattern formation role
    establishment, **41:**4–7
    gastrula organizer induction, **41:**7–9
  Xenopus
    axial development, **30:**257, 268
    cell lineage determination, **32:**117–118
nim1 gene product, **28:**136
NIMZ, *see* Noninvoluting marginal zone

Nkx genes
    cardiovascular development role, **40:**14–23
    expression, **29:**40–42
N[6]-Methyldeoxyadenosine, **29:**253
NN18, p58 recognized by, **31:**250–254
Nocodazole
    blockage of nucleus crowding, **31:**366–367
    cytokeratin organization, **22:**77
    microtubules, **29:**300
    prevention of pronuclear formation and migration, mouse, **23:**38
    recovery regime, centrosome synchronization, **33:**288–289
    spindle formation, **29:**284
Nodes, *N. tabacum*
    axillary buds, **27:**8–10
    terminal buds, **27:**5–8
nod mutation *(Drosphila),* **27:**283, 301
Noggin
    as competence modifier, **30:**269
    as dorsalizing protein, **30:**275
    as mesoderm inducer, **30:**260
    neuralization, **30:**277
    organizer formation, **30:**273–274
    Xenopus dorsoanterior formation, **30:**256–257, 262
Nonconflict hypothesis, genomic imprinting, **40:**281–283
Nondisjunction, *see also* Aneuploidy; Chromosomes, bivalent segregation
    chromosome integrity, **29:**289
        extrinsic factors affecting, **29:**295–296
    chromosome recombination, *see* Chromosomes, recombination
    defined, **29:**281
    distribution, **29:**310–312
    effects, **29:**282–283
    etiology, current concepts, **29:**312–313
    genes and gene products involved in, **29:**298–299
    gonadotrophins, **29:**310
    human males, **37:**383–402
        etiology, **37:**393–400
            aberrant genetic recombination, **37:**396–397
            age relationship, **37:**394–396
            aneuploidy, **37:**397–400
            environmental components, **37:**400
            infertility, **37:**397–400
            future research directions, **37:**400–402
        overview, **37:**383–384
        study methodology, **37:**384–393
            aneuploidy, **37:**384–393
            male germ cells, **37:**387–393
            trisomic fetuses, **37:**384–386
    male age factor, **29:**295–296
    maternal age factor, **29:**291, 293, 304, 306, 311
    meiotic, **29:**285
        detection methods in, **29:**283–287
        disturbance, **29:**305–308
        etiology, **29:**312–313
        female, **29:**284–285
        immaturity as risk factor in, **29:**309
        male, **29:**285–286
        versus mitotic, **29:**281–283
        spindle malfunctioning in, **29:**299–300, 302
    mutation, **29:**291
    parental origin, **29:**285
    rate, **29:**283
    reciprocal translocation, **29:**296
    sex chromosome pairing, **29:**312
        cell-cell interactions as, **29:**309–310
        cell cycle disturbance as, **29:**305–308
        chromosome recombination, *see* Chromosomes, recombination
        cytoskeleton disturbance as, **29:**304–305
        drugs as, **29:**295–296, 300
        environment as, **29:**309–310
        genetic, **29:**296
        physiological disturbance as, **29:**308–309
        predisposing factor, **29:**283, 287, 291, 293
        radiation as, **29:**295–296
        spindle disturbance as, **29:**298–305
    sister chromatid attachment maintenance, **37:**290–291
Noninvoluting marginal zone
    convergence and extension, **27:**70
        sandwich explants *(Xenopus),* **27:**67
    involution, **27:**77
Nonsynonymous-to-synonymous ratio, **32:**23
Noradrenergic innervation
    neocortex, **21:**391, 394–401, 403, 411, 413, 416–417, 419–420
    primate, **21:**407–410
    rodent and carnivore, **21:**405–407
    projections, visual cortical plasticity, **21:**373
Norepinephrine
    neocortex innervation, **21:**405–407, 413, 418, 420

Norepinephrine *(continued)*
  transitory noradrenergic gut neurons
    biosynthesis, **20:**168–169
    uptake, kinetics, **20:**168
      inhibition by desmethylimipramine, **20:**168
Normal anterior metatarsus (NAM), β-keratin genes, **22:**240–242, 245, 248, 250–251
Normal footpad regions, β-keratin genes, **22:**240, 242–243, 245–247
Norse boat syndrome, **30:**272
Northern blot
  organocultured otic vesicle analysis, **36:**119
  retinoic acid receptor gene expression analysis, **27:**314–315
Notch gene
  adhesive function, **28:**110–111
  functional studies, **28:**109
  neurogenic ectoderm, **25:**36
  sequence analysis, **28:**110
  vertebrate growth factor homologs, **24:**292–301, 305–306, 308, 323–324
Notch signaling, *Drosophila* signal transduction paradigm, **35:**254
Notochord
  notochord-somite boundary, inhibition of intercalating cells, **27:**72–73
  urodele and anural developers, **31:**259–260
  Xenopus dorsoanterior axis formation, **30:**271
nrg gene, **28:**92–94
ns blast cell, identity, **29:**115–117
nuc-1 gene, **32:**148–149
Nuclear actin, actin-binding proteins, **26:**37
Nuclear envelope
  cell cycle dynamics, **35:**50–51
  developmental modulation, **35:**54–61
    nuclear transport, **35:**54–56
    structural changes, **35:**56–61
      fertilization, **35:**59–61
      gametogenesis, **35:**56
      lamina alterations, **35:**56
      pronuclear formation, **35:**59–61
      spermatogenesis, **35:**57–59
  function, **35:**51–54
    chromosome separation, **35:**51–52
    DNA replication, **35:**52–53
    interphase nuclei chromatin organization, **35:**53–54
    mitotic functions, **35:**54
    nucleocytoplasmic transport control, **35:**51–52

  sperm nuclei into male pronuclei transformation, lamin role, **34:**64–69
  sperm nuclei to male pronuclei transformation, **34:**55–74
    formation, **34:**59–64
    nuclear pores, **34:**69–71
    removal, **34:**55–59
  structure, **35:**47–50
    lamina, **35:**49–50
    membranes, **35:**47–49
    pore complexes, **35:**49
Nuclear equivalence theory, **30:**149
Nuclear injection, *see* Microinjection
Nuclear migration
  cell shape, **27:**149–150
  model, **27:**163
Nuclear polarity, marsupial oocytes, **27:**179–180
  activation effects, **27:**187–188
Nuclear pores, sperm nuclei to male pronuclei transformation, **34:**69–71
Nuclear proteins, meiotic expression, **37:**149–152
Nuclear transplantation
  cell cycle, **30:**161–166, 169
  chromosome damage, **30:**163–164
  cytoplasm, **30:**159–161, 169
  description, **30:**147–149, 168–170, 178
  development, **30:**178
  developmental capacity, **30:**150–151, 159, 170
  developmental frequency, **30:**158, 163, 167, 169
  donor cell, **30:**151, 156–159, 167, 169
  egg activation, **30:**164–166, 169–170
  embryo development, **30:**156–159
  gene activity regulation, **30:**155–156
  genomic totipotency, **30:**167–168
  importance, **30:**170, 199
  microsurgery, **30:**148, 153
  nucleus, **30:**154–155, 160
  procedure, **30:**151–153
  recipient cell, **30:**153, 159–161, 169
  reprogramming, **30:**155
  RNA synthesis, **30:**151
  serial, **30:**166–167
  stem cell, embryonic, **30:**158–159
  virus, **30:**148
Nuclear transport
  developmental modulation, **35:**54–56
  nucleocytoplasmic transport control, **35:**51–52

Nucleation
　microtubule, **31:**391, 399, 407–412
　microtubule polymers, **33:**281–289
　microtubule release, **33:**284–287, 291–293
Nucleic acid, *see also specific types*
　insulin family peptides, **24:**148
Nucleic probes, *see* Probes
Nucleolus
　chromosome pairing relationship, **37:**94
　quail–chick embryo chimera marker, **36:**3
Nucleosomes, sperm nuclei to male pronuclei transformation, **34:**52–55
Nucleotides
　actin organization sea urchin egg cortex, **26:**11
　bicoid message localization, **26:**32
　brain-specific genes, **21:**119–120, 126, 138, 141, 144, 146
　cell lineage, **21:**76
　microtubule motors in sea urchin, **26:**79
　reorganization in frog egg, **26:**59
　sarcomeric gene expression, **26:**141, 146–147, 153, 155–156, 158
　sequence, keratin, **22:**2, 4
　sequence analysis, **21:**119, 128, 132, 139–141, 147
　visual cortical plasticity, **21:**386
Nucleus
　actin-binding proteins, **26:**48
　axial expansion, **31:**171–173
　nuclear transplantation procedures, **30:**150–151, 154–155, 160, 168–169
　oocyte, anchored by microtubules, **31:**148
　organization changes during fertilization
　　lamins, appearance, **23:**39–43
　　　colcemid effects, **23:**43–44
　　peripheral antigens, rearrangement, **23:**40–43
　　　microtubule assembly, **23:**43
　　transfer into embryo, assay
　　　genome reprogramming, **23:**64–68
　　　paternal and maternal genome role, **23:**58–64
　yolk, crowding, **31:**365–367
Nucleus angularis (NA), axon-target cell interactions, auditory system
　early development, **21:**314–316
　organization, **21:**310, 314
　posthatching development, **21:**330
Nucleus laminaris (NL), axon-target cell interactions, auditory system
　early development, **21:**314–318
　organization, **21:**312–314
　posthatching development, **21:**330–333, 335
　　experimental manipulations, **21:**336–338
　　normal development, **21:**335–336
　synaptic connections, **21:**319, 323–326
Nucleus magnocellularis (NM), axon-target cell interactions, auditory system
　early development, **21:**314–318
　organization, **21:**310–314
　posthatching development, **21:**330–331, 336, 338
　　afferent connections, **21:**332–335
　　normal development, **21:**331–332
　synaptic connections, **21:**318–325
　projection, **21:**326–329
NuMA-protein, nondisjunction, **29:**299
Nurse cells
　bicoid message localization, **26:**24–25, 27–31
　contractions, **31:**142–143
　localization of bcd RNA, **31:**144–145

O

Obstructive azoospermia, Intracytoplasmic sperm injection for, **32:**75–76
Occipital region, neocortex innervation, **21:**411, 413
Ocean pout antifreeze protein gene, **30:**194–196
O cell lines, position determined cell interactions, **21:**161
　blast cell
　　fate, **21:**42–46
　　position, **21:**46–49
　normal development pathways, **21:**37–42
Oct-2, expression, **29:**31
Oct-6, expression, **29:**31
Octamer-binding proteins, **27:**355–356
OCT gene family, retinoic acid regulation, **27:**332
Octopamine
　honeybee reproduction role, **40:**65, 68
　neural reorganization, **21:**358
Ocular dominance
　neocortex innervation, **21:**419
　visual cortical plasticity, **21:**386
　　β-adrenergic antagonist, **21:**383
　　exogenous NE, **21:**378–380
　　LC, **21:**382
　　6-OHDA, **21:**369–371
　　preparations, **21:**380–382

Oil droplets
  microinjection into embryo, cell lineage assay, **23:**120, 122
  movement toward vegetal pole, **31:**354–361
okra mutation (cotton), **28:**71
Olfactory system, single-cell cDNA library cloning, **36:**245–258
  cDNA amplification, **36:**251–254
  clone analysis, **36:**256–257
  differential screening method, **36:**254–257
  mammalian pheromone receptor genes, **36:**245–249
  neuron isolation, **36:**249–251
  tissue dissociation, **36:**249–251
Oligodendrocytes
  brain-specific genes, **21:**117, 143
  carbonic anhydrase, **21:**210, 212
  intermediate filament composition, **21:**155
  precursor origin studies, **36:**7–10
  type-2 astrocytes, **29:**214
Oligodendroglia
  carbonic anhydrase, **21:**210–212
  synapse formation, **21:**285
Oligodeoxynucleotides, *see* Antisense oligonucleotides
Oligonucleotides, monoclonal antibodies, **21:**272
Oligosaccharides, *see* Carbohydrates
Ommatidia, monoclonal antibodies, **21:**271
Ommatidium, development, **33:**22–26
Oncogenes, *see also specific genes*
  chicken intestinal epithelium, **26:**136
  cytoskeleton positional information, **26:**3
  epidermal growth factor, **24:**2, 20, 33, 35
  fibroblast growth factor, **24:**61–62, 64, 84
  programmed cell death, **32:**158–162
  proteases, **24:**224, 226, 228, 230–231
  proteins, **24:**201–202, 212
  transforming growth factory-β, **24:**108–109
  transgenic fish, **30:**202–203
Oncostatin M
  homeobox gene expression, **29:**27
  primordial germ cell differentiation, **29:**208
Oocyte domain, for anchoring localized RNAs, **31:**156–158
Oocytes, *see also* Egg cells
  actin-binding proteins, **26:**36–38, 40, 43
  activation, **32:**69–72
  amphibian, microtubule organization and assembly, **31:**384–419
  Caenorhabditis elegans sex determination, hermaphrodite sperm–oocyte decision, **41:**120–123

fem-3 gene regulation, **41:**122–123
  somatic gonad anatomy, **41:**120–121
  tra-2 gene regulation, **41:**121–122
cell cycle, **30:**117–118
cell-cycle progression, **29:**301
Chaetopterus, maturation, **31:**9–11
complement receptor, **30:**49
cortex, **30:**238, 240–241
  functional polarization, **30:**241–242
  pigment in, **31:**391–392, 402
  structure and composition, **31:**434–438
cryopreservation, **32:**84–87
cytokeratins, **22:**153, 170–171
  antigens, **22:**157–160
  filament distribution, **22:**157–160
  monoclonal antibodies, **22:**162, 164
  polypeptide composition, **22:**160–162
cytoskeleton organization, **30:**219–241
cytoskeleton positional information, **26:**2
developing, cytoskeleton, **31:**142–143
development
  actin-binding proteins, **26:**36–37, 50
  amphibian, microtubule organization during, **31:**385–405, 417–419
  centrosomal protein role, **31:**408–412
  Drosophila, **31:**140–143
  Drosophila, *bicoid* message localization during, **26:**23–33
  Drosophila development
    dorsal follicle cell fate establishment, **35:**241
    genetic study methods, **35:**235–238
    overview, **35:**230–233
  epidermal growth factor receptor genes, **35:**77–83
    blastocyst implantation, **35:**79–83
    cumulus cell interactions, **35:**77–78
    preimplantation development, **35:**78–79
  gap$_2$/mitotic phase transition regulation, **37:**339–345
    competence initiating factors, **37:**340–342
    metaphase I arrest, **37:**342–343, 351
    metaphase II arrest, **37:**343–345
  growth regulation, fish, **30:**103–104, 106–108, 117–137, 157, 167–168, 267–269
  mammalian female meiosis regulation, **37:**365–366, 368
  mammalian germ line mitotic expansion, **37:**5–6

Subject Index

MPF role during competence acquisition, **28:**137–138
mRNA synthesis during prophase, **28:**130
polyembryonic insects
  early development, **35:**129–131
  segmental patterning regulation, **35:**125–126, 140–141
  primordial germ cell formation, **28:**128
protein synthesis, **28:**131
reorganization in frog egg, **26:**60–61
RNAs presorted during, **31:**157
sea urchin, **31:**66–67
Steek Factor effect, **29:**21–202
storage of transcriptional and translational products, **28:**131
Drosophila, RNA localization, **31:**139–164
fertilization, *see also* Fertilization
  actin and fodrin during, **23:**29–30
  fertilization cone formation, mammals, **23:**31
  incorporation cone formation, mammals, **23:**31
  spectrin role, **23:**29
  until blastulation, ovum factor production, **23:**84
fertilized, mouse
  interactions with somatic cells in fetal ovary fragment *in vitro*, **23:**154–155
  nuclear organization
    colcemid effects, **23:**43–44
    lamins, appearance, **23:**39–43
    microtubule assembly, **23:**43
    peripheral antigens, rearrangement, **23:**40–43
gonadotropin-induced meiosis resumption, **41:**163–179
  fertility implications, **41:**178–179
  follicle maturation, **41:**166–167
  gonadotropin receptor localization, **41:**167–168
  granulosa cell population heterogeneity, **41:**167–168
  meiosis-activating sterol role, **41:**174–178
  oocyte maturation, **41:**168–169
  overview, **41:**163–165
  ovulation induction, **41:**168–169
  preovulatory surge effects, **41:**166–167
  signal transduction pathways, **41:**169–175
    calcium pathway, **41:**174
    cyclic adenosine 5′-monophosphate, **41:**170–172
    inositol 1,4,5-triphosphate pathway, **41:**174

meiosis-activating sterols, **41:**174–175
nuclear purines, **41:**173–174
oocyte–cumulus–granulosa cell interactions, **41:**169–170
phosphodiesterases, **41:**172–173
protein kinase A, **41:**172–173
human
  aneuploidy rates, **32:**82–84
  maturation, **32:**61–63
intermediate filament function, **31:**463–464
marsupial
  apolar state, **27:**178–179
  cytoplasmic polarity, **27:**180–181
  investments, **27:**221–222
  nuclear polarity, **27:**179–180
  ovulation, **27:**182–184
  vitellogenesis, **27:**181–182
  yolk, **27:**181–182
maturation
  gonadotropin influence, **30:**123–124
  hormonal regulation, **30:**137–138
  maturation-promoting factor, **30:**127–127
  steroid influence, **30:**125–126
maturational competence, **30:**126–127
meiosis, **29:**286
meiotically immature, **31:**434–442
membrane formation, **30:**110
microtubules, immunocytochemical labeling, **31:**338
mitochondrial mass formation, **30:**232–233
molecular stratification, **32:**113–114
nondisjunction, drug effect, **29:**296
nuclear organization, **30:**108, 117–118, 226, 228
nucleus, anchored by microtubules, **31:**148
octamer-binding protein expression, **27:**355–356
physiological disturbance, nondisjunction, **29:**308–309
pigmentation, **30:**218
polarity, **30:**226
reorganization in frog egg, **26:**58–61
RNA injection, **31:**478–479
size, **30:**108
spindle assembly, **30:**241–244
spindle disturbance, **29:**302, 304
spindle formation in, **29:**287, 290
stage, **30:**229, 232–233, 235
ultraviolet radiation, **30:**264
unfertilized, mouse
  centrosomes during meiosis, **23:**40–43, 45–46, 48–49

Oocytes *(continued)*
    microfilament inhibitor effects, **23:**31–34
        cortical actin regional accumulation, **23:**32
        meiotic chromosome dispersion and recovery, **23:**32–33
        microtubule-containing meiotic spindle, **23:**35, 37
        peripheral nuclear antigen ensheathing each meiotic chromosome, **23:**40–41
    vimentin asymmetric organization, **31:**460–461
    voltage-gated ion channel development, **39:**160–162, 175
    Xenopus laevis, **30:**218–244
    zona pellucida, nondisjunction, **29:**310
Ooplasmic segregation
    ascidians, **31:**245–249
    axes determined during, **31:**248–249
    models, **31:**359–361
    myoplasmic cytoskeletal domain, **31:**254–255
    teleost fishes, **31:**352–362
    Tubifex egg, **31:**211–215
O pathway, commitment to, **21:**50–52, 54–55, 59–62
Opposite phyllotactic patterns (plants), **28:**52–53
Optic nerve
    monoclonal antibodies, **21:**256, 264–266, 273
    regeneration, *Xenopus* laevis, **21:**217–218, 247, 251
        axonally transported proteins, **21:**220–222
            changes in, **21:**227–232
            phases, **21:**222–227
        injury, **21:**243–250
        neural connections
            ontogeny, **21:**218–219
            retinotectal system, **21:**220
        proteins
            labeled, **21:**232–234
            specific, **21:**234–243
        synapse formation, **21:**277–278, 290
        visual cortical plasticity, **21:**380, 381
Optic tract development, **29:**143
Oral–aboral axis
    ctenophore, **31:**42–45
    egg–embryo axial relationship, **39:**40–41
    precleavage waves coincident with, **31:**55
Oral field, determination late in development, **33:**233–235
Organelles
    accumulation, **31:**49–51
    decorating cortical long fibers, **31:**436–437
    membranous, centrifugal movement, **31:**213–214
    movement, **31:**447–448
Organ identity gene
    activity, **29:**327
    activity timing, **29:**349–350
    expression patterns for, **29:**348–351
    flower development, **29:**327–329
    genetic models, **29:**327–329
    mutants, **29:**338–344
        agamous, **29:**343–344
        altered whorls in, **29:**351–352
        apetala2-1, **29:**339
        pistillata, **29:**340
Organizer, *see also* Neuraxis induction
    arc, **30:**256, 268
    dorsal gastrula organizer equivalence, **41:**9–10
    formation, **30:**262–274
    function, **30:**254, 274–277
    gene, **30:**262
    Hensen's node, **27:**147
    higher vertebrates, **40:**79–102
        characteristics, **40:**91–102
            commitment levels, **40:**94–95
            definition, **40:**91
            elimination in early development, **40:**100–102
            gene expression patterns, **40:**95–98
            migratory patterns, **40:**93–94
            morphogenetic movements, **40:**93–94
            neural differentiation induction, **40:**98–99
            organization mechanisms, **40:**99–100
            organizer cell fates, **40:**92–93
            regionalization, **40:**99–100
        fate mapping, **40:**89–91
        gastrulation, **40:**80–84, 97
        neurulation, **40:**84–88
        overview, **40:**79–80, 102
    localization, **30:**256, 257
    reorganization in frog egg, **26:**53
    teleost, **31:**369–370
Organoculture
    cochleovestibular ganglia, **36:**121–126
        dissociated cell culture, **36:**123–126
        proliferating culture, **36:**121–122
        whole ganglia culture, **36:**122–123
    neuroretina cells, **36:**133–143
        dissociated retinal cell process evaluation, **36:**140–142
            apoptosis measurement, **36:**142
            cellular marker detection, **36:**141–142

Subject Index

proliferation assay, **36:**141
retina dissociation procedure, **36:**140–141
overview, **36:**133–134
whole cell process evaluation, **36:**137–140
apoptosis detection, **36:**139–140
differentiation assay, **36:**138–139
proliferation assay, **36:**138
whole neuroretina culture
culture media, **36:**136–137
dissection, **36:**134–136
otic vesicles, **36:**116–121
culture analysis, **36:**119–121
explant culture, **36:**117–119
isolation procedure, **36:**116–117
overview, **36:**115–116
position dependent cell interactions, **21:**36, 40
Ornithine decarboxylase, meiotic expression, **37:**177
Orthologous genes, paralogous gene discrimination, **40:**243–245
Orthophosphate, keratin, **22:**54, 55
Oryzias latipes, see Medaka
Oscillators
Drosophila, **27:**283
somitogenesis, **38:**249–252
Osteopontin, transforming growth factor-β, **24:**107
12-*O*-Tetradecanoylphorbol-13-acetate, melanogenesis in dorsal root ganglia, **20:**204
Otic vesicles
inner ear development, **36:**126–128
organotypic culture
culture analysis, **36:**119–121
explant culture, **36:**117–119
isolation procedure, **36:**116–117
overview, **36:**114–116
Otocyst, axon-target cell interactions, auditory system
early development, **21:**314–316
posthatching development, **21:**335–336
synaptic connections, **21:**324–326, 328–329
Otx gene
expression, **29:**38–39, 46
function, **29:**38
Ova, *see* Oocytes
Ovalbumin
chicken, upstream promoter, **29:**72
upstream promoter, **29:**72
Ovarian follicles, fibroblast growth factor, **24:**69–71

Ovariectomy keratin gene expression, **22:**196, 201, 203–204
Ovaries
cytoskeleton positional information, **26:**2
female zebra finch, **33:**124–125
fibroblast growth factor, **24:**58, 80
follicle structure, **30:**104, 106–108
Müllerian-inhibiting substance influence on, **29:**176, 180
regulatory EPF-B production, mouse, **23:**83–84
SDM antigen role in differentiation, chicken, **23:**175–176
transforming growth factor-β, **24:**122, 126
Oviduct, active EPF-A production, mouse, **23:**83
Ovulation
fibroblast growth factor, **24:**70–71, 80
marsupials, **27:**182–184
proteases, **24:**225, 237, 246–247
Ovum factor
EPF production stimulation, **23:**73, 84
after intraperitoneal injection into estrous mouse, **23:**84–85
cooperation with pituitary gland, **23:**84
prolactin effects *in vitro* and *in vivo,* **23:**85–86
multiple molecular forms, **23:**84–85
PAF identity with, **23:**84–85
production by ova from fertilization until blastulation, **23:**84
Oxidative stress
epididymal spermatozoa protection from, **33:**70–73
neuronal apoptosis regulation, **39:**202–204
protection, variable mechanisms, **33:**81–82
Oxygen, fibroblast growth factor, **24:**80
Oxygen tension, luminal fluids, **33:**72–73

P

p42
activation and inactivation, **33:**10–13
inactivation, **33:**13
phosphorylated residues, **33:**2–3
transcriptional regulators as substrates, **33:**17–18
p44
activation, **33:**10–13
activation and inactivation, **33:**10–13
connection to yeast, **33:**3
transcriptional regulators as substrates, **33:**17–18

p53, apoptosis, **32:**159
p58
    deep filamentous lattice, **31:**250–254
    localization
        mechanisms, **31:**266
        Molgula oocytes, **31:**260–262
        urodele restoration, **31:**265
p63, **33:**9–10
P-450
    cholesterol side-chain cleavage, **30:**114–115, 124
    gene cloning, **30:**115–116, 124
Pachytene
    mammalian female meiosis quality control checkpoint, **37:**362–364
        germ cell loss, **37:**362–363
        mouse mutant studies, **37:**363–364
        yeast mutant studies, **37:**363
    microsporocyte, **30:**128
PAF, *see* Platelet-activating factor
PAGE, actin-binding proteins, **26:**50
Pairing, *see* Chromosomes, pairing
Pair-rule gene, expression, **29:**128
Pair-rule patterning
    homologs, models for temporal segmentation control, **29:**128
    polyembryonic insects development, **35:**136, 140–141
    signal transduction, **35:**249–250
Palate
    development
        epidermal growth factor, **22:**177–180, 188, 192
        retinoid role, **35:**8–9
    epithelial cells, epidermal growth factor, **22:**175, 180–187, 192
    extracellular matrix synthesis, **22:**182–183
Palm leaves, localized cell death, **28:**60
Panagrellus redivivus, development, **25:**184–188, 192–197, 206, 217
Pancreas
    acinar/intermediate cells, conversion into hepatocytes, **20:**71, 73–76
    hepatocyte induction by
        ciprofibrate, **20:**64, 66, 68
        copper depletion-repletion diet, **20:**65–66
    insulin family peptides, **24:**139, 149, 152
    transforming growth factor-β, **24:**101
Paneth cells, chicken intestinal epithelium, **26:**127–128
Papillomas, chimeric mice, **27:**257
Paracentric inversion, nondisjunction, **29:**296

Paralogous genes, orthologous gene discrimination, **40:**243–245
Parasitism, embryological adaptation, **35:**148–151
Parathyroid hormone, proteases, **24:**242, 244
Parathyroid hyperplasia, chimeras, **27:**257
Paraxial mesoderm, somitogenesis
    cellular oscillators, **38:**249–252
    prepatterns, **38:**241–246
    specifications, **38:**231–236
Parenal loss gene, *Drosophila* development, paternal effects, **38:**24–27
Par genes, cytoskeleton polarization control
    blastomere development pathways, **39:**111–113
    gene groups, **39:**82–90
    protein distribution, **39:**84–86
Parthenogenesis
    dermoid cysts, **29:**231
    developmental failure in experiments with mammals, **23:**56–58
        sperm extragenomic contribution, **23:**56, 58
    genomic imprinting, **29:**231–233
    with haploid chromosome complement, **32:**73
    invertebrate species, **23:**55–56
    misdescribed, **31:**6
    subsequent microtubule patterns, **31:**330–333
Parthenogenones
    androgenones, phenotypes, **29:**234
    imprinted genes, **29:**266–267
    imprinting evidence, **29:**232–233
Particle motion, 95F myosin, **31:**185
Part-time proteoglycans, **25:**125
Patch-clamp recording, *Drosophila* presynaptic terminals, **36:**303–311
    electrophysiologic recordings, **36:**306–307
    larval dissection, **36:**305
    overview, **36:**303–305
    synaptic boutons, **36:**305–306
    technical considerations, **36:**307–311
Patches, *see* Mosaics
Patch mouse mutation, cell population in neural crest lineage, **25:**143–144
Paternal-effect mutations, *Drosophila* embryo development, **34:**102–103
Paternal effects, *Drosophila* development, **38:**1–28
    Caenorhabditis elegans, **38:**3–6
    fertilization, **38:**9–15
        gonomeric spindle formation, **38:**14–15
        pronuclear migration, **38:**14–15
        pronuclei formation, **38:**11–14

Subject Index

sperm entry, **38:**10–11
future research directions, **38:**28
gene expression, **38:**7–8
insect chromosome behavior, **38:**6–7
mammals, **38:**3–6
maternal–paternal contribution coordination, **38:**15–19
mutations
  considerations, **38:**19–20
  Horka gene, **38:**27–28
  ms(3)sK81 gene, **38:**22–24
  ms(3)sneaky gene, **38:**20–22
  paternal loss gene, **38:**24–27
overview, **38:**2–3, 28
Paternal investment, reduction by zebra finch, **33:**116–117
Paternity
determined by sperm in infundibulum, **33:**140–143
extra-pair, breeding behavior, **33:**110–112
proportional to sperm from different genotypes, **33:**138
Pathfinding
autonomous, growth cone, **29:**148–155
guidance cue
  axonal cell-surface molecules as, **29:**154–155
  cellular localization, **29:**154–155
  diffusible signals as, **29:**154
  distribution of positional, **29:**149–151
  models, **29:**151–153
  molecules involved, **29:**156–164, *see also* Guidance cue molecules
  nature, **29:**148–155
  neuroepithelial signals, **29:**155
  transduction machinery, **29:**160–164
normal, retinotectal projection, **29:**139–148
Pattern formation
animal-vegetal, **32:**105
anterior-posterior, **32:**105
bottle cells, **27:**45
central nervous system development
  axial patterning
    activation, **40:**113–115
    detailed patterning, **40:**115–116
    Hox gene complexes, **40:**150–153
    neural induction, **40:**112–113
    positional information, **40:**149–150
    retinoid role, **40:**149–154
    transformation, **40:**115
  retinoid signaling, **40:**134–136
  signaling pathways, **40:**154–156

Danio rerio, **41:**1–28
dorsal blastula organizer
  establishment, **41:**4–7
  gastrula organizer induction, **41:**7–9
dorsal gastrula organizer
  affector mutations, **41:**15–16
  anterior–posterior patterning, **41:**20–22
  bone morphogenetic protein role, **41:**12–20
  dorsal–ventral patterning, **41:**12–20
  dorsoventral neural patterning, **41:**20–22
  ectoderm dorsalization, **41:**12–14
  embryonic shield equivalence, **41:**9–10
  induction, **41:**7–9
  mesoderm dorsalization, **41:**12–14
  molecular genetic characteristics, **41:**10–22
dorsoventral polarity establishment, **41:**2–4
gastrulation movement coordination, **41:**22–28
  convergent extension, **41:**23–28
  epiboly, **41:**22–23
  involution–ingression movements, **41:**23
overview, **41:**1, 28
Dictyostelium prestalk and prespore cells, **28:**29–30
dorsal–ventral axis, **29:**78–79, **32:**105–106
Drosophila
early myogenic muscle patterning, **38:**40–44
  differentiation, **38:**42–44
  founder cell model, **38:**40–41
  segregation, **38:**41–42
myogenesis, *nautilus* role, **38:**50–55
even-skipped gene, posterior patterning, **40:**234–235
events, regulating gastrulation, **33:**160–161
French flag model, **28:**37
higher vertebrate Organizer
  gene expression patterns, **40:**95–98
  migratory patterns, **40:**93–94
hindbrain, zebrafish, **29:**73–80
recombination, **29:**293
Hox gene homology
  archetypal pattern variations, **40:**236–238
  axial patterning mechanisms, **40:**150–153, 231–233
hydrozoa
  biochemical approaches, **38:**113–117
  budding, **38:**106–109
  colonies, **38:**118–122
  growth, **38:**110–112

Pattern formation *(continued)*
  hierarchical model, **38:**103–106
  larval systems, **38:**95–96
  molecular approaches, **38:**117–118
  overview, **38:**81–84, 123
  polar body pattern generation, **38:**98–102
  polarity transmission, **38:**94–95
  polyps
    formation, **38:**120–122
    polyp systems, **38:**95–96
    proportioning, **38:**96–97
  size, **38:**110–112
  stolon formation, **38:**119–120
  maternal control, **39:**73–113
    anterior–posterior polarity, asymmetry establishment, **39:**78–81
    blastomere development pathways, **39:**111–113
    blastomere identity gene group, **39:**90–111
      AB descendants, **39:**91–92
      anterior specificity, **39:**102–106
      intermediate group genes, **39:**106–111
      P$_1$ descendants, **39:**91–102
      posterior cell-autonomous control, **39:**92–97
      specification control, **39:**91–92
      Wnt-mediated endoderm induction, **39:**97–102
    cytoskeleton polarization, **39:**78–81
      anterior–posterior polarity, **39:**78–81
      germline polarity reversal, **39:**89–90
      mes-1 gene, **39:**89–90
      par group genes, **39:**82–90
      par protein distribution, **39:**84–86
      sperm entry, **39:**81–82
    early embryogenesis, **39:**75–76
    intermediate group genes, **39:**106–111
      mutant phenotypes, **39:**108–111
      products, **39:**106–108
    overview, **39:**74–82
  by mesenchyme cells, **33:**217–219, 233–235
  paraxial mesoderm prepatterns, **38:**241–246
  phyllotactic, plants, **28:**51–54
  plants, hypotheses, **28:**48
  PMCs, control, **33:**178–183
  positional information, **28:**48
  rostral brain, *see* Rostral brain patterning
  rostrocaudal, segmentation versus regionalization in, **29:**104–105
  short-range interactions, **28:**37
  sites, mesenchymal, **33:**235–237
  somitogenesis, *see* Somitogenesis

spinal cord, zebrafish, **29:**73–80
vertebrate embryos
  amniote higher vertebrates, **25:**70–72
  amphibian and bird, evidence of involvement in homologous molecules, **25:**71–72
  bird development, **25:**70–71
  embryological studies, experimental, **25:**49–57
    amphibian embryo, early steps for regionalization, **25:**49–54
    nervous system, evidence on origins, **25:**56–57
    three-signal class of model and extensions, **25:**54–56
  growth factor related proteins, **25:**58–68
    DA inducers, **25:**57–61
    inducers apparently specifying nonaxial body regions, **25:**61–64
    mapping experimentally defined classes of inducer signal onto natural mechanism, **25:**64–68
  review, **25:**45–49
    background to concept, **25:**48–49
    gene products involved, **25:**46
    Xenopus as model, **25:**47–48
  stable axial patterning following primary induction, **25:**68–70
    position-specific but intracellularly acting genes, deployment, **25:**68–69
    retonoic acid, morphogen role for, **25:**69–70
vertebrate limb formation, **41:**37–59
  anterior–posterior axis, **41:**46–52
    anterior region specification, **41:**51–52
    Hox gene role, **41:**45–46, 49–51
    polarizing activity characteristics, **41:**46–49
    positional information, **41:**46–49
  dorsal–ventral axis, **41:**52–58
    apical ectodermal ridge formation, **41:**53–54
    dorsal positional cues, **41:**54–57
    dorsoventral boundary, **41:**53–54
    ectoderm transplantation studies, **41:**52–53
    mesoderm transplantation studies, **41:**52–53
    ventral positional cues, **41:**57–58
  overview, **41:**37–39, 59
  proximal–distal axis, **41:**39–46

apical ectodermal ridge differentiation, **41:**40–42
fibroblast growth factor role, **41:**39–42
gene expression, **41:**43–46
limb outgrowth, **41:**39–40
voltage-gated ion channel development, terminal differentiation expression patterns, **39:**164–175
  action potential control, **39:**166, 168
  activity-dependent development, **39:**166, 169–171, 173, 179
  ascidian larval muscle, **39:**166–170
  channel development, **39:**171, 177–178
  developmental sensitivity, **39:**165–166
  embryonic channel properties, **39:**169–170
  mammalian visual system, **39:**171–173, 175
  potassium ion currents, **39:**166
  resting potential role, **39:**168
  spontaneous activity control, **39:**168–170, 175–176
  weaver mouse mutation, **39:**173–175
  Xenopus
    embryonic skeletal muscle, **39:**170–171, 178
    spinal neurons, **39:**164–165, 175–178
pax genes
  conservation, **29:**35
  developing vertebral column, **27:**369–371
  diencephalon regulation, **29:**83
  ear development, **29:**87
  expression, **29:**33–36, 46
    nonsomitic mesoderm, **29:**89–90
  function, **29:**35
  gene products, DNA-binding by, **27:**375
  mesoderm-derived tissue, **27:**371
  mutation, **29:**35–36, 46
  neural tube expression, **27:**371–375
  neuromere expression, **29:**83
  organization, **29:**31
  proteins encoded by, **29:**31
  spinal cord neurons expressing, **29:**79
  teratogenic effects of retinoic acid, **27:**328
  zebrafish, **29:**72
    axogenesis, **29:**87
    dorsoventral patterning, **29:**78–79
    eye development, **29:**86–87
    neuron differentiation, **29:**76
PCB, *see* Polychlorinated biphenyls
p34^{cdc2}
  activation, **28:**135–136
  maintenance in inactive state, **28:**131

phosphatase-mediated regulation, **28:**135–136
pcd gene action, studies using aggregation chimeras, **27:**262
P cell lines, position dependent cell interactions, **21:**61
  blast cell
    fate, **21:**42–46
    position, **21:**46–49
  normal development pathways, **21:**37–42
PDGF, *see* Platelet-derived growth factor
Peanut agglutinin receptors, on embryonic carcinoma cells, retinoic acid, **20:**349–350
Pedicels, floral determination in *(N. silvestris)*, **27:**17–23
P element *(Drosophila)*, **28:**194–195
Peptides, *see also* Amino acids; Protein; *specific types*
  brain-specific genes, **21:**118–119, 129
  brain-specific protein 1B236, **21:**129–131, 133–136, 139
  insulin family, *see* Insulin family peptides
  neural reorganization, **21:**352, 357, 363
  position dependent cell interactions, **21:**33
  proteins, **24:**206, 211
  rat brain myelin proteolipid protein, **21:**141
Periblem, **28:**50
Periderm, keratin developmental expression, **22:**127
  antibody staining, **22:**152
  epidermal development stages, **22:**132
  immunohistochemical staining, **22:**140, 142
  localization, **22:**143, 145
Perikaryon
  auditory system, **21:**317
  carbonic anhydrase, **21:**212
  intermediate filament composition, **21:**178
  optic nerve regeneration, **21:**221–222, 245
  plasmalemma, **21:**185–187, 196, 200–201, 204
Peripheral nervous system
  fibroblast growth factor, **24:**66–67, 85
  nerve growth factor, **24:**163–169, 171–172
Peritoneal cavity, mouse, mast cells, origin and properties, **20:**328, 330–331
Perivitelline layer
  egg activation role, **30:**24
  injection of immotile sperm, **32:**68
  inner and outer, **33:**129–135
  sperm receptor isoform deposition, **32:**51–54
Permeability, protective system, **22:**262–263
Peroxidases, *see specific types*

Peroxisomes, pancreatic hepatocytes, rat
  cytochemistry, 20:74–75
  proliferation induction, 20:69–73
    enzyme activation, 20:69
    lipofuscin accumulation, 20:70–71
    volume density increase, 20:69, 71
Persistent Müllerian duct syndrome, 29:179
Pertussis toxin
  egg activation role, 30:40–41, 82
  transforming growth factor-β, 24:103
Petal development
  differentiation, 41:143–148
    epidermal cells, 41:145–148
    gene coordination, 41:152–153
    shape, 41:144–145
  genetic controls
    gene expression, 41:152–153
    identity specification, 41:138–143
    tissue differentiation, 41:152–153
  initiation, *Arabidopsis thaliana,* 29:337
  ontogeny, 41:135–138
  overview, 41:133–135, 153
Petunia, flower development, 41:134–135
p120 GAP, as Ras effector, 33:20
PGC, *see* Primordial germ cells
P₁ genes
  blastomere identity control, descendant genes, 39:91–102
    posterior cell-autonomous control, 39:92–97
    Wnt-mediated endoderm induction, 39:97–102
  cytoskeleton polarization, 39:80, 87–89
PGK, *see* Phosphoglucokinase
pH
  actin-binding proteins, 26:41
  actin organization in sea urchin egg cortex, 26:16
  dependent assembly method, 31:85–88
  intracellular changes, 25:2
  pigmentation of melanoma B16C3 cells, 20:337–338, 340
PH-30, 30:51–52
Phagocytosis, egg-sperm fusion, 32:68–72
Phalloidin
  actin-binding proteins, 26:43
  actin organization in sea urchin egg cortex, 26:11, 13
Pharbitis nil, floral determination, 27:24–26
Phase shifts, asymmetry and symmetry, 25:195–197

Phenotype
  auditory system, 21:325
  bicoid message localization, 26:32
  brain-specific genes, 21:117–118, 127
  cell lineage, 21:66, 68, 71
  epidermal growth factor, 22:176
  epidermal growth factor receptor, 24:8, 20
  fibroblast growth factor
    bone formation, 24:67–68
    carcinogenic transformation, 24:84
    ECM, 24:81–82
    vascular development, 24:76–77
  filaggrin developmental expression, 22:129, 145
  insulin family peptides, 24:144, 149
  intermediate filament composition, 21:151–152, 176–177
  keratin
    experimental manipulation, 22:81
    expression, 22:36, 43, 64
  keratin expression, 22:98, 117
  keratinization, 22:212
  monoclonal antibodies, 21:267, 273
  nerve growth factor, 24:162–163, 169, 185, 187
  phosphopeptides, keratin phosphorylation, 22:58
  phosphoproteins, keratin, 22:54, 64
  position dependent cell interactions, 21:33, 56, 62
  post-translational, 22:54–58
  proteases, 24:224
  proteins, 24:206
  pupoid fetus skin, 22:222, 225–227, 231–232
  transformation, *see* Transdifferentiation
  vertebrate growth factor homologs
    epidermal growth factor, 24:292, 295–297, 301–310
    overview, 24:291, 320–321, 324
    transforming growth factor-β, 24:313, 315, 316, 319
Phenotypic classes, mitotic mutants *(Drosophila),* 27:277–278
Phenylthiourea, PEC conversion into lentoids, 20:28–29, 32
Pheochromocytoma cells, neuronal apoptosis regulation, *in vitro,* 39:190
Pheromone receptor genes, cDNA library cloning, 36:245–249
Philadelphia chromosome, genetic imprinting, 29:244

Subject Index

Phorbol 12,13-dibutrate, tumor promotion, **29**:306–307
4b-Phorbol diesters, **30**:33–34
Phorbolesters, neural induction, **35**:198–199
Phosphatases, *see also* Alkaline phosphatase
  cadherin, function control, **35**:175–177
  β-catenin phosphorylation, **35**:169–172
  nondisjunction, **29**:306
Phosphatidylinositol
  calcium regulation during fertilization, **30**:64–65, 73, 84
  effect on 45-k-Da-actin complex, **31**:110
  egg fertilization, **31**:103–104
  hydrolysis, diacylglycerol produced by, **31**:26–27
  turnover during egg activation, **25**:4–6
Phosphatidylserine, low content in satellite cells, protection from TPA, **23**:195
Phosphodiesterases
  cAMP-specific
    activity during *Dictyostelium* development, **28**:6–7
    inhibitor, **28**:7
    gonadotropin-induced meiosis resumption role, **41**:172–173
    meiotic expression, **37**:170
Phosphoglucokinase (PGK), isozymes in germ cells, mouse embryo, **23**:139
Phosphoglycerate kinase cell marker, **27**:237
Phosphoinositide, **30**:272
Phosphoinositide 3-kinase–Akt pathway, neuronal apoptosis regulation, **39**:204–205
Phospholipase C
  PLCb, **30**:82
  PLCt, **30**:82–83
Phospholipids
  chicken intestinal epithelium, **26**:137
  embryonic induction in amphibians, **24**:279
  plasmalemma, **21**:193, 196
  transmethylation, **21**:187
Phosphoprotein, optic nerve regeneration, **21**:241
Phosphoribosylpyrophosphate synthetase, meiotic expression, **37**:177
Phosphorylation, *see also* Hyperphosphorylation
  brush border cytoskeleton, **26**:95, 105–106
  calcium regulation during fertilization, **30**:84
  β-catenin tyrosine phosphorylation, **35**:169–172
  cell cycle-dependent, **31**:408
  chicken intestinal epithelium, **26**:129, 131, 135–138

desmoplakin, **31**:460–461
epidermal growth factor, **24**:7, 17–18, 20, 33
exogenous substrate for PKC/PKM, **31**:305–306
intermediate filament composition, **21**:157–158, 170–171, 174, 178, 180
nondisjunction, **29**:306
plasmalemma, **21**:190
protein, microtubule dynamics, **31**:78–79
protein, nondisjunction, **29**:306
Rsk by MAP kinases, **33**:16–17
sites, MAP kinases, **33**:8
Thr/Tyr, MAP kinase, induced, **33**:12
transforming growth factor-β, **24**:101, 105
tyrosine kinase activates egg via, **25**:10
visual cortical plasticity, **21**:386
XMAPs, **31**:415–416
Phosphotyrosine, chicken intestinal, epithelium, **26**:135–136
Photoperiod, flowering, history, **27**:2–4
Photoreceptor, synapse formation, **21**:277–281, 283
Photoreceptor antigen, neurogenesis, **21**:267–271, 274
Photosynthetic differentiation, plants, **28**:67–69
Phyllotactic patterns, **28**:51–54, *see also* Chemotaxis
  basis for, **28**:53–54
  giberellic acid effects, **28**:53–54
  invariance, **28**:53
  types, **28**:52
Phylogenetic variation, gastrulation, **33**:240–246
Physiological control, fertilization, female choice in, **33**:107–108, 149–150
Phytomers, maize, **28**:51
PI gene, flower development role, **41**:138–143
Pigment cells
  lineage, **21**:71–72
  oocyte cortex, **31**:391–392, 402
  pattern formation, **30**:218, 235, **33**:217
  presumptive, migration, **33**:169–170
Pigmented epithelial cells
  cell lineage, **21**:79–80
  cell patterning, **21**:10, 11, 13–15
  monoclonal antibodies, **21**:257
  retinal
    properties in stable state, **20**:23
    regeneration and transdifferentiation, **20**:1–2

Pigmented epithelial cells *(continued)*
    stabilization *in vitro,* ultrastructure,
        20:23–25
    transdifferentiation *in vitro* into lens cells,
        20:21–35
        adult newt, **20:**24, 26
        ascorbic acid, **20:**30, 32
        chicken embryo, **20:**26–27
        crystallin mRNAs, **20:**144–147
        δ-crystallin gene expression, **20:**30–31, 33–35
        dialyzed bovine fetal serum, **20:**29–30, 32
        human fetus, **20:**27
        quail embryo, **20:**27
        stimulation by phenylthiourea, **20:**28–29, 32
        stimulation in hyaluronidase-phenylthiourea medium, **20:**29–30, 32
        suppression by collagen, **20:**27
    synapse formation, **21:**279, 290, 295
Pigment granules
    egg cortex, **31:**436, 440
    intact, on egg cytoskeleton, **31:**17
PI 3-kinase
    activation, **33:**18–20
    coupling Ras to Raf-1, **33:**15
Pineal
    δ-crystallin detection, **20:**90–91
    embryonic development, **20:**90
    photoreceptor cells, rudimentary, **20:**90
    tyrosinase activity, **20:**92
    in vitro development
        lentoid bodies, **20:**90–91
        muscle fibers, **20:**92–95
Pintallavis, **30:**256–257
PIP$_2$ hydrolysis
    involvement, **25:**4, 6
    via G protein to trigger Ca^{2+} wave, fusion triggering, **25:**9–10
pistillata mutant, **29:**340, 353
    floral histology, **29:**341, 343
Pisum sativum, floral determination, **27:**30
Pit-1 gene
    expression, **27:**355, **29:**45
    mutation, **29:**22
Pituitary
    brain-specific genes, **21:**144, 147
    cell types, **29:**45
    homeobox gene expression, **29:**43–45

Placenta
    allantois development, *see* Allantois, development
    cell injection into virgin mouse, immune response induction, **23:**218–219
    development, epidermal growth factor receptor gene effects, **35:**87–88
    epidermal growth factor in mice, **24:**34
    epidermal growth factor receptor, **24:**13–16, 23
    expression, **24:**18–20
    lactogens, **24:**194, 199, 200
    mammalian development, **24:**4, 7
    proteases, **24:**225
    proteins
        cathespin L, **24:**201–205
        mitogen-regulated protein, **24:**194, 196–199
        placental lactogens, **24:**199
        transforming growth factor-β, **24:**101, 118, 126
    trophoblast populations, *see* Trophoblast
Placentonema gigantisimus, nematode development, **25:**188–189
Plakoglobin, interactions with cadherins, **31:**472–475
Plants, *see also specific aspects; specific species; specific types*
    development
        overview, **41:**133–135, 153
        petals
            differentiation, **41:**143–148
            epidermal cells, **41:**145–148
            gene coordination, **41:**152–153
            gene expression, **41:**152–153
            identity specification, **41:**138–143
            ontogeny, **41:**135–138
            shape, **41:**144–145
            tissue differentiation, **41:**152–153
        stamen
            differentiation, **41:**148–152
            gene expression, **41:**152–153
            identity specification, **41:**138–143
            ontogeny, **41:**135–138
            tissue differentiation, **41:**152–153
    phenotypes
        plasticity in cell and tissue culture, **20:**375–376
            cytokinin-induced habituation, **20:**378–380
            epigenetic system of inheritance, **20:**377–378

Subject Index

supracellular mechanism, 20:376–377
stable changes during development, 20:373–375
screening with trapping vectors, 28:191
sex determination, 38:167–213
  animal comparisons, 38:207–208
  chromosome sequence organization, 38:209–210
  control mechanisms, 38:181–206
    Actinidia deliciosa, 38:204–205
    Asparagus officinalis, 38:204
    Cucumis sativus, 38:186–187
    dioecy chromosomal basis, 38:187–189
    environmental effects, 38:205–206
    Humulus lupulus, 38:190–194
    Mercurialis annua, 38:189–190
    Rumex acetosa, 38:194–199
    Silene latifolia, 38:199–203
    Zea mays, 38:182–185
  flowering plant breeding systems, 38:169–175
    dioecy, 38:174–175
    flowering, 38:169–171
    hermaphroditic plant flower structure, 38:171–174
    inflorescence, 38:169–171
    monoecy, 38:174–175
  future research directions, 38:211–212
  growth substance-mediated sex determination, ferns, 38:206–207
  hermaphrodite–unisexual plant comparison, 38:210–211
  molecular markers, 38:208–209
  overview, 38:168–169, 212–213
  unisexual plant developmental biology, 38:175–181
    dioecy, 38:178–180
    evolution, 38:177–178
    monoecy, 38:180–181
    primitive plants, 38:175–177
Plasma
  epidermal growth factor, 24:8, 13, 17, 32
  fibroblast growth factor, 24:72
  proteases, 24:220, 225
  transforming growth factor-β, 24:100–101, 122
Plasmalemma
  intramembrane particles (IMPs), 21:186, 196–197, 200–202
  sprouting neurons, 21:185, 204
    components, 21:190–195

    membrane expansion, 21:195–200
    specific membrane domains, 21:185–189
    synaptogenesis, 21:200–204
Plasma membrane
  actin-binding proteins, 26:36
  actin organization in sea urchin egg cortex, 26:9, 11–13, 15
  chicken intestinal epithelium, 26:123, 129, 131–133, 137
  egg, gamete interactions at, 32:42–52
  epidermal growth factor receptor, 24:11, 13, 18
  insulin family peptides, 24:140, 146
  lamina
    binding sites, 31:261–262
    interaction with p58, 31:269
    MCD, 31:250, 254–255
  proteases, 24:226, 234
Plasmids
  β-keratin genes, 22:240
  recombination hotspot assays, 37:46–50
    hypervariable minisatellite DNA, 37:48–50
    retroviral long terminal repeat element, 37:50
    Z-DNA, 37:46–48
Plasmin
  fibroblast growth factor, 24:74
  proteases, 24:222, 225–226, 238–239, 244, 247
  transforming growth factor-β, 24:100
Plasminogen activator
  epidermal growth factor receptor, 24:16
  fibroblast growth factor, 24:71, 75, 77–78, 80
  PGC during migration, 23:150–151
  proteases, 24:222
    inhibitors, 24:225–227
    regulation, 24:238–239, 244–248
  proteins, 24:194, 201, 211
  pupoid fetus skin, 22:232
  transforming growth factor-β, 24:107–108
Plastins, brush border cytoskeleton, 26:95
Plastochron index, flower development, 29:331–344
Platelet-activating factor (PAF)
  EPF production stimulation, mouse, 23:84
  ovum factor identity, 23:85
Platelet-derived growth factor
  cellular growth, 24:97–98, 100, 124–125, 127–128
  cellular level effects, 24:113–114, 116–117, 120
  molecular level effects, 24:108–111
  receptors, 24:103

Platelet-derived growth factor *(continued)*
  crest cell responses, **25**:142–143
  embryonal carcinoma cells, **24**:22
  epidermal growth factor in mice, **24**:37
  fibroblast growth factor, **24**:81–83
  insulin family peptides, **24**:144
  life-and-death regulation, **35**:26–27
  mammalian development, **24**:3, 8, 11
  nerve growth factor, **24**:178
  oligodendrite development, **29**:214
  proteases, **24**:224, 230, 236, 245, 248
  proteins, **24**:202, 208, 210
  regulation, **24**:17, **29**:196, 199
Platelet-derived growth factor receptor, crest cell responses, **25**:142–144
Platelets
  actin-binding proteins, **26**:37, 41, 43
  epidermal growth factor receptor, **24**:8, 12
  fibroblast growth factor, **24**:82
  reorganization in frog egg, **26**:60
  transforming growth factor-β, **24**:99, 101, 119, 122–123, 125
Pleurodeles, see also Urodeles
  actin-binding proteins, **26**:37
  extracellular matrix
    components and structure, **27**:54–56
    role in mesodermal cell migration, **27**:59–61
  function of convergence and extension movements, **27**:75–76
  substrate for mesodermal cell migration, **27**:57–59
PLF, *see* Proliferin
plu mutation *(Drosphila),* **27**:281
Pluripotency, **30**:168
Pluripotent crest cello population, developmentally, restricted subpopulations derived from, **25**:134–135
PMCs, *see* Primary mesenchyme cells
PML protein, retinoid–transcription factor interactions, **35**:16
PML-RAR chimeras, **27**:329–330
p40^MO15, **30**:134
p75 neurotrophin receptor, neuronal apoptosis regulation, **39**:205–206
png mutation *(Drosphila),* **27**:281
Pn sublineages, **25**:182–183
Poisons, microtubule, effect on oil droplets, **31**:357–359
Polar bodies
  assembly, osk RNA in, **31**:147
  bicoid message localization, **26**:28

formation in *Tubifex* eggs, **31**:204–208
hydrozoa pattern formation, **38**:98–102
reorganization in frog egg, **26**:59–60, 65, 67
zygote–early blastocyst axis relationship, **39**:49–55
Polarity, *see* Axogenesis; Embryogenesis; Pattern formation
Polar lobes, mRNA-rich, **31**:12
Polar trophectoderm–inner cell mass complex, early embryo development, conventional view, **39**:45–48
Pole plasms
  anchorage to polar cortex, **31**:222–223
  asymmetric segregation, **31**:223–224
  localization at both poles, **31**:212
  partitioning, **31**:199–200
Pollen
  formation, **34**:260–262
  tobacco
    embryogenesis, stimulation by
      abscisic acid, **20**:401
      actinomycin D, **20**:401–402
      anaerobiosis (100% N_2), **20**:399–400
      initial starvation before growth on culture medium, **20**:403–407
      mannitol-induced water stress, **20**:401–402
      quasi-anaerobiosis (2.5-5% O_2), **20**:399–400
      reduced atmospheric pressure, **20**:398–399
    embryogenesis stages *in vivo* and *in vitro,* **20**:406(scheme)
    isolation in mannitol, **20**:403
  tube growth, **34**:269–271
polo mutation *(Drosphila),* **27**:285, 294
poly(A), associated with CCD, **31**:21
Polyadenylation
  brain-specific genes, **21**:141
  human keratin genes, **22**:25
Polychlorinated biphenyls, epidermal growth factor receptor, **24**:19–20
Polyclonal antibodies, cadherin adhesion control, **35**:163
Polycystic kidney disease, characteristics, **39**:261
Polyembryony, *see* Embryogenesis
Polyfusome, *bicoid* message localization, **26**:30–31
Polymerase chain reaction
  imprinted genes, **29**:266–267
  retroviral library lineage analysis

Subject Index

babe-derived oligonucleotide library with alkaline phosphatase
  library creation, **36:**69–71
  virus evaluation, **36:**71–72
chick alkaline phosphatase with oligonucleotide library preparation, **36:**64–68
nested polymerase chain reaction, **36:**69
proteinase K digestion, **36:**68
sequencing, **36:**69
reverse transcription, **32:**13, 19
single-cell cDNA library cloning, **36:**251–254
sympathetic neuron gene expression analysis
  cDNA preparation, **36:**186–187
  conventional methods compared, **36:**191–193
  primer selection, **36:**187–189
  primer specificity, **36:**189–191
  protocol, **36:**187
  RNA preparation, **36:**186–187, 193
Polymerases
  insulin family peptides, **24:**143–144
  mammalian protein meiotic function analysis, **37:**222–223
  proteases, **24:**224, 235
Polymerization, *see also* Depolymerization
  actin, sperm incorporation, **31:**349–350
  actin-binding proteins, **26:**36, 40–41
  actin filaments, **31:**108–109, 114–118
  actin organization in sea urchin egg cortex, **26:**10, 15, 18
  brush border cytoskeleton, **26:**105–106
  chicken intestinal epithelium, **26:**134
  intermediate filament composition, **21:**152
  microtubule motors in sea urchin, **26:**72
  reorganization n frog egg, **26:**56–58, 62, 64
Polymers, microtubule, nucleation, **33:**281–282
Polymorphism
  Caenorhabditis elegans, **41:**101–104
  epidermal differentiation, **22:**49
  hormonal regulation in social insects, **40:**45–69
    caste differentiation, **40:**46–52, 68–69
      corpora allata regulation, **40:**49–51
      differential feeding, **40:**47–48
      endocrine system role, **40:**48–49
      juvenile hormone role, **40:**63–66, 68–69
      neuroendocrine axis, **40:**51–52
      prothoracic gland activity, **40:**49–51
    overview, **40:**45–46, 66–69
    reproductive organ differentiation, **40:**52–55
      drone reproduction, **40:**60–62

    hormonal control, **40:**55–63
    queen reproduction, **40:**57–60
    worker reproduction, **40:**62–63
keratin, **22:**4
neural reorganization
  activation, **21:**349, 357, 358
  insect metamorphosis, **21:**341–343, 363–364
    dendritic growth, **21:**349–352
    endocrine control, **21:**358–362
    gin-trap reflex, **21:**356–358
    mechanosensory neuron recycling, **21:**352–355, 357
    motor neuron recycling, **21:**345–349
    postembryonic neurogenesis, **21:**343–345
polyembryonic wasps, **35:**132–134, 142–145
Polymorula development, *Copidosoma floridanum,* **35:**132
Polyomavirus enhancer activator 3, mRNA expression, **33:**86–87
Polypeptide backbone, sperm receptor, **32:**48–49
Polypeptides
  β-keratin genes, **22:**238, 240, 243, 248–251
  brush border cytoskeleton, **26:**95
  chicken intestinal epithelium, **26:**136
  composition of CCD, **31:**19–21
  cytokeratins, **22:**159–163, 166–170
  egg 50kDa, **31:**111
  epidermal growth factor, **22:**176, **24:**22, 32–33
  fibroblast growth factor, **24:**62, 69
  insulin family peptides, **24:**138–140, 143
  62-kDa, colocalization with microtubules, **31:**78–79
  keratin, **22:**211
    differentiation markers, **22:**117
    differentiation-specific keratin pairs, **22:**99, 100, 111, 113
    experimental manipulation, **22:**69, 81, 89–90
    expression patterns, **22:**97–98, 120–123
    filament, **22:**11, 14
    genes, **22:**23–25
  microtubule motors in sea urchin, **26:**77, 79
  monoclonal antibodies, **21:**271
  patterns, human oocytes, **32:**81
  proteases, **24:**242
  protective system, **22:**259–261
  proteins, **24:**193, 195
    cathespin L, **24:**201–202
    ECM, **24:**205–207, 211

Polypeptides *(continued)*
  transforming growth factor-β, **24:**99, 105
  vertebrate growth factor homologs, **24:**291, 298, 322, 324
  wnt, **31:**472–475
  zebrafish eggs, **31:**347
Polyploidy, mutation-induced *(Drosophila)*, **27:**295
Polyribosomes, associated with microtubules, **31:**80–83
Polyspermy
  block, **30:**24–25, 41
  correction, **32:**63
  fast block in sea urchin, **31:**103
  physiological, **33:**129
  preventive mechanisms, **32:**52–54
  slow block in *Beroe ovata*, **31:**49
Polytene chromosomes, *Drosophila* cell cycle study, fluorescent *in situ* hybridization, **36:**280–282
Pons
  homeobox gene expression in, **29:**23–24
  structure, **29:**23
pop gene, endoderm induction, **39:**97–102
pos-1 gene, blastomere development
  identity mutations, **39:**106–111
    gene products, **39:**106–108
    mutant phenotypes, **39:**108–111
  pathways, **39:**111–113
Positional information, pattern formation, **28:**48
Positional signals, for specification of cell fate in marsupials, **27:**224–225
Position dependent cell interactions
  early deployment genes, **25:**68–69
  leech nervous system
    commitment events, **21:**49–59
    embryonic development, **21:**32–37
    O and P cells
      blast cell fate, **21:**42–46
      blast cell position, **21:**46–49
    overview, **21:**31–32
Posterior optic commissure, **29:**49, 152
Potassium ion
  ion channel development, *see* Voltage-gated ion channels
  neuronal apoptosis regulation, *in vitro*, **39:**166, 190–191
  veratridine-stimulated influx in RT4-AC cells, **20:**216–217
POU gene
  chromosomal location, **29:**29
  expression patterns, **29:**29

forebrain expression, **29:**29–31
zebrafish, **29:**72
pp60^{c-} src, deregulated, **31:**440
PPI 87B mutant neuroblastas *(Drosophila)*, **27:**296
Prader–Willi syndrome
  nondisjunction in meiosis, **29:**282
  Snrpn gene region, **29:**241
P21^{ras}, **30:**270
prd gene *(Drosophila)*, **27:**370
Pregnancy
  EPF role, **23:**73–74, 87–90, *see also* Early pregnancy factor
  epidermal growth factor receptor, **24:**10, 13, 19
  immunoregulatory factors, hypothesis, **23:**219–223
    role in fetus survival, **23:**221–223
  maternal immune response
    antipaternal alloantibody, restriction, human, murine, rat, **23:**218
    cell-mediated, lack of cytotoxic cell generation, human, murine, **23:**218, 221, 223
    induction by placental cells in virgin mouse, **23:**218–219
  proteases, **24:**246
  rate, cumulative embryo score, **32:**79
  recurrent failure, immunotherapeutic treatment, human
    antigen involvement, **23:**227
    pregnancy-depleted immunoregulatory factor, **23:**228
  termination by anti-EPF monoclonal antibodies, mouse, **23:**86–87
  trophoblast-lymphocyte cross-reactive antigen, human, **23:**226–227
  trophoblast-specific reactive antigen
    human
      antibody generation, kinetics, **23:**225
      immune complexes, composition, **23:**226
    murine, **23:**225
Pregnancy-depleted immunoregulatory factor, failure to depletion from serum of abortion-prone women, **23:**228
Pregnant mare serum gonadotropin, **30:**113
Preproinsulin, insulin family peptides, **24:**139
Preservation, cytoplasmic microtubules, **31:**419–421
Prespore cells *(Dictyostelium)*
  DIF-1 production, **28:**27–28
  DIF synthesis and secretion, **28:**31–34
  gene regulatory regions, **28:**13–18

inhibitor production, **28**:27–28
insensitivity to DIF-1, **28**:32
prespore-specific genes, **28**:10–13
proportions, **28**:28
size invariance of cell-type proportions, **28**:32
spatial localizations, **28**:20–26
Prestalk cells *(Dictyostelium)*
  DIF synthesis and secretion, **28**:31–34
  prestalk-specific genes, **28**:18–20
  pstA cells, **28**:4
  pstB cells, **28**:4
  size invariance of cell-type proportions, **28**:32
Prestarvation factor protein *(Dictyostelium)*, **28**:6
Previllus ridge formation, chicken intestinal epithelium, **26**:125–126
Previtellogenic stages
  actin-binding proteins, **26**:36
  bicoid message localization, **26**:24, 31
Primary bodies, development, **27**:113–115
Primary germ layer, lineage restriction, **32**:109–110
Primary mesenchyme cells
  archenteron formation, **27**:152
  autonomous morphogenesis, **33**:171–173
  elongation and migration, **33**:175–183
  ingression, adhesive changes, **33**:219–220
  migration, **33**:168–170, 227
  missing, replacement by SMCs, **33**:237–239
  targets, **33**:231–240
Primates, *see also specific species*
  embryonic stem cells
    definition, **38**:133–135
    human comparison
      disease transgenic models, **38**:154–157
      implications, **38**:157–160
      mouse–human–primate cell comparison, **38**:142–151
      in vitro tissue differentiation models, **38**:151–154
    isolation, **38**:139–142
    propagation, **38**:139–142
    species choice, **38**:135–139
Primitive streak
  egg–embryo axial relationships, **39**:60–63
  formation
    hypoblast role, **28**:169–170
    role of marginal zone, **28**:162–163
Primordial germ cells, *see also* Germ cells
  apoptosis, **29**:198

basic fibroblast growth factor effect, **29**:208–209
cholera toxin effect on, **29**:195
culture, **29**:194–196
differentiation
  adhesion molecule, **29**:193
  alkaline phosphatase expression, **29**:191
  alteration, **29**:193–194
  antigen expression, **29**:191–193
  cell migration studies, **29**:193
  Dominant White-Spotting gene, **29**:196–199
  female atresia, **29**:191
  genes involved, **29**:193–194
  gonad anlagen colonization, **29**:191
  leukemia inhibitory factor, **29**:205–208, *see also* Leukemia inhibitory factor
  male, **29**:202
  membrane-bound Steel Factor role, **29**:199–200, 204
  regulators, **29**:213
  serum effect on, **29**:195
  spermiogenesis, **29**:191
  Steel Factor, **29**:199–204
  Steel gene, **29**:196–199
  tumor development, **29**:194
fibroblast growth factor exposure, **29**:212
formation during oogenesis, **28**:128
forskolin effect on, **29**:195
growth
  regulation, **29**:194–215
  summary of factors regulating, **29**:215
long-term proliferation, **29**:208–215
migration, *Steel* gene mutants, **29**:203–204
nuclear transplantation, **30**:158–159
postimplantation embryo, regional segregation, **23**:132
proliferation, factors regulating, **29**:215
serum effect on, **29**:195
Probes, *see also* Fluorescence *in situ* hybridization; Markers
  β-keratin genes mRNA detection, pCSK-12 probe, **22**:240–243
  for blockage of gastrulation movements, **27**:119–120
  mesodermal cell migration, **27**:113–119
  for prestalk cell types, **28**:4
  quail–chick chimera studies, **36**:3–4
  in vitro riboprobe synthesis, **36**:224–227
Procaine, **30**:76
Procollagenase, proteases, **24**:228, 231–232, 244–245

Procollagens, proteins, **24:**207
Profilactin cup
  nonfilamentous actin stored in, **31:**116–117
  spectrin associated with, **31:**119
Profilaggrin
  developmental expression, **22:**129, 145
  keratinization, **22:**212
  pupoid fetus skin, **22:**221, 229
Profilin
  actin monomer-binding protein, **31:**108
  complex with actin, **31:**117–118
  phosphoinositide-binding, **31:**176–177
Progenitor cells, embryonically generated, **32:**142–143
Progeny, animal and vegetal, **33:**164–165
Progesterone
  epidermal growth factor, **24:**10, 40
  fibroblast growth factor, **24:**70
  protein kinase C activation induction, **31:**439–440
  serum, after therapeutic abortion, **23:**82
  transforming growth factor-β, **24:**122
Programmed cell death, *see* Apoptosis; Cell death
Progress zone, vertebrate limb formation, gene expression, **41:**43–46
Proinsulin, insulin family peptides, **24:**138–139
Prokaryotes, *see specific species*
Prolactin
  proteins, **24:**195, 197
  required for ovum factor activity
    in vitro, **23:**85–86
    in vivo, injection into hypophysectomized mouse, **23:**86
  serum, after therapeutic abortion, **23:**82
Proliferation
  brush border cytoskeleton, **26:**94, 109
  chicken intestinal epithelium, **26:**127–128, 132–133, 137–138
  insulin family peptides, **24:**137, 144, 149, 155–156
  keratin, **22:**3
    experimental manipulation, **22:**86, 89, 91, 93
    expression patterns, **22:**115, 121, 122
    skin disease, **22:**62–63
  larval epithelial cells, **32:**226
  nerve growth factor, **24:**172–175, 177, 185, 187
  proteases, **24:**220, 237, 239, 245, 248
  proteins, **24:**212
    cathespin L, **24:**201–202

  mitogen-regulated protein, **24:**198–199
  transforming growth factor-β, **24:**98, 125–127
    cellular level effects, **24:**112–122
    molecular level effects, **24:**107–108, 111
    variability and evolution, **25:**186–188
Proliferin
  proteins, **24:**195, 199
  transforming growth factor-β, **24:**101, 110
Proline
  epidermal growth factor, **22:**183
  human keratin genes, **22:**24
Promoter-binding factors, meiotic expression, **37:**157–160
Promoters
  sarcomeric gene expression, **26:**146, 152–159, 162
  tissue-specific cytoskeletal structures, **26:**5
Promoter trap, **30:**205
Promyelocytic leukemia, retinoid role, **35:**16
Proneural genes, *Drosophila* eye development, differentiation progression
  gene function, **39:**142–144
  proneural–antineural gene coordination, **39:**145–146
Pronuclei
  appearance after insemination, **32:**76–77
  developmental nuclear envelope reorganization, **35:**59–61
  dissolution, **32:**72
  egg activation, **30:**41–42
  female, **31:**44, 49, 330
  formation and apposition, **31:**324–327
  male, **31:**44, 330
    sperm nuclei transformation, **34:**26–78
      cell-free preparation comparison, **34:**29–32
      chromatin decondensation, **34:**41–52
      male pronuclear activities, **34:**75–78, 76–77
      replication, **34:**75–76
      male pronuclear development comparison, *in vivo,* **34:**27–29
      maternal histone exchange, **34:**33–40
      nuclear envelope alterations, **34:**55–74, 64–69, 69–71
        formation, **34:**59–64
        removal, **34:**55–59
      nuclear protein changes, **34:**32–40
      nucleosome formation, **34:**52–55
      overview, **34:**26–32
      in vitro conditions, **34:**47–52
      in vivo conditions, **34:**41–46

Subject Index 151

migration, **31**:51–52
migration in fertilized eggs, mammalian
   microfilament activity during, **23**:38–39
   microtubule inhibitor effects, **23**:37–38
   microtubules during, **23**:34–37
   paternal effects
     formation, **38**:11–14
     migration, **38**:14–15
   reorganization in frog egg, **26**:57–58
Prophase
   chromosome cores
     chromatin loop
       alignment, **37**:256–257
       associated DNA sequences, **37**:250–253
       attachments, **37**:247–250
       development time course, **37**:256
       DNA content, **37**:253–256
     overview, **37**:241–242
     synaptonemal complex
       electron microscopic structure analysis, **37**:242–245
       immunocytological structure analysis, **37**:245–247
       recombination site, **37**:257–259
   gametogenesis regulation, **37**:336–339, 350–351
   meiotic chromosome segregation
     heterolog association, **37**:285–286
     nonexchange chromosome homolog association, **37**:285
   onset regulation, **37**:335–336
   reorganization in frog egg, **26**:58
Prosencephalon
   homeobox genes expressed in, **29**:29
   morphogenesis, **29**:11–12
   structure, **29**:29
   synapse formation, **21**:290
Prostaglandins
   epidermal growth factor, **22**:188
   insulin family peptides, **24**:152
   proteases, **24**:227, 245
Prostomium, **29**:109
Protease inhibitors, cysteine and serine, **32**:157
Proteases
   embryonic induction in amphibians, **24**:282
   epidermal differentiation, **22**:46
   epidermal growth factor, **24**:16, 50
   fibroblast growth factor, **24**:71, 74, 78, 80–81
   growth factor-regulated, *see* Growth factor-regulated proteases
   meiotic expression, **37**:175–177
   molecular level effects, **24**:108

   proteins, **24**:194, 200, 203
   transforming growth factor-β, **24**:97–98, 100, 102, 127
     cellular level effects, **24**:114–117
     molecular level effects, **24**:107
     receptors, **24**:103
Proteasome, **30**:136–138
Protein, *see also* Amino acids; Peptides; *specific types*
   actin-binding proteins, **26**:36, 38–41, 44, 50
   actin cytoskeleton-related, **31**:115
   actin organization in sea urchin egg cortex, **26**:10, 15–19
   axonally transported, optic nerve regeneration, **21**:220–222
     changes in, **21**:227–232
     increases in, **21**:233, 234
     phases, **21**:222–227
     quantitative changes in, **21**:241–242
   bicoid message localization, **26**:23–24, 33
   brush border cytoskeleton, **26**:94–98, 112–113, 115
     differentiation, **26**:109–112
     embryogenesis, **26**:103–108
   centrosomal, role during oogenesis, **31**:408–412
   chicken intestinal epithelium, **26**:124, 128–129, 131, 133–136
   cytoskeleton positional information, **26**:1–2
   13D2, cap-specific, **31**:187–188
   embryonic induction in amphibians, **24**:278
   epidermal growth factor in mice, **24**:33–34, 52
   epidermal growth factor receptor, **24**:2, 15
     expression, **24**:17, 18, 20
     mammalian development, **24**:3, 5, 7
   epididymal, spermatozoa protection, **33**:69–70
   fibroblast growth factor, **24**:60–63
     limb regeneration, **24**:69
     vascular development, **24**:73, 76–77
   gastrulation, **26**:4
   homeo domains, DNA-binding capability, *Drosophila,* mouse, **23**:247
   hyaline layer, **33**:220–222
   insulin family peptides, **24**:155–156
     postimplantation embryos, **24**:150
     preimplantation embryos, **24**:143, 149
     structure, **24**:139–140
   45-kDa, complex with actin, **31**:110
   KssI and Fus, **33**:7–9
     relation to Erk I, **33**:3

Protein *(continued)*
  luminal fluid, **33:**64–66
  microtubule motors in sea urchin, **26:**71–72, 75–77, 79, 82
  nerve growth factor, **24:**164, 167–170, 172
    IGF-I, **24:**185
    mitosis, **24:**180, 182–184
  phosphorylation, microtubule dynamics, **31:**78–79
  proteases, **24:**248, 250
    ECM, **24:**220–221, 223
    inhibitors, **24:**225, 231–232, 234
    regulation, **24:**242, 246–247
  reorganization in frog egg, **26:**56, 58–60
  sarcomeric gene expression, **26:**145–147
    cardiac muscle, **26:**160–162
    muscle promoters, **26:**159
    muscle-specific enhancers, **26:**147, 149–151
  sperm motility and fertilizing ability, **33:**67–68
  synthesis
    altered patterns, **28:**131
    embryo developing *in vitro*
      after first cleavage division, mouse, **23:**106–108
      α-amanitin inhibitory effect, **23:**106–107
      first cell cycle, α-amanitin-unaffected, mouse, **23:**103–106
      new mRNA synthesis not required, **23:**104, 106
      one-cell stage, at various time after insemination, mouse, **23:**103
      similar pattern throughout preimplantation, human, **23:**108–110
      stage-specific differences between four- and eight-cell embryos, **23:**110
    inside and outside cells of morula, mouse, **20:**346
    neural reorganization, **21:**343
    neuronal death, **21:**114
    normal pattern in androgenetic and gynogenetic embryos, **23:**62
    oogenesis, **28:**131
    optic nerve regeneration, **21:**221–222, 232–234
    prestalk and prespore cells, *Dictyostelium discoideum*, **20:**245–246, 253
    required for adrenal chromaffin cell outgrowth, **20:**101
    sex-specific in fetal gonads, rat, **23:**164–165

  tissue-specific cytoskeletal structures, **26:**5
  transforming growth factor-β, **24:**96–102, 123, 125–127
    cellular level effects, **24:**112–115, 117
    molecular level effects, **24:**106–108, 110, 111
    receptors, **24:**104
  tubulin, **31:**72
  vertebrate growth factor homologs, **24:**290, 320, 324–325
    epidermal growth factor, **24:**292–312
    transforming growth factor-β, **24:**312, 317–318
Protein A-gold, with anti-cytokeratin antibodies, **31:**293–294
Proteinase K, retroviral vector lineage analysis, **36:**68
Proteinases, **24:**200–202, 222, 232–234
Protein–DNA binding, recombination hotspot activation, **37:**52–56
Protein domains, *Drosophila* adhesion molecules, **28:**85–87
Protein expression, brain-specific genes, **21:**117, 138
Protein kinase
  cGMP-dependent, **30:**81, 86–87
  epidermal growth factor, **24:**2–3, 5, 33
  p34^{cdc2}
    activation, **31:**466–468
    phosphorylated XMAPs, **31:**415–416
    role in microtubule dynamics, **31:**78–79
  plasmalemma, **21:**193
  transforming growth factor-β, **24:**103–104
Protein kinase A
  gonadotropin-induced meiosis resumption role, **41:**172–173
  hedgehog signaling pathway, **35:**248–249
Protein kinase C, **30:**29, 33–34, 277
  activation
    by [Ca^{2+}]i elevation, **31:**302–305
    contractile ring induction, **31:**220–221
  DAG in egg activation, involvement **25:**8–9
  downregulation, **31:**304
  eggs and embryos, analysis, **31:**311–312, 314–315
  intracellular signaling pathways, **33:**235–237
  neural induction, **35:**198–199
  optic nerve regeneration, **21:**241
  relocalization prior to mitosis, **31:**25–26
  role in onset of contractility, **31:**438–440
Protein kinase C-like enzymes, hydrozoa metamorphosis control, **38:**87–88

Subject Index

Protein kinase II, calmodulin-dependent, **30:**29
Protein kinase M, association with sheets, **31:**304–306
Protein kinase p34^{cdc2}, **27:**288
Protein phosphatase 1, mutants, **28:**135–136
Protein phosphatase inhibitor-2, regulators, **33:**2–3
Proteins growth factor
  DA inducers, **25:**57–61
  inducers apparently specifying nonaxial body regions, **25:**61–64
  mapping experimentally defined classes of inducer signal onto natural mechanism, **25:**64–68
  overview, **25:**58–68
Proteoglycans
  blastocoel matrix, **33:**228–231
  in development
    conclusions, **25:**125–125
    description, **25:**111–112
    extracellular, **25:**113–121
      basement membrane proteoglycan, **25:**117–118
      collagen type IX proteoglycan, **25:**124
      large aggregating proteoglycan, **25:**113–117
      leucine-rich repeat family, **25:**118–121
    intracellular, **25:**124–125
    membrane-associated, **25:**121–124
    methods of analysis, **25:**112–113
    part-time proteoglycan, **25:**125
  epidermal growth factor, **24:**9, 50
  fibroblast growth factor, **24:**67, 81
  leucine-rich repeat family, **25:**118–121
  localized secretion at vegetal plate, **33:**191
  proteases, **24:**220–222
    inhibitors, **24:**228, 232–234
    regulation, **24:**237, 240
  proteins, **24:**205, 210
  synthesis by cartilage developed from skeletal muscle, **20:**54–57
  transforming growth factor-β, **24:**105–107
Proteolipid protein, brain-specific genes
  overview, **21:**125, 128–129
  rat brain myelin, **21:**140–143
Proteolysis
  brain-specific genes, **21:**129, 133
  epidermal growth factor receptor, **24:**14
  fibroblast growth factor, **24:**60, 71, 73, 82–83
  human keratin genes, **22:**15
  insulin family peptides, **24:**139
  keratin expression, **22:**36
  differentiation in culture, **22:**53–54
  epidermal differentiation, **22:**37, 43, 46, 49
  skin disease, **22:**63
  keratinization, **22:**212
  proteases, **24:**223
    inhibitors, **24:**225–227, 233
    regulation, **24:**235, 238–239, 244–245
  protective system, **22:**259
  proteins, **24:**194, 207, 210, 212
  transforming growth factor-β, **24:**100–101, 114–116
  vertebrate growth factor homologs, **24:**291, 298, 317
Proteolytic processing, brain-specific genes, **21:**130, 134, 147
Prothoracicotropic hormone, social insect polymorphism
  caste differentiation, **40:**49–51
  regulation, **40:**50–52
Protofibrils
  human keratin genes, **22:**15, 24
  protective system, **22:**260
Protofilaments, human keratin genes, **22:**24
Protooncogenes
  epidermal growth factor receptor, **24:**5
  experimental manipulation, **22:**93
  proteases, **24:**230–231
  proteins, **24:**202
  transforming growth factor-β, **24:**98, 103, 108–109
  vertebrate growth factor homologs, **24:**322
Protrusions, lamellipodia
  archenteron, **33:**201–202
  blastopore, **33:**206–207
Protrusive activity
  of bottle cells, **27:**44–45
  boundary polarization, **27:**72–73
  cell interactions, **27:**71–72
  cell rearrangements during gastrulation, **27:**161–164
  killifish cells, **31:**369–370
  mediolateral intercalation, **27:**70–71
  SMCs, **33:**198–202
Proximal–distal patterning, vertebrate limb formation, **41:**39–46
  apical ectodermal ridge role
    differentiation, **41:**40–42
    gene expression, **41:**43–46
  fibroblast growth factor role, **41:**39–42
  limb outgrowth, **41:**39–40
Prx genes, cardiovascular development role, **40:**27–28

psaA gene
  coordinate expression, **28**:12
  DIF-1 effects, **28**:15
  regulatory regions, **28**:15–18
  spatial localization of cell-type specific gene products, **28**:20
  TATA box, **28**:15
PsA protein, **28**:10
Pseudoautosomal boundary, *Sry* gene isolation, **32**:3–4
Pseudocleavage
  cytoplasmic rearrangements, **31**:14–16
  related to contractile ring organization, **31**:23
Pseudohermaphroditism, male, **29**:183
Pseudolarvae, similarity to trochophore, **31**:14–16
PS integrins
  cell culture experiments, **28**:96–98
  distribution, **28**:98–101
  mutant phenotypes, **28**:98–101
  role in muscle differentiation, **28**:99–100
  sequence analysis, **28**:96–98
Psoriasis, keratin, **22**:62–63
Pulsatile activity, *see* Protrusive activity
Pulse-chase autoradiography, glycoconjugates in ECM, **27**:105
Pupoid fetus skin, abnormal development in
  future prospects, **22**:231–232
  gene expression, localization, **22**:223–226
  keratinization, **22**:219–223
  mutant epidermis, **22**:213–219
  repeated epilation mutation, **22**:227–231
Purines, gonadotropin-induced meiosis resumption role, **41**:173–174
Purkinje cells
  axon-target cell interactions, **21**:309
  cell lineage, **21**:67–68, 74, 94
    cell mixing, **21**:94
    mammalian central nervous system, **21**:80, 83–91
    timing, **21**:92
  chimerism, **27**:249
  intermediate filament composition, **21**:165
  monoclonal antibodies, **21**:263–264, 274
  synapse formation, **21**:286
  visual cortical plasticity, **21**:386
Purse string
  action
    assembly and closure, **32**:184–188
    contraction, **32**:182–183
  contractile, closing of embryonic wound, **32**:188–189
Pyruvate, uptake by human embryo, **32**:88

R

RA, *see* Retinoic acid
Radial intercalation
  convergence and extension by, **27**:68–70
  noninvoluting marginal zone, **27**:70
Radiation, epidermal growth factor receptor gene effects, **35**:102–103
Radioimmunoassay
  brain-specific genes, **21**:131, 133
  epidermal growth factor, **22**:189, **24**:13, 15, 34
  fibroblast growth factor, **24**:61, 68, 78
  insulin family peptides, **24**:149
  nerve growth factor, **24**:164
  ras oncogene
    cathepsin L, **24**:202, 204
    procollagenase, **24**:231
Rad51 protein
  mammalian protein meiotic function analysis, **37**:217–219
  synaptonemal complex recombination site, **37**:258
Raf-1, **30**:272, **33**:14–15
Rana, *see also Xenopus*
  chromatophore transdifferentiation, **20**:80–85
  oocyte polarity, **30**:225
  optic nerve regeneration, **21**:231
  reorganization in frog egg, **26**:60, 61
  synapse formation, **21**:292
Raphe cells, neocortex innervation, **21**:396, 406, 411
Rapid-cooling techniques, oocytes and embryos, **32**:85–87
RAR protein
  Fas-mediated cell death, **35**:29–30
  retinoid–transcription factor interactions, **35**:8, 13–16
RARs, *see* Retinoic-acid receptors
Ras
  activation mechanism, **33**:15–16
  enhancer of *sevenless*, **33**:26–27
  interaction with Raf-1, **33**:14–15
  receptor tyrosine kinase-regulated, **33**:20–21
  regulation of MAP kinase pathway, **33**:18–20
ras gene, **30**:41, 270
  Ddras mutant expression, **28**:19–20
  intracellular signaling pathway, **32**:160–161
  rasD (*Dictyostelium*), **28**:26, 29
  rasG (*Dictyostelium*), **28**:26
Rat
  protein synthesis in fetal gonads, sex-specific, **23**:164–165

Subject Index 155

trophoblast, antigen expression, **23**:213–214
Ratiometric fluorescence, **30**:66
rdy gene action, studies using aggregation chimeras, **27**:262–263
Reactive oxygen species
  apoptosis, **32**:154
  neuronal apoptosis regulation, **39**:202–204
  NFKB activation, **32**:162–163
Rearrangement, cellular
  archenteron elongation, **33**:193–196
  passive, **33**:203–205
Receptor hypothesis, egg activation, **30**:37–44
Receptor proteins, meiotic expression, **37**:168
Receptors, *see also* specific type
  bicoid message localization, **26**:28–31
  definition, **30**:22
  effector activation, **30**:37
Recognition
  multistep process, sea urchin fertilization, **32**:40
  targets, completion of gastrulation, **33**:215–217
Recombination
  anaphase I, **29**:289
  anaphase II, **29**:289–291
  brain-specific genes, **21**:118–119
  dynamics, **37**:39–40
  early replication, **29**:293–294
  hotspots
    chromatin DNA accessibility, **37**:51–52
    chromosome dynamics, **37**:39–40
    cis–*trans* control mechanisms, **37**:56
    crossing over, **37**:11–12
    double-stranded DNA breaks, **37**:50–51
    genetic identification, **37**:40–50
      major histocompatibility complex role, **37**:44–46
      marker effects, **37**:40–44
      physical versus genetic maps, **37**:40
      plasmid recombination assays, **37**:46–50
      polarity, **37**:40–44
    overview, **37**:38
    protein–DNA binding role, **37**:52–56
    recombination initiator models, **37**:57–65
      biochemical–genetic convergence, **37**:57–60
      Holliday junction resolution, **37**:60–65
  human male nondisjunction, **37**:396–397
  mammalian germ line, **37**:1–26
    crossing over, **37**:8–12
      physical versus genetic distances, **37**:10–11

      recombination hotspots, **37**:11–12
      sex differences, **37**:9–10
    disease, **37**:18–22
    gametogenesis study problems, **37**:3–7
      experiment size, **37**:6–7
      meiotic product recovery, **37**:3–4
    gene conversion, **37**:12–18
      evolutionary evidence, **37**:13
      gene conversion measurement strategies, **37**:15–18
      major histocompatibility complex, **37**:13–14
    genetic control, **37**:22–26
      early exchange genes, **37**:22–23
      early synapsis genes, **37**:23–24
      late exchange genes, **37**:24–26
    overview, **37**:2–3
  meiotic delay, **29**:294
  nondisjunction, **29**:289–298
  nonvertebrate, **29**:291
  sex as factor in, **29**:293–294
  sex-reversing, **32**:17
  synaptonemal complex-associated late nodules, **37**:257–259
  vertebrate, **29**:291–298
Reconstituted animals, clonal analysis, **25**:164–167
Redifferentiation, neural reorganization, **21**:341
Redundancy, *Drosophila* mutants, **28**:112–113
Reepithelialization
  adult tissues, **32**:178
  embryonic wound, **32**:182–183
Reflecting platelets
  guanosine-induced in melanophores, **20**:84–85
  iridophores, **20**:79–84
Regeneration
  hydra, effects on
    epitheliomuscular cells, **20**:265
    nematocyte differentiation, **20**:284–285
    neuron subsets, **20**:274–276
  medusa manubrium from striated muscle grafted on endoderm, **20**:128–131
    cell cycle, **20**:131–133
    collagenase effect, **20**:128–129
    DNA synthesis, **20**:130–131
  isolates, **20**:124–127
  visual cortical plasticity, **21**:375
Regionalization
  of amphibian embryo, **25**:49–54
  Drosophila, **29**:118–119
  genes, leech, **29**:119–121

Regionalization *(continued)*
  rostrocaudal patterning in, **29:**104–105
  temporal mechanisms, speculation on, **29:**126–127
Regulatory proteins, meiotic expression, **37:**170–172
Remodeling
  collagen meshwork, **32:**180
  F-actin meshwork, **31:**351–352
  intestinal, metamorphosis, **32:**212–227
  keratin filaments, **31:**468
  microtubule array during maturation, **31:**394–400
  sheets, mammalian development, **31:**277–315
Reorganization
  actin-binding proteins, **31:**437–438
  cortical, triggering mechanisms, **31:**220–221
  cortical cytoskeleton, **31:**439–440
  cortical F-actin, **31:**200–202, 206–207
  cytoskeletal
    associated signal transduction, **31:**102–104
    cellular signals leading to, **31:**25–29
    embryo, spectrin redistribution, **31:**120–121
    intermediate filaments, **31:**455–479
    microtubule, mutations affecting, **31:**151
Repair proteins
  DNA double-stranded break repair gene function, **37:**117–118, 126–128, 132–134
  meiotic expression, **37:**152–155
  mismatch repair genes, **37:**221–222
Repeated epilation mutation, pupoid fetus skin, **22:**227–231
Repeat elements, recombination hotspot identification, **37:**45, 50
Repeat family, leucine-rich, **25:**118–120
Reporter cells, retinoid response assay, **40:**126–127
Reproduction, *see specific aspects*
Repulsive guidance cues, target recognition, **33:**216–217
Rescue, catastrophe, **31:**407–408, 416–417
Reserpine, pregnant rat treatment, intestinal neuron noradrenergic properties, **20:**170
  plasma glucocorticoid hormone role, **20:**171–172
Respreading, bottle cells, **27:**45–46
Restiction fragment length polymorphism, keratin, **22:**89
Resting phase, *see* Gap$_2$ phase
Resting potential, voltage-gated ion channel development, terminal differentiation expression patterns, **39:**168

Retina, *see also* Neuroretina cells
  carbonic anhydrase, **21:**207, 212–213
  cell lineage, **21:**78–80, 93–94
  cell patterning, **21:**10, 11, 13
  chicken embryo
    cultured cells, conversion into lenslike phenotype, **20:**4–5
    Müller glia cells
      carbonic anhydrase content, **20:**7, 9
      gliocytes in monolayer culture, conversion to lentoids, **20:**6–16
      glutamine synthetase induction by cortisol, **20:**5–6
      membrane protein MP26 appearance, **20:**14–16
      R-cognin antigen loss, **20:**12–14
    neural cells
      conversion to lentoids, crystallin mRNAs, **20:**144–147, 149
      δ-crystallin mRNA detection, **20:**138–144
    PEC, *see* Pigmented epithelial cells
  development, **29:**142–143
  ganglion cells
    monoclonal antibodies, **21:**264–266
    optic nerve regeneration, **21:**247
    injury, **21:**245
    labeled proteins, **21:**235, 241
    neural connections, **21:**219–220
    specific proteins, **21:**232, 233
  growth cones, **29:**136, 143, 145
    autonomous pathfinding by, **29:**148–155
    growth
      highway model, **29:**152
      patchwork cue model, **29:**153
      X-Y coordinate model, **29:**152–153
    signal location for, **29:**148–149
  intermediate filament composition, **21:**155, 161, 166–168
  mode of growth, **29:**139
  monoclonal antibodies, **21:**266, 268, 272–273
  mosaic pattern analysis, **27:**246–247
  mouse fetus, glia cells in long-term culture, **20:**159–160
    chicken δ-crystallin gene expression, **20:**160, 163
    transdifferentiation, **20:**163
  neuronal death, **21:**112
  neuroretina cells
    cytoplasmic marker quantification, **36:**216–217
    organoculture, **36:**133–143

Subject Index

apoptosis detection, **36:**139–140
apoptosis measurement, **36:**142
cellular marker detection, **36:**141–142
culture media, **36:**136–137
differentiation assay, **36:**138–139
dissection, **36:**134–136
dissociated retinal cell process evaluation, **36:**140–142
overview, **36:**133–134
proliferation assay, **36:**138, 141
retina dissociation procedure, **36:**140–141
whole cell process evaluation, **36:**137–140
sibling relationship determination, **36:**56–59
optic nerve regeneration, **21:**217
axonally transported proteins, **21:**221
injury, **21:**247
labeled proteins, **21:**232–233
retinal axons, time-lapse studies, **29:**144–146
synapses formation, **21:**277–279, 306–307
markers, **21:**279–280
molecular patterns, **21:**280–286
TOP
antigen properties, **21:**291–292
cellular distribution, **21:**288–289
development, **21:**289–290
expression, **21:**292–297
function, **21:**297–306
gradient geometry, **21:**286–288
specificity, **21:**290
topographic gradient molecules, **21:**279
topography, **29:**147
visual cortical plasticity, **21:**375–376
Retinal pigmental epithelium (RPE), *see* Pigmented epithelial cells
Retinoblastoma cells, transforming growth factor-β, **24:**102
Retinogenic area, ventral cells moving to, **32:**124–125
Retinoic acid
cytokeratins, **22:**169
differentiation, cell culture models for, **27:**325–327
effect on cardiomyocyte development, **33:**273–274
embryonic positional information along anteroposterior axis, **27:**357–358
enzymes regulating, **27:**336
epidermal growth factor receptor, **24:**21
genes transcriptionally activated by, **27:**362

Hox gene expression, **29:**18–19
hox gene expression, **27:**364–366
induction of embryonic carcinoma cell differentiation, mouse, **20:**347–353
refractoriness to, **20:**353
reversibility, **20:**349–353
inner ear development role, **36:**127–128
insulin family peptides, **24:**148–149
keratin, **22:**3
gene expression, **22:**204
legless mutation, **27:**339
ligand for retinoid X receptor-α, **27:**323
medical applications, **27:**329–330
monoclonal antibodies, **21:**257
as morphogen, **27:**358–359
morphogen role for, **25:**69–70
presence in embryo, **27:**335–336
proteases, **24:**227
role in developing chick wing bud, **27:**324–325
teratogenic effect, **29:**19
teratogenicity, **27:**328–329
Retinoic acid-binding proteins, embryo development, **40:**129–131
Retinoic acid receptors
amino acid comparisons, **27:**312
AP-1 transcription factor elements, **27:**333
classes, **27:**310–311
cloning and expression pattern, **27:**359–361
dimerization signals, **27:**316–318
DNA sequence binding specificity, **27:**318–322
dominant negative mutations, **36:**91
dominant-negative repression of receptor function, **27:**337–338
function and specificity, **27:**336–339
genomic organization, **27:**312
homologies between receptor classes, **27:**311
hox gene family regulation, **27:**331
isoforms, **27:**311
modular structure, **27:**310–314, 360
OCT protein expression, **27:**332
research concerns, **27:**334–339
in situ hybridization, **27:**361
specific expression, **27:**314–316
specific functions, **27:**360
specificity differences for specific retinoids, **27:**322–323
targeted genes in ES stem cells, **27:**339
transcriptional regulation by, **27:**361–362
transgenic studies, **27:**335–336

Retinoids, *see also* Retinoic acid; Vitamin A
  apoptosis
    commitment influence, **35**:5
    direct proliferation modulation, **35**:17–26
      Bcl2 protein, **35**:24–25
      breast cancer cell lines, **35**:22–23
      C-*myc* proto-ongocene, **35**:23–24
      death machinery, **35**:24–26
      inner-cell-mass–like cells, **35**:19–22
      myeloid cells, **35**:23
      neuroblastoma cells, **35**:23
      tissue transglutaminase, **35**:25–26
    availability, **27**:323–324
  cell cycle regulation, **35**:4
  central nervous system development, **40**:111–157
    axial patterning, **40**:112–116
      activation, **40**:113–115
      detailed patterning, **40**:115–116
      neural induction, **40**:112–113
      transformation, **40**:115
    function variation studies, **40**:136–142
      dominant negative approaches, **40**:138–140
      ligand depletion, **40**:140–141
      RAR function gain, **40**:141, 156–157
      RXR knockouts, **40**:137–138
    orphan receptors, **40**:142–149
      COUP-TF homodimers, **40**:147–148
      DAX-1 homodimers, **40**:148
      DR1 homodimers, **40**:147–148
      minor receptors, **40**:147–149
      retinoid signaling pathway interactions, **40**:143–147
      RXR heterodimers, **40**:143–147
    overview, **40**:112, 156–157
    patterning pathways, **40**:154–156
    retinoid ligand role, **40**:120–131
      cellular retinoic acid-binding proteins, **40**:129–130
      enzyme catalyzed conversions, **40**:127–129
        metabolic conversions, **40**:121–124
        reporter cell assays, **40**:126–127
        retinoid activity, **40**:121
        in situ localization, **40**:127
        transgenesis, **40**:127
        in vivo availability, **40**:124–127
      retinoid targets, **40**:149–154
        Hox gene complexes, **40**:150–153
        positional signaling, **40**:149–150
        transgenic analysis, **40**:153–154
    signaling
      cofactors, **40**:136
      expression patterns, **40**:134–135
      signal pathways, **40**:134–135, 142–146
      signal transduction, **40**:131–134
      targets, positional signaling, **40**:149–150
    teratogenesis
      anteroposterior positional information, **40**:119–120
      apoptosis, **40**:118–119
      epimorphic respecification, **40**:118–119
      growth regulation, **40**:118–119
      hindbrain modifications, **40**:117–118
      mesoderm role, **40**:119
      neural tissue role, **40**:119
      neural transformations, **40**:116–117, 156–157
      neurogenesis, **40**:119–120
      retinoids, **40**:119–120
  definition, **35**:2
  external cell regulating signals, **35**:26–31
    epidermal growth factor, **35**:27
    extracellular matrix, **35**:30–31
    Fas-mediated cell death, **35**:29–30
    fibroblast growth factors, **35**:28–29
    insulinlike growth factors, **35**:26–27
    platelet-derived growth factor, **35**:26–27
    transforming growth factor-α, **35**:27
    transforming growth factor-β, **35**:27–28
  future research directions, **35**:32
  keratin gene expression, **22**:196
  morphogenesis role, **35**:5–11
    cultured cells, **35**:10–11
    limb development, **35**:7–8
    neural crest differentiation, **35**:6–7
    palatogenesis, **35**:8–9
    phenotype mutations, **35**:9–10
    tumor response, **35**:10–11
  retinoic-acid–independent responses, **35**:31–32
  specific binding of retinoic acid receptors, **27**:322–323
  transcription factor interactions, **35**:12–17
    AP-1 factors, **35**:16–17, 73
    PML protein, **35**:16
    RAR protein, **35**:8, 13–16
    retinoid receptors, **35**:12–16
      apoptosis control, **35**:13
      neoplasia, **35**:14–16
      overview, **35**:12
      receptor mutants, **35**:12–13

Subject Index

Retinoid X receptors
  dominant-negative repression of receptor function, **27:**337–338
  function and specificity, **27:**334–339
  modular structure, **27:**310–314
  research concerns, **27:**334–339
  specific expression, **27:**314–316
  specificity differences for specific retinoids, **27:**322–323
  targeted genes in ES stem cells, **27:**339
  thyroid hormone receptor, heterodimers, **32:**221
Retinol, *see* Vitamin A
Retinotectal system
  axon, normal pathfinding, **29:**139–148
    time-lapse studies, **29:**144–146
  development, **29:**138–139
  diffusible signals, **29:**154
  early studies, **29:**136
  experimental tools for, **29:**136–139
  monoclonal antibodies, **21:**265–266
  normal pathfinding, **29:**139–148
    time-lapse studies, **29:**144–146
  retinotectal projection
    adult characteristics, **29:**144
    D-V versus A-P Order, **29:**148
    embryonic manipulation effects on, **29:**149–150
    experimental aspects, **29:**136
    normal, **29:**142–144
    right eye development, **29:**142
    topography, **29:**146–148
  topography, **29:**147–148
  Xenopus laevis, **21:**219–221, 229
Retinotopy
  monoclonal antibodies, **21:**265–266
  optic nerve regeneration, **21:**231, 232
Retroviral long terminal repeat element, recombination hotspot identification, **37:**45, 50
Retroviral vectors
  lineage analysis
    babe-derived oligonucleotide library with alkaline phosphatase library, **36:**69–73
    chick embryo infection, **36:**62–64
    polymerase chain reaction analysis, **36:**68–69
    proteinase K digestion, **36:**68
    replication-competent helper virus, **36:**54–55
    retroviral library preparation, **36:**64–68
  rodent infection
    exo utero surgical virus injection, **36:**61–62
    in utero virus injection, **36:**59–61
    sibling relationship determination, **36:**56–59
    transduction, **36:**51–53
    virus stock production, **36:**53–54
  mosaicism induction in mouse embryo
    postimplantation, **23:**126–127
    preimplantation, **23:**127–128, 134, 142
  proteases, **24:**222
  transgenic fish, **30:**189
  vertebrate growth factor homologs, **24:**322
Reverse transcription–polymerase chain reaction, cDNA library construction, **36:**247
RGD sequence, **30:**50
Rhizobrium, symbiotic relationship, **34:**221–224
rho, **30:**41
Rhodamine-dextran, as exogenous marker in cell lineage assay, **23:**120, 122
Rhodamine-phalloidin staining, teleost eggs, **31:**345–352
Rhombencephalon
  development, *Hox* gene function in, **29:**20–21
  Hox gene expression in, *see Hox,* expression structure, **29:**12–13
Rhomboid gene, **25:**38–39
Rhombomeres
  4 and 5, mutational effects on, **29:**21–22
  plasticity studies, **36:**10–12
  retinoic acid effect on, **29:**19–20
  subdivisions, zebrafish, **29:**80
  zebrafish
    consensus structure, **25:**99
    individual identities, **25:**100–101
    internal structure, **25:**98–100
    pairs patterned together, **25:**101–103
Rhombotin, **29:**38
Ribonucleoproteins, *bicoid* message localization, **26:**30
Ribonucleotide reductase, fibroblast growth factor, **24:**72
Riboprobes, *see* Probes
Ribosomal S6 kinase II
  Drosophila homolog, **33:**29
  phosphorylation by MAP kinases, **33:**16–17
Ribosomes
  associated with microtubules, **31:**79–83
  neuronal death, **21:**105

Ribosomes *(continued)*
  polyribosomes, associated with microtubules, **31**:80–83
  storage sites, *see* Sheets
Ribulose-bisphosphate carboxylase, expression in leaves, **28**:69
Rim-1, protein kinase C reporter dye, **31**:303, 311–312
Ring canals
  resulting from incomplete cytokinesis, **31**:141–143
  Xenopus axis formation, **30**:231
Rings, contractile
  F-actin, **31**:218–220
  formed by oocyte cortex, **31**:439–440
RIT, *see* Rosette inhibition test
RNA
  antisense, **30**:204
  bcd, **31**:144–145, 153
  bicoid message localization, **26**:24, 27–28, 33
  β-keratin genes, **22**:240–242, 248–251
  brain-specific genes, **21**:127, 148
    clonal analysis, **21**:124–126
    complexity studies, **21**:119–123
    expression, **21**:144–146
    rat brain myelin proteolipid protein, **21**:141
  brush border cytoskeleton, **26**:110
  cell lineage, **21**:76
  early transiently localized, **31**:148–150
  early transiently localized RNAs
    effects of microtubule inhibitors, **31**:158–159
    K10, *Bic-D,* and *orb*, **31**:148–150
  ectopic axis assay, **30**:260–262
  embryonic induction in amphibians, **24**:278
  epidermal growth factor, **22**:176
  epidermal growth factor receptor, **24**:13, 15
  fibroblast growth factor, **24**:62
  gene expression inhibition by antisense oligonucleotides, direct target mRNA measurement, **36**:40
  grk, **31**:147–148
  human keratin genes, **22**:25, 27
  injection into oocytes, **31**:478–479
  insulin family peptides, **24**:154, 156
    postimplantation embryos, **24**:151–152
    preimplantation embryos, **24**:148
    structure, **24**:140
  keratin gene expression
    localization, **22**:198–199
    steady-state, **22**:196–197
    vaginal epithelium, **22**:202
  localization, **30**:266–267
    biochemical enrichment, **31**:160–164
    common features and differences, **31**:154–159
    dorsoventral patterning, **31**:147–148
    Drosophila oocytes, **31**:139–164
    Xenopus cortical cytoskeleton, **31**:440–442
  maternal, animal blastomeres containing, **32**:122–123
  meiotic synthesis, **37**:147–148
  messenger RNA
    actin-binding proteins, **26**:36, 50
    α- and β-crystallin, chicken embryo lens cells during embryogenesis, **20**:144–145
    retinal cells during transdifferentiation, **20**:144–147
    α-and β-tubulin, **31**:71
    Anl-3, **32**:114
    B/C and D/E protein, gene expression, **33**:64–66
    bicoid message localization, **26**:23–33
    β-keratin genes, **22**:236, 251
      expression, **22**:239–240, 243–247
      localization, **22**:247–248
      pCSK-12 probe, **22**:240–243
    brain-specific genes, **21**:118–119, 126–128, 147–148
    brain-specific protein 1B236, **21**:129, 132, 134, 138–139
    clonal analysis, **21**:123–126
    expression, **21**:143
    rat brain myelin proteolipid protein, **21**:140–142
    RNA complexity studies, **21**:120–123
    brush border cytoskeleton, **26**:110–111
    chicken intestinal epithelium, **26**:133–135
    c-mos, **28**:140
    cortical, distribution, **31**:10
    CRES, localization, **33**:69–70
    critical for oocyte patterning, **31**:143–150
    cyclin, *Drosophila,* **27**:290
    cytoskeleton positional information, **26**:1–2
    distribution, **30**:218–219, 221–222, 236
    ecmA and *ecmB* genes, **28**:19
    embryonic induction in amphibians, **24**:266, 271, 275, 278, 281, 283
    3' end, interaction with intermediate filaments, **31**:20–21
    endogenous, storage during oocyte growth, **28**:130

Subject Index

epidermal growth factor, **22**:191–192
epidermal growth factor and mice, **24**:32, 34, 46
   receptor, **24**:8–13, 17, 22
fibroblast growth factor, **24**:60, 63, 65, 84
GGT, **33**:78–87
homeo box gene transcripts
   human, **23**:244
   murine, **23**:240–246
   Xenopus, **23**:246
human keratin genes, **22**:21, 25–26
ICE, **32**:157
insulin family peptides, **24**:155
   postimplantation embryos, **24**:150–152
   preimplantation embryos, **24**:144
   structure, **24**:139–140
keratin, **22**:2
   differentiation in culture, **22**:50
   experimental manipulation, **22**:90
   expression patterns, **22**:98
   gene expression, **22**:196–197
   localization, **22**:199–201
   phosphorylation, **22**:55
localization, **31**:237–239
maternal, **32**:129
maternal, accumulation and distribution, **31**:391–393
mgr mutation *(Drosophila),* **27**:294–295, 298–299
mh mutation *(Drosophila),* **27**:282
microtubule-associated, translational status, **31**:82–83
monoclonal antibodies, **21**:271
nerve growth factor, **24**:164, 166, 170–171
neural reorganization, **21**:343, 362
nuclear transplantation, **30**:156, 199, 204
PEA3, **33**:86–87
polar lobes rich in, **31**:12
prespore-specific proteins *(Dictyostelium),* **28**:12
prestalk, *Dictyostelium discoideum* development, **20**:248
prestalk-specific proteins *(Dictyostelium),* **28**:19
proteases, **24**:223–224
   inhibitors, **24**:227, 231–232, 234
   regulation, **24**:235, 242–248
proteins
   cathespin L, **24**:201–205
   ECM, **24**:208–211
   mitogen-regulated protein, **24**:195–198

pupoid fetus skin, **22**:222
reorganization in frog egg, **26**:60
retinoic acid receptors, **27**:315–316
retinoid X receptors, **27**:315–316
for ribose-1,5-biphosphate carboxylase subunits, **20**:388
   induction by light or cytokinin, cucumber cotyledons, **20**:388
spectrin, late blastulation, **31**:120–121
storage in egg, **31**:30
synthesis during oogenesis, **28**:130
transforming growth factor-β, **24**:109, 115, 121, 123–125
Vg1
   anchored to cortex, **31**:441–442
   solubilization, **31**:464
   Xwnt-11, **32**:115, 117–118
mixed with lineage tracer, **32**:120–121
nerve growth factor, **24**:167
neuronal death, **21**:113–114
osk, **31**:146–147
processing proteins, meiotic expression, **37**:160–162
proteases, **24**:223–224
proteins, **24**:196–197, 202, 204, 206
reorganization n frog egg, **26**:59
sarcomeric gene expression, **26**:145
species, transport via microtubule motors, **31**:151–153
sympathetic neuron gene expression analysis, **36**:186–187, 193
synthesis, **30**:151
   required for adrenal chromaffin cell outgrowth, **20**:101–102
testis circular transcript, **32**:19–20
RNA polymerase
   β-keratin genes, **22**:248
   brain-specific genes, **21**:145
   keratin gene expression, **22**:199
Rnase protection technique, retinoic acid receptor gene expression, **27**:314–315
rod mutation *(Drosphila),* **27**:285, 294, 298
Rohan-Beard neurons
   mean number, **32**:112
   number increase, **32**:126–127
   progenitors, **32**:109–110
Rolled locus, ERK-A allelic to, **33**:28–29
Roots, *N. tabacum,* leaf-root interplay, **27**:6–7
Rosette inhibition test, EPF assay using lymphocytes and anti-lymphocyte serum
   human, **23**:74–75
   murine, **23**:75–76

Rostral brain patterning, **29:**80–87
  axogenesis, **29:**87
  eye development in, **29:**86–87
  midbrain-hindbrain boundary determination, **29:**84–86
  neuromere organization, **29:**82–83
  pax early expression, **29:**81–82
  regional expression, **29:**82–84
Rostrocaudal patterning, segmentation versus regionalization in, **29:**104–105
Rough endoplasmic reticulum, *see* Endoplasmic reticulum
Rpa protein, mammalian protein meiotic function analysis, **37:**219–221
R7 photoreceptor, induction in *Drosophila* eye, **33:**22–31
R-ras, interaction with Bcl-2, **32:**152–153
Rsk
  Drosophila homolog, **33:**29
  phosphorylation by MAP kinases, **33:**16–17
Rs1-0 mutation (maize), **28:**73
RSV-Ig-mycA transgene, **29:**237
RSV promotor, **30:**201
RT4-AC cells, rat
  conversion into
    nontumorigenic neuronal RT4-B and RT4-E lines, **20:**214–219
    tumorigenic glial RT4-D line, **20:**214–219
  isolation, **20:**212
  neuronal and glial properties, **20:**212–213, 219–220
  tumorigenesis from single cell, **20:**219–220
3-4-5 rule, **27:**321
Rumex acetosa, sex determination, **38:**194–199
runt gene, **29:**128
Ruthenium red, **30:**72, 76, 79–80
RXR genes, central nervous system development function variation studies
  function gain, **40:**141, 156–157
  knockouts, **40:**136–138
  orphan receptors, **40:**143–147
RXRs, *see* Retinoid X receptors
Ryanodine, **30:**64, 71–73, 76–77
Ryanodine receptor, **30:**30–33, 71–81, 88

S

Saccharomyces cerevisiae
  cytokinesis, **37:**322–324
  DNA double-stranded break repair gene function, **37:**117–118, 126–128, 132–134
  female meiosis regulation, pachytene quality control checkpoint, **37:**363
  KssI and Fus3 proteins, **33:**7–9
  meiotic chromosome segregation, **37:**289–290
  meiotic protein function analysis, **37:**214–216, 230–232
  relation to Erk1, **33:**3
  vertebrate growth factor homologs, **24:**298
Salmon ovary, **30:**107–108
Sandwich explants
  cell rearrangements during convergent extension, **27:**157
  Xenopus, convergence and extension, **27:**67, 74
Sarcolemma, associated with intersomite, junction, **31:**476–477
Sarcomeric gene expression
  cardiac muscle, **26:**159–162
  muscle promoters, **26:**152–159
  muscle-specific enhancers, **26:**147–152
  overview, **26:**145–147, 162–164
Sarcoplasmic reticulum, sarcomeric gene expression, **26:**160
Satellite cells
  chicken embryo myoblasts, stage of appearance, **20:**48–50
  muscle
    acetylcholine receptor expression, **23:**195–196
    from adult animals, myogenesis recapitulation, *in vitro,* **23:**194–195
    division rate, **23:**198
    from embryo, TPA-resistant differentiation, **23:**195–196
    heterogeneity, **23:**198–201
    lack of antimyosin antibody binding, **23:**196
    location and morphology, **23:**194
    muscle regeneration after injuries, **23:**197–198
    as myogenic cell precursors, **23:**200–203
    postnatal development, differentiation and fusion, **23:**197–198
    time of appearance, **23:**196
Saturation hybridization, brain-specific genes, **21:**119–120
Scanning electron microscopy
  ascidian eggs and embryos, **31:**271–272
  brush border cytoskeleton, **26:**101
  chicken intestinal epithelium, **26:**125
  ECM fibrils, **27:**107–108
Scarring, adult wound healing, **32:**179–180

Subject Index

Schistocerca
  embryo development, segmentation regulation, **35**:128
  neuronal death, **21**:107
Schizosaccharomyces pombe, genes borrowed by *Drosophila,* **27**:288–291
Schwann cells
  brain-specific genes, **21**:117, 143
  intermediate filament composition, **21**:155
  pupoid fetus skin, **22**:215
  synapse formation, **21**:285
Sciatic nerve, Schwann cells, neuronal and glial properties *in vitro,* rabbit, **20**:213
Sclerosis, characteristics, **39**:262–263
Sclerotome, differentiation, **38**:261–263
Screw gene, **25**:27–35
Sc/sc anterior metatarsus (ScAM), β-keratin genes, **22**:240, 243, 245, 247
sdc genes, sex determination regulation, dosage compensation coordination, **41**:110–111
S2 *Drosophila* cell line, **28**:82
SDS-polyacrylamide gradient, epidermal differentiation, **22**:38–39
SDS-soluble proteins, epidermal differentiation, **22**:37
Sea anemone, *Hox* gene cluster, evolutionary implications, **40**:211–247
  antiquity, **40**:218–229
    diploblastic phyla gene isolation, **40**:220–221
    homology, **40**:221–229
  axial specification role, **40**:229–235
    cnidarian gene expression, **40**:234, 239–242
    differentiation, **40**:231
    even-skipped gene expression, **40**:234–235
    patterning mechanisms, **40**:231–233
    terminal delimitation, **40**:231
  genomic organization significance, **40**:235–240
    archetypal cluster reconstruction, **40**:236
    archetypal pattern variations, **40**:236–238
    even-skipped gene location, **40**:238–239
  Hox gene cluster, **40**:218–235
  overview, **40**:212–214
  phylogenetics role, **40**:243–247
    ancestral–derived state discrimination, **40**:245–246
    even-skipped gene phylogenetic analysis, **40**:246–247
    orthologous–paralogous gene discrimination, **40**:243–245
    variable gene recovery interpretation, **40**:246
  sea anemone study, **40**:214–218
  zootype limitations, **40**:242–243
Sea urchin, *see Strongylocentrotus purpuratus*
Secondary bodies, development, **27**:113–115
Secondary mesenchyme cells
  archenteron formation, **27**:153
  conversion response, **33**:237–239
  dependent archenteron elongation, **33**:196–199
  filopodia attachment
    to animal hemisphere, **33**:203
    to ectoderm, **33**:196–199
  gastrulation, **33**:211–219
  morphogenesis, **33**:169
  motile repertoire, **33**:211
Second messenger system, **30**:38, 41, 45–46, 125
SEG, *see* Erk3 group kinases
Segmentation
  annelid, temporal and spatial modes, **29**:105–107
  arthropod, temporal and spatial modes, **29**:105–107
  drosophila, **29**:118–119
  genes, leech, **29**:121–123
  rostrocaudal patterning in, **29**:104–105
  temporal mechanisms, speculation on, **29**:127–129
  zebrafish
    extrinsic programming, **25**:84–93
    head, tissues in, **25**:90–93
    intrinsic programming, **25**:93–98
    trunk, characteristics, **25**:84–86
Segregation, *see also* Chromosomes, bivalent segregation
  asymmetric, pole plasms, **31**:223–224
  of developmental potentials, **31**:46
  ooplasmic
    ascidians, **31**:245–249
    MCD, **31**:254–255
    models, **31**:359–361
    teleost fishes, **31**:352–362
    Tubifex egg, **31**:211–215
SEM-5, member of Src homology adapter family, **33**:34
Semen, *see* Spermatozoa
Semigamy trait, cotton, **28**:71
Seminal glomera, zebra finch, sperm competition, **33**:118–119

Seminomas, cytokeratins, **22:**169–170
Sendai virus, **30:**148, 153
Sensilla, neural reorganization, **21:**355, 357, 360–362
Sensory neurons
  endocrine control, **21:**359–362
  mature, differentiation, **32:**152
  recycling, **21:**354–355
Sepal initiation, *Arabidopsis thaliana,* **29:**337
Serial nuclear transplantation, **30:**166–167
Serine
  human keratin genes, **22:**20
  keratin
    differentiation, **22:**64
    gene expression, **22:**205
    phosphorylation, **22:**54–55, 58
Serine proteases, **24:**225–227, 229, 247
Serine–threonine kinase receptors, dominant negative mutations, **36:**90–91
Serotonergic innervation, neocortex
  overview, **21:**49, 396–400, 402–407, 417, 420
  primate, **21:**411–415
  rodent, **21:**411
Serotonin, visual cortical plasticity, **21:**377
Serpins, proteases, **24:**225
Serrate gene
  adhesive function, **28:**110–111
  functional studies, **28:**109
  sequence analysis, **28:**110
Sertoli cells
  anti-Mullerian hormone produced by, **32:**8
  differentiation, **32:**13–14
  meiosis nondisjunction, **29:**310
  monolayers, adhesion of male and female PGC, **23:**156–158
  precursor differentiation
    sex determination, **23:**163–164, 166
    time of cell lineage establishment, **23:**167
  regulation, **29:**213
  XX↔XY chimeras
    GPI activity, **23:**168–169
    XY cell development, external signal role, **23:**170
Serum
  dialyzed bovine fetal, PEC transdifferentiation, **20:**29–30, 32
  against *Dictyostelium mucoroides,* reaction with prespores of *D. discoideum,* **20:**246–247
  EPF titration by RIT, **23:**74–82, *see also* Early pregnancy factor
  maternal, antitrophoblast antibodies, human, **23:**225–226
Serum albumin, bovine, embryonic brain cell culture, **36:**201
Serum-free media, sympathetic neuron culture, **36:**175–176
Serum response factor
  ErbB gene activation, **35:**73
  sarcomeric gene expression, **26:**156
Serum-supplemented media, sympathetic neuron culture, **36:**173–175, 184–186
Sevenmaker, rl/MAP kinase allele, **33:**28–29
Severin, actin organization in sea urchin egg cortex, **26:**17
Sev gene, interaction with Boss, **33:**25–26
Sex determination
  aggregation chimeras, **27:**250–251
  Caenorhabditis elegans, **41:**99–127
    dimorphism, **41:**101–104
    future research directions, **41:**126–127
    gene evolution, **41:**123–124
    genetic analysis, **41:**108–111
      coordinated control, **41:**110–111
      gene identification, **41:**108–110
      regulatory pathway, **41:**110
    germ-line analysis, **41:**119–120
    hermaphrodite sperm–oocyte decision, **41:**120–123
      fem-3 gene regulation, **41:**122–123
      somatic gonad anatomy, **41:**120–121
      tra-2 gene regulation, **41:**121–122
    mechanism conservation, **41:**116–117
    molecular analysis, **41:**111–116
      cell nonautonomy, **41:**112
      cell-to-cell signaling, **41:**112
      protein–protein interactions, **41:**114–115
      sexual fate regulation, **41:**114–115
      sexual partner identification, **41:**115–116
      signal transduction role, **41:**113–114
      TRA-1 activity regulation, **41:**113–114
      transcriptional regulation, **41:**112
    overview, **41:**99–100
    phylogenetic comparisons, **41:**123–124
    TRA-1
      activity regulation, **41:**113–114
      targets, **41:**116–117
    unresolved questions, **41:**124–126
      feedback regulation, **41:**125–126
      gene numbers, **41:**124–125
      germ line dosage compensation, **41:**125
      parallel pathways, **41:**125–126

Subject Index

X:A ratio role
  chromosome count, **41**:117–119
  dosage compensation, **41**:104–108
  primary sex determination, **41**:104
classic views, **32**:2–4
dosage compensation, **32**:25–27
DSS locus, **34**:16–17
germ cells, **23**:163–165
gonadal hormones, **23**:166
mammalian, **29**:172
Müllerian inhibitory substance, **34**:13–14
overview, **34**:1–2
plants, **38**:167–213
  animal comparisons, **38**:207–208
  chromosome sequence organization, **38**:209–210
  control mechanisms, **38**:181–206
    Actinidia deliciosa, **38**:204–205
    Asparagus officinalis, **38**:204
    Cucumis sativus, **38**:186–187
    dioecy chromosomal basis, **38**:187–189
    environmental effects, **38**:205–206
    Humulus lupulus, **38**:190–194
    Mercurialis annua, **38**:189–190
    Rumex acetosa, **38**:194–199
    Silene latifolia, **38**:199–203
    Zea mays, **38**:182–185
  flowering plant breeding systems, **38**:169–175
    dioecy, **38**:174–175
    flowering, **38**:169–171
    hermaphroditic plant flower structure, **38**:171–174
    inflorescence, **38**:169–171
    monoecy, **38**:174–175
  future research directions, **38**:211–212
  growth substance-mediated sex determination, ferns, **38**:206–207
  hermaphrodite–unisexual plant comparison, **38**:210–211
  molecular markers, **38**:208–209
  overview, **38**:168–169, 212–213
  unisexual plant developmental biology, **38**:175–181
    dioecy, **38**:178–180
    evolution, **38**:177–178
    monoecy, **38**:180–181
    primitive plants, **38**:175–177
reversal
  frequency, **32**:15–16
  interspecies comparisons, **32**:22–25

Sox-9 gene, **32**:12
  X-linked, **32**:27–28
sex chromosomes, **23**:166–167
somatic cells in gonads, **23**:163–167
SOX9 gene, **34**:15–16
sperm competition in, **33**:104–106
SRY gene, **34**:2–7
  gonadogenesis, **34**:2–3
  transcription, tissue distribution, **34**:3–5
  transcript structure, **34**:5–7
SRY protein, **34**:7–13
  DNA-binding properties, **34**:8–9
  high mobility group box, **34**:7–8
  transcript activation, **34**:9–12
steroidogenic factor 1, **34**:14–15
Tas locus, **34**:16–17
testis-determining factor, **34**:1–2
Wilms' tumor-associated gene, **34**:15
x-linked gene imprinting, **40**:278
Sheath-spermathecal (SS) precursors, **25**:182
Sheep, nuclear transfer from blastomere to enucleated zygote, **23**:64–68
Sheets
  functions in development, **31**:297–302
  organization and composition, **31**:287–295
  regulation by signal transduction mechanisms, **31**:302–306
  ubiquitous appearance in mammalian eggs, **31**:282–287
Shell, marsupial egg, **27**:190–191
Short gastrulation (sog) gene, **25**:27–35
SHOX gene, cardiovascular development role, **40**:33
Shrew gene, **25**:27–35
Sibling relationships, determination, murine retina cells, **36**:56–59
Signaling
  activin-like, **32**:117–118
  cell-cell, fate determination, **32**:123–129
  mesoderm induction, **32**:120–122
Signaling pathways
  receptor tyrosine kinase, ramifications, **33**:38–41
  regulated by Ras, **33**:18–20
  triggering induction of R7, **33**:23–31
  wnt gene, **31**:472–475
Signaling proteins, adhesive function (*Drosophila*), **28**:108–109, 113
Signal peptides
  fibroblast growth factor, **24**:84
  vertebrate growth factor homologs, **24**:307, 311

Signal transduction
  associated actin cytoskeleton reorganization, **31**:102–104
  cytoplasmic component study, **36**:91–92
  Drosophila studies, **35**:229–256
    dorsoventral patterning, **35**:242–244
    embryogenesis, **35**:233–234
    embryonic dorsoventral cell fate establishment, **35**:250–254
    future research directions, **35**:255–256
    genetic approaches, **35**:235–238
    JAK/STAT signaling pathway dissection paradigm, **35**:249–250
    neurogenesis, **35**:254
    NFκB/IκB signaling pathway dissection paradigm, **35**:242–244
    notch signaling study paradigm, **35**:254
    oogenesis, **35**:230–233
    overview, **35**:229–230
    pair-rule gene regulation, **35**:249–250
    receptor tyrosine kinase signaling pathway component dissection paradigms, **35**:238–241
      dorsal follicle cell fate establishment, **35**:241
      embryonic cell fate determination, **35**:238–240
    segment polarity genes, **35**:244–249
      hedgehog signaling pathway, **35**:248–249
      wingless signaling pathway, **35**:246–248
    transforming growth factor-β signaling pathway analysis paradigm, **35**:250–254
  epidermal growth factor, **24**:12, 33
  meiotic gene expression, **37**:169–172
    kinases, **37**:169–170
    phosphodiesterases, **37**:170
    regulatory proteins, **37**:170–172
  mesenchymal patterning sites, **33**:235–237
  nerve growth factor, **24**:168, 186
  neurocan/GalNAcPTase signal, **35**:172–173
  oocyte meiosis resumption induction, **41**:169–175
    calcium pathway, **41**:174
    cyclic adenosine 5′-monophosphate, **41**:170–172
    inositol 1,4,5-triphosphate pathway, **41**:174
    meiosis-activating sterols, **41**:174–175
    nuclear purines, **41**:173–174
    oocyte–cumulus–granulosa cell interactions, **41**:169–170
    phosphodiesterases, **41**:172–173
    protein kinase A, **41**:172–173
  pathways in mammalian eggs and embryos, **31**:313–315
  proteases, **24**:231
  proteins, **24**:211
  regulation of sheets, **31**:302–306
  retinoids, central nervous system development, **40**:131–136
    cofactors, **40**:136
    expression patterns, **40**:134–135
    signal pathways, **40**:134–135
    signal transduction, **40**:131–134
  retroviral vector lineage analysis method, **36**:51–53
  sex determination regulation, **41**:113–114
sis prototoncogene, transforming growth factor-β, **24**:98, 103, 108–109, 113, 116, 120
  transforming growth factor-β, **24**:103–106
Silene latifolia, sex determination, **38**:199–203
Silicon-intensified-target camera, **29**:145
Similarity tree, MAP kinases, **33**:4
sine oculis gene, *Drosophila* eye development, primordium determination, **39**:124–125
Single-minded gene, **25**:38–39
Sister chromatids, chromosome segregation attachment maintenance
  centromeric region cohesion mechanisms, **37**:291–293
  chiasmata role, **37**:277–293
  equational nondisjunction, **37**:290–291
  meiosis II cohesion disruption mutations, **37**:292
  proximal exchange, **37**:290–291
  sister kinetochore function, **37**:287–290
    duplication, **37**:287–288
    functional differentiation, **37**:288–290
    reorganization, **37**:287
Sister-cohesion protein, immunofluorescence microscopy analysis, **37**:282–283
Site selection, PMCs for forming skeletal regions, **33**:181
situs inversus viscerum, identified as affecting teratocarcinoma, **29**:194
Skeletal fast troponin I, sarcomeric gene expression, **26**:152, 163
Skeletal rods, flanking sea urchin mouth, **33**:233–235

Skeleton, development, epidermal growth factor receptor gene effects, **35**:97–98
Skin
  adult
    fetal environment, **32**:196–197
    wounds, **32**:176–177
    epidermal growth factor in mice, **24**:46
    mouse, mast cell differentiation and dedifferentiation, **20**:326–327, 330–331
    tumors, chimeric mice, **27**:257
Sl gene, **29**:194, 196–199
slit gene product, **28**:111
Small eye mutation, **29**:35
Small nuclear ribonucleoprotein particle, **29**:241
SMCs, *see* Secondary mesenchyme cells
Smk 1, epididymal luminal fluid, **33**:64, 87–88
Smooth muscle cells, *gax* gene expression study, **40**:23–24
Snail mutant embryo, **25**:25–27, 40
Snrpn, genomic imprinting, **29**:241–242
Social insects, hormonal polymorphism regulation, *see* Polymorphism
Sodium dodecyl sulfate-polyacrylamide gel electrophoresis, glycoconjugates in ECM, **27**:105
Sodium ion, veratridine-stimulated influx in RT4-AC cells, **20**:216–217
Sog genes, **25**:30
Somatic cells
  gonadal origin
    monolayers, interactions with PGC
      adhesion, **23**:154, 156–158
      effect on PGC survival and differentiation, **23**:158–161
      intercellular gap junction-like channels, **23**:157–158
    separation from and reaggregation with PGC *in vitro*, **23**:158–159
  hybrids, keratins, **22**:69–70, 85
    expression, **22**:85–91
    IF, **22**:91–94
Somatomedins, insulin family peptides, **24**:138
Somatosensory regions, neocortex innervation, **21**:395, 406, 420
Somatostatin, trunk crest/sclerotome culture, **20**:183
Somites
  myogenic helix–loop–helix transcription factor myogenesis, developmental expression
    somite subdomains, **34**:178–179

  somitogenesis, **34**:175–176
  neural crest migration, **40**:194–197
Somitic mesoderm required for spinal cord segmentation, **25**:86–90
Somitogenesis
  axial specification
    embryologic studies, **38**:254–256
    molecular codes, **38**:256–259
  borders, **38**:246–249
  cell adhesion, **38**:238–239
  cell–cell interactions, **38**:236–239
  cell–matrix interactions, **38**:237–238
  overview, **38**:225–230, 268–270
  paraxial mesoderm
    prepatterns, **38**:241–246
    specifications, **38**:231–236
  segments, **38**:239–254
    borders, **38**:246–249
    cellular oscillators, **38**:249–252
    half-somites, **38**:246–249
    paraxial mesoderm prepatterns, **38**:241–246
    resegmentation, **38**:252–254
    tissue interactions, **38**:240–241
  somites
    commitment, **38**:233–236
    differentiation, **38**:259–268
      dermomyotome, **38**:263–268
      sclerotome, **38**:261–263
    origin, **38**:231–233
    specification, **38**:233–236
    staging, **38**:229–231
Sonic hedgehog gene, vertebrate limb formation study, **41**:47–50, 52
Sos, enhancer of *sevenless*, **33**:26–27
Sotalol, visual cortical plasticity, **21**:383
Southern blot
  embryonic stem cell clone analysis, **36**:107
  sea urchin sperm receptor analysis, **32**:45–47
SOX genes, **32**:27, **34**:15–16
sp56, **30**:10
Spadetail mutations, **25**:87–88, **29**:92
Spawning, **30**:180
Species-specific variations, L1 and L2 contribution to plant body, **28**:51–52
Spectrin
  actin organization in sea urchin egg cortex, **26**:17
  brush border cytoskeleton, **26**:97, 106–110, 115
  chicken intestinal epithelium, **26**:129, 131, 133–134

Spectrin *(continued)*
    component of unfertilized egg, **31**:344–348
    cytokeratins, **22**:156
    egg
        actin filament cross-linking protein, **31**:113–114
        membrane cytoskeletal dynamics, **31**:119–121
    localization during syncytial stage, **31**:182
    mutations, **31**:179
    nonerythrocyte, mammalian gametes and embryos, **23**:29
    oocyte cortex, **31**:437–438
    undetected in *Molgula occulta* eggs, **31**:262
    visual cortical plasticity, **21**:387
Spemann's Organizer, *see* Neuraxis induction; Organizer
Speract receptor, flagellar motility, **32**:41–42
Sperm asters
    cortical rotation, **30**:263–264
    directing pronuclei movements, **31**:67
    microtubules, **31**:245
    multiple, **31**:337
    organelle accumulation at, **31**:51
    role of microtubule elongation rate, **31**:416–417
    specification of dorsal-ventral axis, **31**:401–405
Spermatozoa, *see also* Egg cells, activation
    acrosome reaction, **30**:33
    acrosome reaction, actin assembly role
        invertebrates, **23**:24–26
        mammals, **23**:25–26
    actin-binding proteins, **26**:37
    actin organization in sea urchin egg cortex, **26**:11, 14
    activation, chemoattraction, **32**:41–42
    activation of egg receptor, **30**:37–38
    activator, **30**:85–87
    analysis, computer-automated, **32**:66–67
    antisperm antibodies, **30**:48–49
    aster, **30**:263–264
    attachment to egg, **30**:1–2, 4, 9–10, 47–53
    blood-testis barrier, nondisjunction, **29**:310
    Caenorhabditis elegans sex determination, sperm–oocyte decision, **41**:120–123
    calcium induction, **30**:26–27, 85–87
    calcium ion signaling mechanisms, *see* Fertilization, calcium ion signaling mechanisms
    capacitation and maturation, **32**:64–67

Chaetopterus spp., obtained dry, **31**:33
competition, evolution and mechanisms, **33**:103–150
complement system interaction, **30**:48–49
cytokeratins, **22**:167–168, 170
cytoskeleton polarization role, **39**:81–82
cytoskeleton positional information, **26**:2
daily production and output, **33**:120–123
Drosophila spermatogenesis
    chromosome pairing studies, **37**:96–109
        chromosomal sterility, **37**:100–103
        implications, **37**:110–111
        meiotic drive, **37**:96–100
        metaphase mitotic model, **37**:106–109
        pairing site saturation, **37**:103–105
        X-inactivation, **37**:105–106
    male meiosis regulation study, **37**:302–304
effects of fertilization, **30**:25
egg activation mechanism, **30**:42–44, 83–84, 166
egg interaction, **30**:23–25, 37, 50–52, 68
egg interactions, marsupials, **27**:186–187
egg membrane interaction, **30**:23–25
egg receptor
    carbohydrate role, **32**:48–49
    developmental expression and fate, **32**:50–54
    molecular profile, **32**:44–48
electroporation, **30**:184–185
entry, fertilization cone formation, **31**:348–350
epidermal growth factor receptor, **24**:10, 11
fate after insemination, **33**:127–135
female sperm storage, **41**:67–89
    adaptive significance, **41**:88–89
    overview, **41**:67–73, 89
    storage mechanisms, **41**:80–85
        previous stored sperm fate, **41**:81–82
        sperm fate, **41**:80, 84–85
        sperm preference, **41**:82–84
    storage molecules, **41**:85–88
        Acp36DE, **41**:87–88
        biochemical studies, **41**:86–87
        genetic studies, **41**:86–87
    transfer mechanisms, **41**:71–80
        chemotaxis, **41**:79–80
        female secretions, **41**:76–78
        helper sperm, **41**:79
        morphology role, **41**:73–74
        muscular contractions, **41**:74–75
        seminal fluid, **41**:75–76

Subject Index

sperm motility, **41**:78–79
transfer numbers, **41**:72–73
fertilization, **34**:89–112
    characteristics
        penetration, **34**:95
        production, **34**:92–94
        storage, **34**:94
        transfer, **34**:94
        utilization, **34**:94
    cytoplasmic incompatibility, **34**:103–107
    flowering plants, **34**:260–271
        generative cell development, **34**:262–265
        pollen formation, **34**:260–262
        pollen tube growth, **34**:269–271
        sperm structure, **34**:265–269
    genetics
        deadhead effect, **34**:101–102
        maternal-effect mutations, **34**:100–102
        paternal-effect mutations, **34**:102–103
        young arrest, **34**:100–101
    karyogamy, **34**:97
    overview, **34**:89–92
    paternal effects, *Drosophila,* **38**:10–11
        gonomeric spindle formation, **38**:14–15
        pronuclear migration, **38**:11–14
        pronuclei formation, **38**:11–14
        sperm entry, **38**:10–11
    pronuclear maturation, **34**:95–97
    sperm-derived structure analysis, **34**:98–100
    sperm function models, **34**:107–111
        diffusion–gradient production, **34**:109–110
        nutritive protein import, **34**:107–109
        specific protein import, **34**:109
        structural role, **34**:110–111
    syngamy, **34**:95
fusion, **30**:44–47, 51–52
    with oocytes, mouse
        electron micrography, **23**:27
        microfilament activity not required, **23**:27–29
galactosyltransferase, **30**:10
human male nondisjunction, **37**:383–402
    etiology, **37**:393–400
        aberrant genetic recombination, **37**:396–397
        age relationship, **37**:394–396
        aneuploidy, **37**:397–400
        environmental components, **37**:400
        infertility, **37**:397–400
    future research directions, **37**:400–402
    overview, **37**:383–384
    study methodology, **37**:384–393
        aneuploidy, **37**:384–393
        male germ cells, **37**:387–393
        trisomic fetuses, **37**:384–386
incorporation, actin filament inhibition, **31**:324–325
injection techniques, **32**:74–76
inositol 1,4,5-triphosphate, **30**:74
intracytoplasmic sperm injection
    correction of polyspermy, **32**:63
    for obstructive azoospermia, **32**:75–76
    technique
        correction of polyspermy, **32**:63
        for obstructive azoospermia, **32**:75–76
        treatment of subfertile male, **32**:92
    treatment of subfertile male, **32**:92
ion channel signaling, **34**:117–149
    egg activation, **34**:144–148
    importance, **34**:117–118
    ionic environment influence
        fish sperm, **34**:121–122
        mammalian sperm, **34**:123
        sea urchin sperm, **34**:121–122
    long-range gametic communication, **34**:124–131
        mammals, **34**:130–131
        sea urchins, **34**:124–130
    short-range gametic communication, **34**:131–144
        mammals, **34**:137–144
        sea urchin, **34**:131–136
        starfish, **34**:136–137
    sperm characteristics, **34**:118–119
last male sperm precedence, **33**:135–140
ligand, **30**:50–51
lysin, **30**:85
male pronuclei formation, **34**:26–78
    chromatin decondensation, **34**:41–52
        in vitro conditions, **34**:47–52
        in vivo conditions, **34**:41–46
    male pronuclear activities, **34**:75–78
        replication, **34**:75–76
        transcription reinitiation, **34**:76–77
    maternal histone exchange, **34**:33–40
    nuclear envelope alterations, **34**:55–74
        formation, **34**:59–64
        lamin role, **34**:64–69
        nuclear pores, **34**:69–71
        removal, **34**:55–59

Spermatozoa (continued)
  nuclear protein changes, 34:32–40
  nucleosome formation, 34:52–55
  overview, 34:26–32
    cell-free preparation comparison, 34:29–32
    male pronuclear development comparison, in vivo, 34:27–29
  mammal spermatogenesis
    gap$_2$/mitotic phase transition regulation, 37:346–350
    metaphase–anaphase transition, 37:350
    regulating proteins, 37:346–348
    in vitro studies, 37:348–350
  mammalian, germ line mitotic expansion, 37:4–5
  mammalian meiotic gene expression
    CDC2 protein, 37:163–164
    cell cycle regulators, 37:162–165
    cyclin, 37:163–164
    cytoskeletal proteins, 37:174–175
    DNA repair proteins, 37:152–155, 221–222
    energy metabolism enzymes, 37:172–174
    growth factors, 37:166–167
    heat-shock 70-2 protein, 37:163–164
    histones, 37:149–151
    intercellular communication regulators, 37:165–168
    kinases, 37:169–170
    lamins, 37:149
    neuropeptides, 37:167
    nuclear structural proteins, 37:149–152
    overview, 37:142–146, 178–181
    phosphodiesterases, 37:170
    promoter-binding factors, 37:157–160
    proteases, 37:175–177
    receptor proteins, 37:168
    regulatory proteins, 37:170–172
    RNA processing proteins, 37:160–162
    RNA synthesis, 37:147–148
    signal transduction components, 37:169–172
    synaptonemal complex components, 37:151–152
    transcriptional machinery, 37:160
    transcription factors, 37:155–157
    tumor-suppressor proteins, 37:164–165
  meiosis, 29:286
  motility, proteins in, 33:67–68
  nondisjunction
    age factor in, 29:295–296
    detection, 29:285
    meiotic disturbance, 29:305–308
  nuclear envelope changes, 35:56–59
  numbers
    extra-pair copulations, 33:147–148
    per ejaculate, 33:119
    perivitelline layer, 33:130–135
  plasma membrane, 30:10
  polyspermy block, 30:24–25, 41
  protection
    epididymal protein role, 33:69–70
    from oxidative stress, 33:70–73
    via blood-epididymis barrier, 33:68–69
  protein, 30:46–47, 85
  reorganization in frog egg, 26:57–58, 62
  restricted entry site, 31:257
  sp56, 30:10
  spermatogenesis, 29:202
    H-Y antigen role, mouse, 23:178
    mitotic mutants (Drosophila), 27:297–300
    nuclear lamins, reduction or disappearance, 23:39
    primordial germ cell, 29:191
    Steel Factor effect, 29:201
  sperm egg fusion, 25:9–13
  spindle disturbance, 29:302
  storage, ejaculate quality, 33:123–124
  storage tubules, female zebra finch, 33:126–129
  surface ligand, 30:51–53
  ZP3,4, 30:10, 13–14
Sperm-derived factor, 30:44–47
Sperm factor, fertilization, calcium ion signaling mechanisms, 39:229–232
Sperm protein, fertilization, calcium ion signaling mechanisms, 39:222–237
  Ca^{2+} oscillation generating mechanisms, 39:234–235
  33-kDa protein identification, 39:232–233
  multiple signaling mechanisms, 39:235–237
S phase, 30:161–163
Sp-I, sarcomeric gene expression, 26:153, 155, 157
spiA gene (Dictyostelium), 28:30
Spiculogenesis, PMCs in, 33:178
Spilt neurogenic gene, 25:36
Spinal cord
  axon-target cell interactions, 21:309
  brain-specific genes, 21:135, 138
  intermediate filament composition, 21:157, 159, 161, 163, 165
  monoclonal antibodies, 21:257–262, 273

Subject Index

neocortex innervation, **21**:418
neuronal death, **21**:114
oligodendrocyte precursor origin studies, **36**:7–10
patterning, zebrafish, **29**:73–80
segmentation, somitic mesoderm required for, **25**:86–90
synapse formation, **21**:285
Spinal neurons, voltage-gated ion channel development, terminal differentiation expression patterns, **39**:164–165, 175–178
Spindle assembly, **30**:241–244
  cleavage, **31**:226–229
  disturbance, **29**:298–305
  ectopic axis assay, **30**:269
  formation, paternal effects, **38**:14–15
  genotoxic drug effect, **29**:300
  immunostaining, **36**:288–289
  maternal age effect, **29**:304
  meiotic
    arrangements, **31**:333
    formation and assembly, **31**:396–399
    microtubules, **31**:330–333
    orientation, **31**:204
    requirement of actin filaments, **31**:322–325
  meiotic cell division function, **37**:317–319
  meiotic chromosome segregation
    crowded spindle model, **37**:286
    mammalian female meiosis regulation, **37**:368–372
  migration and attachment, **31**:10–11
  mitotic
    rodent, **31**:327
    sea urchin, **31**:76
  nondisjunction, **29**:287
    detection, **29**:284–287
Spiral phyllotactic patterns (plants), **28**:52–53
Spisula solidissima, sperm nuclei to male pronuclei transformation
  cell-free preparation comparison, **34**:31
  chromatin decondensation
    in vitro conditions, **34**:50
    in vivo conditions, **34**:43–44
  male pronuclei development comparison, **34**:27–29
  maternal histone exchange, **34**:37
  nuclear envelope alterations
    formation, **34**:61–63
    lamin role, **34**:68
    removal, **34**:56–57
  sperm protein modifications, **34**:37
Spitz gene, **25**:38, 39

Spleen, insulin family peptides, **24**:152
splotch mutation, retinoic acid effects, **27**:328
Sponges, homeobox genes
  homology establishment, **40**:221–229
  isolation, **40**:220–221
Spontaneous mutations, **28**:182–183
Spore-coat genes, coordinate expression (*Dictyostelium*), **28**:12–13
Spore coat proteins
  lateral inhibition of prestalk cells, **28**:26–29
  prespore-specific genes, **28**:10–13
  regulatory regions of prespore genes, **28**:13–18
  spatial localizations of gene products, **28**:20–26
SP29 protein
  accumulation, **28**:10
  mRNA appearance, **28**:10
SP60 protein
  accumulation, **28**:10
  mRNA appearance, **28**:10
SP70 protein
  accumulation, **28**:10
  mRNA appearance, **28**:10
SP96 protein
  accumulation, **28**:10
  mRNA appearance, **28**:10
Sprouting neuron, plasmalemma, *see* Plasmalemma
Squames
  human keratin genes, **22**:5
  keratin differentiation, **22**:49, 53
Squamous cell carcinoma
  cytokeratin organization, **22**:74, 76
  pupoid fetus skin, **22**:222
Squamous cells
  epidermal growth factor, **22**:175, 178, 183–184
  keratin, **22**:3
  keratin differentiation
    gene expression, **22**:201
    keratin pairs, **22**:99, 100, 102, 113
    markers, **22**:116, 118
src gene, **24**:2, 5, **30**:44
Src homology domains, Grb2 containing, **33**:15–16
SRY gene
  function, **29**:172
  role in mammalian sex determination, **32**:1–29
  sex determination role, **34**:2–7
    gonadogenesis, **34**:2–3
    transcription, tissue distribution, **34**:3–5
    transcript structure, **34**:5–7

SRY protein
  predicted structure, **32:**21–22
  sex determination role, **34:**7–13
    DNA-binding properties, **34:**8–9
    high mobility group box, **34:**7–8
    transcript activation, **34:**9–12
Stage 0, *Xenopus* oocytes, **31:**387–389
Stage-specific embryonic antigen, **29:**209
  SSEA-1, **29:**192, 195
Staining methods
  ctenophore eggs, **31:**60–61
  Drosophila embryos, **31:**192–193
  eggs and embryos with Hoechst, **31:**342–313
  embryonic cell preparations, **36:**157
  immunostaining, *Drosophila* cell cycle study
    embryos, **36:**284–286
    female meiotic spindles, **36:**288–289
    larval neuroblasts, **36:**286–288
  indirect immunofluorescence
    cortical lawns, **31:**129
    whole teleost eggs, **31:**373–374
  teleost eggs with rhodamine-phalloidin, **31:**345–352
  TUNEL *in situ* staining method, apoptosis measurement, **36:**266–267
  turbo, **31:**478
  vital dye exclusion, apoptosis measurement, **36:**263–264
Stamen development
  differentiation, **41:**148–152
  genetic controls
    gene expression, **41:**152–153
    identity specification, **41:**138–143
    tissue differentiation, **41:**152–153
  initiation, *Arabidopsis thaliana,* **29:**337
  ontogeny, **41:**135–138
  overview, **41:**133–135, 153
Starfish, acrosome reaction, **34:**136–137
Star gene, **25:**38–39
Starvation-induced events, bacteria development
  endospore formation, **34:**211–215
  fruiting body development, **34:**215–218
  sporulation, **34:**218–221
Steel Factor, **29:**197
  adhesion molecule, **29:**199–205
  forms, **29:**197
  germ cell survival, **29:**198
  membrane-bound
    cytoplasmic tail, **29:**201, 204
    importance, **29:**199–200
    male sterility, **29:**202–203
    soluble versus, **29:**199–205

Steel gene, **29:**193
  mouse mutation, **25:**142–144
  mutants, primordial germ cell migration in, **29:**203
Stem cell factor, **29:**197
  role in germ cell development, **29:**198–199
Stem cells, *see* Embryonic stem cells
Stenotele inhibitor, hydra
  axial distribution, **20:**287
  location in epithelial cells, **20:**287
  stenotele conversion into desmonemes, **20:**288
  stenotele differentiation inhibition, **20:**286–287, 289
Sterilization, transgenic fish, **30:**196, 199
Steroidogenesis, transforming growth factor-β, **24:**122–123, 127
Steroidogenic factor 1, sex determination role, **34:**14–15
Steroids, *see also specific types*
  epidermal growth factor receptor, **24:**10
  fibroblast growth factor, **24:**70
  neural reorganization, **21:**342, 359
  neuronal death, **21:**107–108, 111, 113–114
  proteases, **24:**227, 230, 234, 236
  transforming growth factor-β, **24:**126
stg mutation *(Drosophila),* **27:**288, 290
stkA gene mutations *(Dictyostelium),* **28:**4–5, 30
STO cell, **29:**195
Stomach cancer, fibroblast growth factor, **24:**61
Stomal complex, formation, **28:**61
ST310 protein, **28:**19, 30
ST430 protein, **28:**19
Stratification
  β-keratin genes, **22:**243, 245, 257
  cytokeratins, **22:**162
  epidermal growth factor, **22:**179
  keratin expression
    developmental, **22:**137, 147, 149
    gene, **22:**196, 201, 203
    immunohistochemical staining, **22:**140
    localization, **22:**144–145
    protein, **22:**143
  last male effect, **33:**138–139
  molecular, oocyte, **32:**113–114
  mouse keratinization, **22:**209, 211
  pupoid fetus skin, **22:**217, 231
  sperm, last male effect, **33:**138–139
Stratum corneum
  β-keratin genes, **22:**247, 249
  epidermal development, **22:**132

human keratin genes, **22**:5
keratin expression, **22**:36, 64
  differentiation in culture, **22**:49, 53
  epidermal differentiation, **22**:37, 40–43
  granular layer, **22**:46
  hair and nail, **22**:60
  palmar-plantar epidermis, **22**:47, 49
  skin disease, **22**:63
keratin gene expression, **22**:198
keratinization, **22**:211–212, 256, 261–263
pupoid fetus skin, **22**:218–219, 222–223, 225, 227, 229
Stratum granulosum, pupoid fetus skin, **22**:218, 223, 225
Stratum intermedium, β-keratin genes, **22**:247, 249
Streaming
  cells toward germ ring site, **31**:369
  cytoplasmic, internal cytoplasm toward embryo, **31**:171
  ooplasmic
    mutations affecting, **31**:150–151
    nurse cell cytoplasm, **31**:143
    prior to fertilization, **31**:2
Streptomyces, starvation-induced sporulation, **34**:218–221
Stress signals, epidermal growth factor receptor gene interactions, **35**:102–103
Striate cortex, synapse formation, **21**:285
Stromal cells, kidney development lineage relationship, **39**:281–282
Stromelysin, proteases, **24**:228–232, 238, 245, 248
Stromelysin-3 gene, **32**:226–227
Strongylocentrotus purpuratus
  archenteron formation and elongation, **27**:151–154
  early embryogenesis, **31**:115–123
  egg actin-binding proteins, **31**:107–115
  eggs
    activation, **30**:42–43
    calcium changes during fertilization, **30**:32–33, 65–71
    centrosomes, during fertilization and first division, **23**:48–49
    cytoskeleton positional information, **26**:3
    fertilization
      actin cytoskeletal dynamics, **31**:104–107
      gamete recognition in, **32**:39–55
      physiological activation, **31**:102–104
      inositol 1,4,5-triphosphate receptor, **30**:71–73

latrunculin inhibitory effect on fertilization, **23**:26
ryanodine receptor, **30**:71–73
sperm-egg interaction, **30**:24, 51–52, 88–89
embryo, microtubule motors in, **26**:71–76
  ATPase, **26**:80, 82
  dyneins, **26**:76–79
  functions, **26**:82–86
  kinesin, **26**:79–81
gastrulation
  cell interactions regulating, **33**:231–240
  model, **33**:161–163
  morphogenetic movements during, **33**:170–231
growth factor homologs, **24**:290, 311–312
ion channel signaling
  ionic environment influence, **34**:121–122
  long-range gametic communication, **34**:124–130
  short-range gametic communication, **34**:131–136
lateral inhibition in, **28**:36
microtubules
  assembly dynamics, **31**:77–79
  organization and components, **31**:66–67
  role in translational regulation, **31**:79–83
myogenesis, **38**:66
pregastrula and gastrula morphogenesis, **33**:163–170
sperm
  acrosome reaction, microfilament required, **23**:25–26
  centrosome introduction to eggs, **23**:45
  male pronuclei transformation
    cell-free preparation comparison, **34**:31–32
    chromatin decondensation, **34**:44–46, 49–50
    development comparison, **34**:27–29
    maternal histone exchange, **34**:37–40
    nuclear envelope alterations, **34**:57–59, 63–64, 68–69
    nucleosome formation, **34**:54–55
    replication, **34**:76
    sperm protein modifications, **34**:37–40
    transcription reinitiation, **34**:77
Styela, see Ascidians
Subcortical layer, reorganization in frog egg, **26**:61
Subfragment 1, action organization in sea urchin egg cortex, **26**:14–15

Sublineages and modular programming, **25:**182-186
Substantia nigra, neocortex innervation, **21:**405
Subunit composition, sea urchin sperm receptor, **32:**47-48
Suicide program, cellular, **32:**163-164
Sulfate deprivation, effect on postblastula development, **33:**229
Superior cervical ganglia
 dissection, **36:**163-166
 dissociation, **36:**167
Superoxide dismutase
 mRNA expression, **33:**81-84
 region-specific expression, **33:**73
 sperm, **33:**71-72
 spermatozoa inactivation, **33:**72
Suppression, initial, of development patterns, **33:**243
Supramolecular organization, MAP kinase pathway components, **33:**18
SUR-1, MAP kinase homolog, **33:**35
Surani's hypothesis, **29:**234
Surf Clams, *see Spisula solidissima*
SV40 promoter, **30:**201
swallow gene
 bicoid message localization, **26:**31, 33
 cytoskeleton positional information, **26:**2
Sydecan structure, changes of during B cell maturation, **25:**122-123
Symbiosis, *Rhizobrium* and legume relationship, **34:**221-224
Symmetry
 asymmetry, bilateral, **25:**193-194
 asymmetry, development and evolution, **25:**194-195
 cell lineage, **21:**92
 cell migrations and polarity reversals, **25:**197-200
 creation and breakage of symmetry, **25:**191-193
 male zebra finch, female choice of partner, **33:**114-115
 phase shifts, **25:**195-197
 position dependent cell interactions, **21:**39
Sympathetic neurons
 culture method
  culture protocol
   culture dish preparation, **36:**172-173
   serum-free media, **36:**175-176
   serum-supplemented media, **36:**173-175, 184-186
   small quantities, **36:**184-186

 exogenous gene transfection, **36:**176-178
 ganglia dissection, **36:**161-166
  lumbosacral sympathetic ganglia, **36:**162-163
  superior cervical ganglia, **36:**163-166
 ganglia dissociation
  lumbosacral sympathetic ganglia, **36:**166-167
  superior cervical ganglia, **36:**167
 glial cell population identification, **36:**171-172
 media, **36:**179-180
 neuronal cell population identification, **36:**171-172
 neuronal selection methods, **36:**168-171
  complement-mediated cytotoxic kill selection, **36:**170-171
  negative selection, **36:**170-171
  panning, **36:**169-170
  preplating, **36:**168
 overview, **36:**161-162
 solutions, **36:**178-179
gene expression analysis, **36:**183-193
 cDNA preparation, **36:**186-187
 ciliary factor effects, **36:**191-193
 leukemia inhibitory factor effects, **36:**191-193
 neuron depolarization, **36:**191-193
 overview, **36:**183-184
 polymerase chain reaction, **36:**187, 193
 primer selection, **36:**187-189
 primer specificity, **36:**189-191
 RNA preparation, **36:**186-187, 193
synag7 gene, **28:**6-7
Synapses
 connections, auditory system, **21:**309-310
  early development, **21:**315-316
  experimental manipulations, **21:**324-325
  nucleus magnocellularis, **21:**326, 329
  posthatching development, **21:**331-333, 336
  refinement, **21:**319, 324
  synaptogenesis, **21:**318-319
 formation in retina, **21:**277-279, 306-307
 markers, **21:**279-280
 molecular patterns, **21:**280-286
 TOP
  antigen properties, **21:**291-292
  cellular distribution, **21:**288-289
  development, **21:**289-290
  expression, **21:**292-297
  function, **21:**297-306
  gradient geometry, **21:**286-288

Subject Index

specificity, **21**:290
topographic gradient molecules, **21**:279
monoclonal antibodies, **21**:255, 264
neocortex innervation, **21**:418–419
neural reorganization, **21**:341, 343, 346, 349–350, 358, 360, 363
optic nerve regeneration, **21**:218, 229, 231, 237, 247
synaptogenesis
   auditory system, **21**:318–319, 326
   brain-specific genes, **21**:118
   optic nerve regeneration, **21**:218–219
      axonally transported proteins, **21**:232
      neural connections, **21**:220
      specific proteins, **21**:234
   plasmalemma, **21**:200–204
transmission
   cholinergic, adrenal chromaffin cells in culture, rat, **20**:105–107
   Drosophila presynaptic terminal patch-clamp recording, **36**:303–311
      electrophysiologic recordings, **36**:306–307
      larval dissection, **36**:305
      overview, **36**:303–305
      synaptic boutons, **36**:305–306
      technical considerations, **36**:307–311
visual cortical plasticity, **21**:380, 386–387
Synaptonemal complex
chromosome prophase cores
   electron microscopic structure analysis, **37**:242–245
   immunocytological structure analysis, **37**:245–247
   recombination site, **37**:257–259
chromosome segregation
   achiasmatic meiotic division, **37**:283–284
   chiasmatic homolog attachment points, **37**:269
mammalian protein meiotic function analysis, **37**:220–221
meiotic gene expression, **37**:151–152
Synaptosomes, plasmalemma, **21**:187, 190, 191, 193, 195
Synchronization
   centrosome, nocodazole recovery regime, **33**:288–289
   ovaries, **30**:104
Syndecan, epidermal growth factor in mice, **24**:50
Syngamy, *Drosophila* sperm–egg interactions, **34**:95
Syntagmata homology, **29**:108, 124–126

T

Taeniopygia guttata, see Zebra finch
Tag-Cat proteins *(Dictyostelium),* **28**:29
Talin, **30**:223
   actin-binding proteins, **26**:40
   cortex after meiosis, **31**:444–445
   oocyte cortex, **31**:437–438
Tannabin, nestin-like protein, **31**:458
Targeted disruptions, muscle genes, **33**:267–269
Targeted molecular probes, *see* Probes
Targets
   animal pole, for SMCs, **33**:213–217
   guanine nucleotide exchange factor, LET-60 Ras as, **33**:34
   MAP kinase, transcriptional regulators as, **33**:17–18
   for mesenchyme cells in sea urchin, **33**:231–240
   nuclear, identification, **33**:29–30
TARP, sarcomeric gene expression, **26**:149
Tas locus, sex determination role, **34**:16–17
TATA box motifs, sarcomeric gene expression, **26**:153, 157
Taxol
   77-and 75kDa taxol MAPs, **31**:73–75
   depolymerization of microtubules, **31**:52–55
   effect on
      epiboly, **31**:367
      localized RNAs, **31**:158–159
   improvement of microtubule fixation, **31**:420
T-cell antigen receptor, **30**:84
T cells
   cytotoxic, maternal immune response, **23**:218, 221, 223
   inductive differentiation, chimeric rats, **27**:260
   response to H-Y antigen, **23**:170–171
   transforming growth factor-β, **24**:96, 121
T6 chromosomal marker, **27**:237
Tectum
   mode of growth, **29**:139
   monoclonal antibodies, **21**:265
   optic nerve regeneration, **21**:217–218
      axonally transported proteins, **21**:221, 225, 227, 229, 231–232
      injury, **21**:245
      neural connections, **21**:219–220
      specific proteins, **21**:235, 241, 243
   retinal guidance cues, **29**:149–151
   synapse formation, **21**:278, 290, 305
   topography, **29**:147–148

Teeth
  epidermal growth factor in mice, **24**:47, 49
    biological activities, **24**:33–34
    morphogenesis, **24**:35–40
    receptors, **24**:41–43, 46
  proteases, **24**:222
Tektins, sea urchin axonemal microtubules, **31**:76–77
Telencephalon
  neocortex innervation, **21**:392
  structure, **29**:29
Teleoblast
  f, **29**:128
  faint first, **29**:116–117
  identity, **29**:115–117
    nf/ns differences in, **29**:115–117
    regional differences, **29**:117–118
  leech, **29**:112
  M, **29**:118
  mitosis, annelid and arthropod, **29**:113
  N, **29**:115–116, 118, 127
    differences in, **29**:116–117
  O, **29**:112
  P, **29**:112
  Q, **29**:115, 118, 127
  s, **29**:128
Teleost fish, *see also specific species*
  eggs, ultracryomicrotomy, **31**:373
  fertilization-induced changes in actin
    ooplasmic segregation, **31**:352–362
    organization, **31**:348–352
    unfertilized egg components, **31**:344–348
  gastrulation in, **27**:158–164
Teloblasts, position dependent cell interactions, **21**:33–34, 37, 42, 44, 46
Telomere, recombination enhancement, **29**:294
Temperature, microtubules, **29**:300
Temperature-dependent assembly, **31**:85–88
Tenascin
  effects on gastrulation, **27**:116–117
  fetal wound healing, **32**:194–195
Tension
  action cable, **32**:187–188
  within wound connective tissue, **32**:194
Teratocarcinoma cells
  cytokeratins, **22**:153, 168–170
  insulin family peptides, **24**:148–150, 155
  nuclear transplantation, **30**:159
teratocarcinoma gene, growth factor regulation, **29**:194
Teratogens, *see also specific types*
  epidermal growth factor, **22**:183, 187

Terminal buds
  N. silvestris, **27**:11–16
  N. tabacum, **27**:5–8
Terminal differentiation
  β-keratin genes, **22**:245, 252
  mouse keratinization, **22**:209, 213
  pupoid fetus skin, **22**:219
Terminal web
  brush border cytoskeleton, **26**:94, 96–98, 113
  differentiation, **26**:109–110
  embryogenesis, **26**:102–103, 106–107
  chicken intestinal epithelium, **26**:129, 131–132, 134
Testis
  adult, *Sry* function, **32**:19–21
  cord, formation, **32**:7, 13–14
  determining gene, triggering male development, **32**:2–3
  development, rodents
    cytodifferentiation, **23**:163–165
      protein synthesis during, **23**:164–165
    gonadal blastema origin, **23**:165–166
    H-Y antigen role
      experiments, **23**:170–172
      hypothesis, **23**:172–173
    SDM antigen role, **23**:173–175
    XX↔XY chimeras, "male-determining" substance, **23**:168–170
  feminization mutation, **29**:182
  GGT mRNA expression, **33**:84–87
  Müllerian-inhibiting substance influence, **29**:177, 180
  Müllerian-inhibiting substance/inhibin influence, **29**:181–182
  Müllerian-inhibiting substance/*Tfm* mutant effect, **29**:182
  zebra finch, sperm competition, **33**:118–119
Testis-determining factor, sex determination role, **34**:1–2
Testosterone
  estradiol production, **30**:111
  gonadal differentiation, **29**:183
  transforming growth factor-β, **24**:122, 126
Tetradecanoyl phorbol 12-acetate
  alters development of neural crest cell populations, **25**:142–143
  pathfinding role, **29**:161
  proteases, **24**:227, 232
  proteins, **24**:202–203
  satellite cell differentiation unaffected by, **23**:195
    phosphatidylserine reduced content, **23**:195

Subject Index

transcriptional activation by retinoic acid, **27**:362
Tetrodotoxin, visual cortical plasticity, **21**:377
TEY group kinases, activation and translocation, **33**:5–7
T gene, activation, **29**:91
Tg.RSVIgymycA transgene, **29**:237
TGY, *see* Hog 1 group kinases
Thalamacortical projection, neocortex innervation, **21**:399, 401, 413
Thalamic nuclei, neocortex innervation, **21**:393, 401, 416
Thalamus
  optic nerve regeneration, **21**:217
  synapse formation, **21**:290
Thapsigargin, **30**:70–71
Thecla cell
  cAMP production, **30**:122
  gonadotropin stimulation, **30**:121–124
  hormone production, **30**:110–113
  oocyte, **30**:106–107
  two-cell type model, **30**:137
Thimerosal, **30**:87
Thoracic ganglia, neurogenesis, **21**:345
T^{hp}, genetic imprinting, **29**:253–254
Three-signal class of embryological model and extensions, **25**:54–56
3T3 cells, neural crest clonal culture
  cloning procedure, **36**:17–19
  feeder layer preparation, **36**:16
  materials, **36**:15–16
  neural crest cell isolation, **36**:16–17
Threonine–serine kinase receptors, dominant negative mutations, **36**:90–91
Thrombin
  epidermal growth factor, **22**:176
  fibroblast growth factor, **24**:72
  proteases, **24**:234, 247
  transforming growth factor-β, **24**:99
Thrombospondin
  proteins, **24**:207, 209
  transforming growth factor-β, **24**:107
Thy^{lo} progenitor cells in vivo
  differentiation, **25**:158, 159, 169
  response to defined growth factor combinations, **25**:172
Thymidine
  embryonic induction in amphibians, **24**:277
  epidermal growth factor, **24**:4, 37
  fibroblast growth factor, **24**:69
  insulin family peptides, **24**:148
  monoclonal antibodies, **21**:261
  nerve growth factor, **24**:178, 184
  neural reorganization, **21**:343, 344
Thymidine kinase, herpes simplex virus, **30**:203
Thymidine kinase gene, methylation, **29**:247
Thymocytes, transforming growth factor-β, **24**:121
Thymosin-β4, actin monomer-binding protein, **31**:108
Thymus
  amphibian embryo, colonization by hemopoietic stem cells
    grafting experiments, **20**:316
    histogenesis stages, ultrastructure, **20**:316–317
  avian embryo
    cellular composition, **20**:292
    colonization by hemopoietic stem cells
      epithelium-produced chemoattractants, **20**:303–305
      history, **20**:293–294
      quail-chicken chimeras, **20**:294–296
      several waves during development, **20**:298–301
      staining with monoclonal antibody α-MB1, quail, **20**:296–299
    epithelial cells, lack of conversion to myoid cells, **20**:112
    histogenesis, **20**:305
    nonlymphoid cells of extrinsic origin, **20**:305–309
    Iα-positive cell distribution, **20**:306–307
    thymic extrinsic hemopoietic origin, quail-chicken chimeras, **20**:308–309
    myoid cells
      formation from neural crest cells, quail-chicken chimera, **20**:112
      hypotheses of origin, **20**:111–112
      localization in medulla, **20**:113–114
      quail-type properties, **20**:113–114
    T cell differentiation, **20**:292
  development in aggregation chimeras, **27**:252–253
  insulin family peptides, **24**:152
  mouse, cell culture on skin fibroblasts, mast cell formation, **20**:327, 329
Thyone, actin organization in sea urchin egg cortex, **26**:11
Thyroid hormone
  control of intestinal remodeling, **32**:219–221
  gene regulation by, **32**:221–224
Thyroid hormone receptor, retinioid X receptor, heterodimers, **32**:221

Tight junctions
  epididymal epithelium, **33:**63
  exhibited by epithelial layers, **31:**279–280
  mediated cell shape changes, **31:**299
Time-lapse video microscopy
  apoptosis measurement, **36:**273–277
  neuroblast division analysis, **36:**290–291
Time locus, genetic imprinting, **29:**253
TIMP, proteases, **24:**249
  inhibitors, **24:**228, 230–232
  regulation, **24:**236, 238, 244–245, 247
tinman-related genes, cardiovascular development role, **40:**14–23
Tissue culture
  adrenal chromaffin cells, conversion into neuronal cells, **20:**100–107
  carrot cell suspension, embryo formation, **20:**400
  iridophores, bullfrog
    conversion into melanophores, **20:**80–82
    proliferation without transdifferentiation, **20:**82–84
  long-term of retinal glia cells, mouse, **20:**159–160
    chicken δ-crystallin gene expression, **20:**160
  melanophores, bullfrog
    guanosine-induced conversion into iridophores, **20:**84–85
    stability of cell commitment, **20:**80
  monolayer
    Müller glia cells from retina, lentoid formation, chicken embryo, **20:**4–17
    PEC transdifferentiation into lens cells, **20:**21–35
  mononucleated striated muscle, medusa
    regeneration, **20:**124–127
    transdifferentiation, **20:**123–124
  neural crest cells, avian, **20:**178–191
    cholinergic and adrenergic phenotypes, **20:**178–181
    coculture with sclerotome, **20:**181–183
    glucocorticoid effects, **20:**184–185
    medium composition, **20:**183
      serum-free, **20:**185–188
    phenotypic diversification
      developmental restrictions, **20:**199–202
      environmental cue effects, **20:**198–199, 205–207
      transdifferentiation, **20:**198–199, 205–207
  pineal cells
    myogenic potency, quail, rat, **20:**92–96

  oculopotency, quail, **20:**90–92, 95
plant cell commitment in
  leaf callus, new antigen production, *Pinus avium,* **20:**386–387
  root cortical parenchyma, esterase activity, pea, **20:**388–389
  vascular tissue, specific antigen production, maize, **20:**386
plant organogenesis from explants
  juvenile and adult tissues, *Citrus grandis, Hedera helix,* **20:**375
  leaf primordia, *Osmunda cinamomea,* **20:**374
  leaves and stems, *Citrus grandis,* **20:**376
  pith parenchyma, tobacco
    cytokinin-induced habituation, **20:**378–380
    totipotentiality, **20:**376
  region near base of young leaves, *Sorghum bicolor,* **20:**374–375
  single apical cell, root formation, fern *Azolla,* **20:**377
  stem, cytokinin and auxin effects, tobacco, **20:**375, 386
  primary of lens and epidermal cells, mouse, **20:**157–159
    chicken d-crystallin gene expression, **20:**157–159
  skeletal muscle conversion into cartilage, **20:**39–61
  subumbrellar plate endoderm, transdifferentiation, medusa, **20:**128–132
  thymic cells on skin fibroblasts, mast cell formation, mouse, **20:**327, 329
  xanthophores, conversion into melanophores, bullfrog, **20:**82
Tissues, *see specific types*
Tissue-specific cytoskeletal structures, **26:**4–5
Tissue transglutaminase, apoptosis modulation, **35:**25–26
T lymphocytes, transforming growth factor-β, cytotoxic, **24:**121
TM4 cells, **29:**195
TNY, *see* Smk 1
Tobacco leaf, clonal analysis, **28:**54
Tolerance, aggregation chimeric mice, **27:**259–260
Toll gene
  functional studies, **28:**108
  gene product
    adhesive function, **28:**109
    sequence analysis, **28:**108–109

Subject Index

Tolloid gene, **25:**27–35, 37
Tonofilaments
  associated with desmosomal complexes, **31:**301–302
  cytokeratins, **22:**171
    blastocyst-stage embryos, **22:**165
    oocytes, **22:**163
    preimplantation development, **22:**157
  keratin gene expression, **22:**206
Tooth, development, epidermal growth factor receptor gene effects, **35:**97–98
TOP, synapse formation, **21:**279
  Ab-TOP, **21:**298–300
  antibody, **21:**302–306
  antigen, **21:**291–292
  cellular distribution, **21:**288–289
  development, **21:**289–290
  gradient
    geometry, **21:**286–288
    species specificity, **21:**290
    stability, **21:**300–302
    tissue specificity, **21:**290
TOPAP molecule, pathfinding, role, **29:**160
TOPDV molecule, pathfinding, role, **29:**160
Topographic gradient molecule, synapse formation, **21:**279, 306–307
Topoisomerase II, nondisjunction, **29:**289–291
Torso pathway, *see* Tyrosine kinase receptor
Totipotency, **30:**157–158, 168, 170
TPA, *see* Tetradecanoyl phorbol 12-acetate
Tp mutation (maize), **28:**72
TPY, *see* Jnk/SAP kinase group
Tracers, *see* Markers; Probes
tra genes, sex determination regulation
  conservation of mechanisms, **41:**116–117
  germ-line analysis, **41:**119–122
  identification, **41:**108–110
  protein–protein interactions, **41:**114–115
  sexual partner identification, **41:**115–116
  signal transduction controls, **41:**112–114
Transcription
  actin-binding proteins, **26:**36–37, 39
  bacteria models
    location timing, **34:**229–238
    protein location targeting, **34:**238–241
  bicoid message localization, **26:**23–24, 27
  β-keratin genes, **22:**243, 245
  brain-specific genes, **21:**127, 136, 138–139, 141, 143, 145–146
  brush border cytoskeleton, **26:**110
  cDNA library construction, **36:**247
  chromosome pairing relationship, **37:**92–94
  embryonic induction in amphibians, **24:**278
  epidermal growth factor, **24:**297, 299–300, 303–307
  epidermal growth factor receptor, **24:**13, 17
  fibroblast growth factor, **24:**60, 64
  gastrulation, **26:**4
  genital ridge, structure, **32:**21–28
  human keratin genes, **22:**25–28
  insulin family peptides, **24:**144, 151, 156
  keratin, **22:**4
    experimental manipulation, **22:**89–90, 93–94
    gene expression, **22:**197, 199, 203
  male pronuclei, **34:**76–77
  nerve growth factor, **24:**168
  nuclear transplantation, **30:**155–156, 202
  proteases, **24:**224, 231, 235–236, 242, 245
  proteins, **24:**195–197, 206, 209, 211
  regulation
    ecmB gene, **28:**24
    meiotic gene expression, **37:**155–160
      promoter-binding factors, **37:**157–160
      transcriptional machinery components, **37:**160
      transcription factors, **37:**155–157
    by retinoic acid receptors, **27:**361–362
    as substrates for p42 and p44, **33:**17–18
  sarcomeric gene expression, **26:**145–146, 163–164
    cardiac muscle, **26:**160, 162
    muscle promoters, **26:**152–153, 156
    muscle-specific enhancers, **26:**147, 151
  sex determination regulation, **41:**112
  SRY gene
    activation, **34:**9–12
    tissue distribution, **34:**3–5
    transcript structure, **34:**5–7
  testis circular, **32:**19–20
  tissue-specific cytoskeletal structures, **26:**5
  transforming growth factor-β, **24:**121, 125, 318–319
  vertebrate growth factor homologs, **24:**321–323
  in vitro riboprobe synthesis, **36:**224–227
Transcription factors
  bicoid message localization, **26:**33
  dominant negative mutation studies, **36:**82, 92–93
  Ets-related Elk-1, **33:**29
  expressed during epithelial differentiation, **32:**212
  HOX gene products as, **27:**368–369

Transcription factors *(continued)*
  intestinal metamorphosis, **32:**222–223
  meiotic expression, **37:**155–157
  myogenic helix–loop–helix transcription factor myogenesis, **34:**169–199
    developmental expression, **34:**175–179
      patterns, **34:**177–178
      somite subdomains, **34:**178–179
      somitogenesis, **34:**175–176
    early activation, **34:**188–194
      axial structure cues, **34:**189–190
      myoblasts, **34:**190–191
      regulatory element analysis, **34:**191–194
    invertebrate models, **34:**179–181
    mutational analysis, **34:**183–188
      invertebrate genes, **34:**182–183
      mouse mutations, **34:**183–188
    myocyte enhancer factor 2 family, **34:**194–198
    MyoD family, **34:**171–175
      cloning, **34:**171–172
      properties, **34:**172–174
      regulation, **34:**174–174
    nonmammalian vertebrate models, **34:**181–182
    overview, **34:**169–171
  retinoic acid receptors, **27:**333–334
  retinoid life-and-death control, **35:**12–17
    AP-1 factors, **35:**16–17, 73
    PML protein, **35:**16
    RAR protein, **35:**8, 13–16
    retinoid receptors, **35:**12–16
      apoptosis control, **35:**13
      neoplasia, **35:**14–16
      overview, **35:**12
      receptor mutants, **35:**12–13
  zinc finger, pattern formation, **33:**218–219
Transcription initiation site, sarcomeric gene expression, **26:**153, 158, 161
Transdifferentiation
  adrenal chromaffin cells into neuronal cells, **20:**100–109
  adult hydra, **20:**258–279
  ganglionic neurons into chromaffin-like cells, **20:**109
  iridophores into melanophores, amphibian, **20:**79–87
  medusa tissues
    mononucleated striated muscle into smooth muscle and y cells, **20:**123–124
    subumbrella plate endoderm into all regenerate cells, **20:**128, 131–132
  nematocytes in hydra, **20:**281–289
  neural crest cells into thymic myoid cells, avian, **20:**111–114
  by neural crest-derived cells, **20:**195–208
  pancreatic cells into hepatocytes, **20:**63–76
  phenotype commitment, **20:**195–197
  respiratory epithelial cells in chorioallantoic membrane into keratocytes, chicken embryo, **20:**2–4
  retinal neural cells into lentoids, chicken embryo, **20:**4–17, 144–147, 149
  retinal PEC into lentoids, chicken embryo, **20:**21–35, 144–147
  skeletal muscle into cartilage, **20:**39–61
  xanthophores into melanophores, amphibian, **20:**82
Transduction, *see* Signal transduction
Trans factors, sarcomeric gene expression, **26:**146, 162, 164
  muscle promoters, **26:**152–153, 157, 159
  muscle-specific enhancers, **26:**147, 152
Transfection
  retinal, **29:**156
  with retinoic acid receptor genes, **27:**336
  sympathetic neuron exogenous gene expression, **36:**176–178
  transgenic fish production, **30:**180, 183–186
Transferrin
  brain-specific genes, **21:**120
  fibroblast growth factor, **24:**72
Transfilter recombinant, **30:**271
Transformation
  cellular, amphibian intestine, **32:**212–219
  germ-line, **30:**195
  transgenic fish production, **30:**178
Transforming growth factor
  conceptus–uterus axial relations, **39:**59–60
  growth factor regulation role, **29:**213
  neural crest cell induction, **40:**181–182
  positional information along anteroposterior axis, **27:**357–358
  role in early embryogenesis, **27:**356–357
Transforming growth factor-α
  embryonic development, **22:**175, 188–192
  life-and-death regulation, **35:**27
Transforming growth factor-β
  cathespin L, **24:**203–205
  cellular growth, **24:**96–99, 97, 113, 126–128
  inhibin, **24:**126–127

Subject Index

latent precursor complex, **24**:99–100
α_2-macroglobulin, **24**:100–101
mammalian development, **24**:124–125
mannose-6-phosphate, **24**:101–102
Müllerian-inhibiting substance, **24**:125–126
wound healing, **24**:123–124
cellular level effects, **24**:112–113
    differentiation, **24**:118–123
    migration, **24**:123
    proliferation, **24**:113–118
dorsal gastrula organizer establishment role, **41**:7–9
embryonic induction in amphibians, **24**:275–276, 279, 281–282
epidermal growth factor receptor, **24**:1–2, 11–12, 14–16, 22–23
    EC cells, **24**:21–22
    expression, **24**:19
    mammalian development, **24**:3, 8–11
fetal wound healing, **32**:195–196
fibroblast growth factor, **24**:58, 82
    ECM, **24**:82
    mesoderm induction, **24**:63–64
    ovarian follicles, **24**:70–71
    vascular development, **24**:73–74, 78, 80
    wound healing, **24**:83
heparin-binding, **25**:61–64
    growth factor, **25**:142–143
insulin family peptides, **24**:144
life-and-death regulation, **35**:27–28
mesoderm induction assay, **30**:260
mitogen-regulated protein, **24**:195, 198
molecular level effects
    ECM, **24**:106–108
    gene regulation, **24**:108–110
    growth factors, **24**:110–112
mouse, **24**:31–33, 37, 51–52
    biological activities, **24**:33–35
    epithelial-mesenchymal tissue interactions, **24**:47–51
    morphogenesis, **24**:37, 40–47
nerve growth factor, **24**:178
proteases, **24**:223–224, 236, 238, 245, 249
    ECM, **24**:223–224
    inhibitors, **24**:227, 231–232
    regulation, **24**:236, 238–246
proteins, **24**:197–198, 204–205, 208–211
receptors, **24**:104–106
    binding, **24**:102–103
    cell distribution, **24**:102
    signal transduction, **24**:103–104
signaling pathway, **35**:250–254
vertebrate growth factor nomologs, **24**:290, 312–319
Transgenics
    application, **30**:194, 205–206
    central nervous system development, retinoid targets, **40**:153–154
    description, **30**:177–179, 203
    embryo development, retinoid activity localization, **40**:127
    expression, **30**:190–192, 200–203
    fetal development studies, epidermal growth factor receptor genes, **35**:86–87
    fish
        advantages, **30**:179–180
        application, **30**:192–196, 199–206
        cell lineage ablation, **30**:203–204
        description, **30**:178–179
        difficulties, **30**:200
        DNA, **30**:186–189, 200–202
        ecological issues, **30**:196, 199
        gene targeting, **30**:204–205
        germ-line transformation, **30**:195
        growth hormone, **30**:192–195
        methodology, **30**:180, 183–187
        problems, **30**:193–194
        stability, **30**:194
        sterilization, **30**:196, 199
        transgene expression, **30**:186–187, 189–192, 200–203, 205
        zebrafish as model, **30**:199–201
    imprinted gene identification, **29**:236–237
    inheritance, **30**:186–187, 189–190
    methylation, **29**:251–255, 263
    mosaicism, **30**:189–190
    mouse
        Müllerian-inhibiting substance gain of function, **29**:176–177
        Müllerian-inhibiting substance loss of function, **29**:178–181
    MPA434, **29**:252
    Mt-I promoter, **29**:255
    primates embryonic stem cells, human disease models, **38**:154–157
Transglutaminase
    apoptosis modulation, **35**:25–26
    keratin, **22**:4
Transin
    proteases, **24**:228–229, 245, 248
    proteins, **24**:194, 203
    transforming growth factor-β, **24**:107

Translation
  microtubule motors in sea urchin, **26**:82
  sarcomeric gene expression, **26**:145
Translational regulation, microtubule role, **31**:79–83
Translocation
  cell lineage, **21**:70
  chromosomal sterility role, **37**:100–101
  embryonic induction in amphibians, **24**:279
  insulin family peptides, **24**:142, 146, 154
  MAP kinases, **33**:5–7
  microtubule, from centrosome, **33**:290–291, 294–295
  nondisjunction, **29**:296–298
  reorganization in frog egg, **26**:58, 60, 64, 67
  vertebrate growth factor homologs, **24**:315
Transmission electron microscopy
  actin organization in sea urchin egg cortex, **26**:12
  brush border cytoskeleton, **26**:101–102
Transplantation
  adrenal chromaffin cells, conversion to neuronal cells, rat, guinea pig, **20**:107–108
  dorsolateral plate mesoderm, contribution to hemopoiesis, amphibian embryo, **20**:319–321
  nuclear, *see* Nuclear transplantation
  thymic rudiment, colonization by lymphoid stem cells of recipient, amphibian embryo, **20**:316, 318–322
  ventral blood island mesoderm, contribution to hemopoiesis, amphibian embryo, **20**:319–322
Transport
  microtubules, down axon, **33**:291
  sperm
    day night, **33**:122–123
    female zebra finch, **33**:128–129
Transposable elements, trapping vectors, **28**:191
Trapping vectors
  characterization, **28**:189–191
  embryonic stem cells, **28**:200–202
  enhancer trap strategies, **28**:196–198
  gene trap strategies, **28**:199–200
  screening strategies
    bacteria, **28**:191
    C. elegans, **28**:193–194
    Drosophila, **28**:194–195
    mammals, **28**:195–196
    plants, **28**:191–192
  transposable elements, **28**:191

TRA-1 protein, *Caenorhabditis elegans* sex determination
  activity regulation, **41**:113–114
  targets, **41**:116–117
Trichloroacetic acid, **30**:220
Triiodobenzoic acid, effects on phyllotaxis, **28**:53
Triiodothyronine, epidermal growth factor receptor, **24**:3
Trisomy, *see also* Chromosomes, nondisjunction
  trisomic fetuses, **29**:282, **37**:384–386
Triton X-100, actin organization in sea urchin egg cortex, **26**:12, 15
Trochophore, similarity of pseudolarva, **31**:14–16
Trophectoderm
  cytokeratins, **22**:171
    blastocyst-stage embryos, **22**:164–166
    germ cells, **22**:169
    oocytes, **22**:157, 159
    preimplantation development, **22**:153, 156–157
  early embryo development, conventional view, **39**:45–48
  preimplantation embryo, mouse
    generation by outer cells, **23**:128–130, 142
    polarized cell division, **23**:129
    numerology, **23**:128–130
    potency to generate ICM, **23**:130
Trophism, *see also* Chemotaxis
  nerve growth factor, **24**:175, 183–184
Trophoblasts
  development during marsupial cleavage, **27**:202–204
  epidermal growth factor receptor, **24**:16, 23
  MHC class I antigen expression
    human placenta, on extravillous cytotrophoblast, **23**:214
    contradictory results, **23**:214–215
    mouse, **23**:210–212
      on early preimplantation embryo, **23**:211
      on labyrinthine and spongiotrophoblasts, **23**:211–212
    rat, on spongy-zone trophoblast, **23**:213–214
  response to immune cell lysis *in vitro*
    absence in human cells, **23**:215–216, 222
    significant during later stages, mouse, **23**:216–217, 222–223
Tropomyosin
  brush border cytoskeleton, **26**:97, 109–110
  chicken intestinal epithelium, **26**:126, 131, 133–134
  egg, actin filament-binding, **31**:115
  tissue-specific cytoskeletal structures, **26**:5

Subject Index

Troponin T, sarcomeric gene expression, **26**:152–153, 158–159, 161–162, 164
Trunk segments of zebrafish, characteristics, **25**:84–86
Trypan blue dye, apoptosis measurement, **36**:263
Trypsin
   embryonic brain cell dissociation, **36**:202–205
   epidermal developmental, **22**:43
   epidermal growth factor receptor, **24**:12
   fibroblast growth factor, **24**:74
   proteases, **24**:244
   synapse formation, **21**:291–292, 294, 296
Ts15 cells, proliferative efficiency in aggregation chimeric mice, **27**:261
Tuberous sclerosis, characteristics, **39**:262–263
Tubifex
   cleavage pattern generation, **31**:225–229
   cortical F-actin, bipolar organization, **31**:202–204
   developments role
      cortical actin cytoskeleton, **31**:204–221
      subcortical actin cytoskeleton, **31**:223–225
   early cleavage, **31**:221–223
   early development, **31**:198–200
   egg activation, **31**:200–202
   embryo spatial pattern generation, **31**:230–232
Tubularia, lateral inhibition in, **28**:35
Tubulins
   acetylation, **31**:387–389
   actin-binding proteins, **26**:36
   antibodies, nondisjunction detection, **29**:287
   assembled and unassembled, **33**:293
   astral pole, **31**:226
   brain-specific genes, **21**:124
   CCDs of unfertilized eggs, **31**:20
   cytokeratins, **22**:72, 76, 156
   cytoplasmic, increase during stages I-VI, **31**:407–408
   cytoskeleton positional information, **26**:2
   gamma-, neuronal distribution, **33**:284
   γ-tubulin, **30**:237–242
   intermediate filament composition, **21**:152–153, 174, 180
   maternal centrosome, **31**:337
   maternal pool, **31**:408–412
   monoclonal antibody, **31**:421–422
   mRNA degradation, **31**:83
   optic nerve regeneration, **21**:219, 237, 241
   reorganization in frog egg, **26**:56–58
   synthesis, feedback control, **31**:70–72
   α-tubulin, **30**:224

visual cortical plasticity, **21**:386
Xenopus oocyte cytoplasm, **30**:224, 229
Tumor-associated genes, sex determination role, **34**:15
Tumor growth factor, neural crest cell induction, **40**:181–182
Tumor necrosis factor
   fibroblast growth factor, **24**:73–74
   germ cell growth, **29**:216
   transforming growth factor-β, **24**:109
Tumor promoters
   early myoblast insensitivity to, **23**:193
   late myoblast differentiation inhibition, **23**:193–194
Tumors
   adenomatous polyposis coli protein, **35**:180–181
   breast cancer apoptosis modulation, **35**:22–23
   brush border cytoskeleton, **26**:114
   carbonic anhydrase, **21**:209, 212
   cytokeratins, **22**:153, 168–169
   embryo-derived, chimeras, **27**:257–259
   epidermal growth factor
      mice, **24**:32–33, 35
      receptor, **24**:10, 14, 17, 20–21
   epidermal growth factor receptor gene effects, **35**:107–109
   fibroblast growth factor
      carcinogenic transformation, **24**:84
      oncogenes, **24**:61
      ovarian follicles, **24**:71
      vascular development, **24**:73–75, 79–81
   germ cell, chimeras, **27**:257–259
   induction, epidermal growth factor receptor gene effects, **35**:103
   insulin family peptides, **24**:139, 148
   keratin
      differentiation, **22**:64
      experimental manipulation, **22**:91, 93
      expression, **22**:35, 118
      expression patterns, **22**:117–118, 122
      phosphorylation, **22**:58
   mosaic individuals, **27**:257
   neocortex innervation, **21**:393
   nerve growth factor, **24**:163, 184
   origin from single neural stem cell, **20**:219–220
   pathogenesis in mosaic individuals, **27**:255–257
   proteases, **24**:222, 224
      inhibitors, **24**:225, 227, 230–234
      regulation, **24**:237–238, 247

Tumors *(continued)*
　proteins, **24:**195–196, 199, 201–203
　retinoic-acid–independent responses, **35:**31
　retinoid effects, **35:**10–11
　transforming growth factor-β, **24:**102,
　　113–115, 126–127
Tumor-suppressor proteins, meiotic expression,
　37:164–165
TUNEL staining method, apoptosis
　measurement, **36:**266–267
Tungsten particles, **30:**185
Twine gene, *Drosophila* meiosis regulation,
　37:311, 325–326
twist, cytoskeleton positional information, **26:**3
Twisted gastrulation gene, **25:**27–35
Twist mutant embryo, **25:**25–26, 36–37, 40
Tyrosinase
　cell lineage, **21:**72
　pineal cells, **20:**92
Tyrosine, **30:**42–43
　β-keratin genes, **22:**239–240
　chicken intestinal epithelium, **26:**135, 137–138
　epidermal growth factor, **22:**176
　epidermal growth factor receptor, **24:**2–3, 17
　transforming growth factor-β, **24:**103
Tyrosine hydroxylase
　brain-specific genes, **21:**118
　neocortex innervation, **21:**407
　nerve growth factor, **24:**177–178, 183
　transitory activity in embryonal neurons
　　of cranial sensory and dorsal root ganglia,
　　　20:170
　　intestinal, **20:**168–169
　　　nerve growth factor effect, **20:**172
　　　reserpine effect, **20:**170–172
Tyrosine kinase
　axonal guidance, **29:**161
　brush border cytoskeleton, **26:**96, 105
　chicken intestinal epithelium, **26:**136
　egg activation, **30:**42–44, 83–84
　epidermal growth factor, **24:**5, 7, 20, 33
　fusion stimulating, **25:**10
　insulin family peptides, **24:**140, 142, 153
　keratin experimental manipulation, **22:**84
Tyrosine kinase-dependent pathway, **30:**82–84
Tyrosine kinase receptor
　dominant negative mutations, **36:**89–90
　growth factor regulation, **29:**196
　Ras MAP kinase, **33:**15–16
　regulated signaling proteins, **33:**20–21
　signaling pathway component dissection
　　paradigms, **35:**238–241

　dorsal follicle cell fate establishment, **35:**241
　embryonic cell fate determination,
　　35:238–240
　signaling ramification, **33:**38–41
Tyrosine phosphatase
　β-catenin phosphorylation, **35:**169–172
　cadherin function control, **35:**175–177
　genes encoding *(Drosophila),* **28:**111
Tyrosylation, intermediate filament composition,
　21:174

U

Ubiquitin, **30:**136
Ultracryomicrotomy, teleost eggs, **31:**373
Ultraviolet radiation
　actin-binding proteins, **26:**39
　cortical rotation arrest induction, **31:**401
　effect on late-stage zygotes, **31:**366–367
　microtubule motors in sea urchin, **26:**76, 80
　organizer formation, **30:**264
Umbilical cord, allantois development
　fetal therapy, **39:**26–29
　vasculogenesis, **39:**11–12, 20–23
unc-86 octamer-binding protein, **27:**355
Uniparental disomy, **30:**167–168
Unisexual flowers
　dioecy
　　breeding system, **38:**174–175
　　evolution, **38:**178–181
　　sex determination, **38:**187–206
　　　Actinidia deliciosa, **38:**204–205
　　　Asparagus officinalis, **38:**204
　　　chromosomal basis, **38:**187–189
　　　environmental effects, **38:**205–206
　　　Humulus lupulus, **38:**190–194
　　　Mercurialis annua, **38:**189–190
　　　Rumex acetosa, **38:**194–199
　　　Silene latifolia, **38:**199–203
　evolution, **38:**175–181
　　dioecy, **38:**178–181
　　monoecy, **38:**180–181
　　primitive plants, **38:**175–177
　　unisexuality, **38:**177–178
　hermaphrodite–unisexual plant comparison,
　　38:210–211
　monoecy
　　breeding system, **38:**174–175
　　evolution, **38:**180–181
　　sex determination, **38:**182–187
　　　Cucumis sativus, **38:**186–187
　　　Zea mays, **38:**182–185

Subject Index

Universal M-phase factor, **29**:305
3' untranslated region
    cis-acting sequences, **31**:145–149
    localization of maternal mRNAs, **31**:394
Urea, optic nerve regeneration, **21**:239
Uridine, insulin family peptides, **24**:148, 154
Urodeles, *see also* Anurans; *specific species*
    bottle cell ingressions, **27**:47
    convergence and extension in, **27**:67–68
    convergence and extension movements, **27**:75–76
    epiboly in, **27**:76
    fate maps, **27**:92–93
    feature restoration, **31**:264–265
    fibrillar ECM in, **27**:99–101
    integrin expression, **27**:104–105
    mesodermal cell migration, **27**:116
    phylogenetic analysis, **31**:258–260
    planar versus vertical induction, **30**:276
    p58 localization, **31**:260–261
Urogastrone, epidermal growth factor, **24**:2, 32
Urokinase
    proteases, **24**:225
    vertebrate growth factor homologs, **24**:324
Uterus
    cell lineage, **21**:69–70
    conceptus axial relations, **39**:58–60
    epidermal growth factor receptor, **24**:7–8, 10–11, 16
    proteases, **24**:228, 230, 233–236
    proteins, **24**:204
    transforming growth factor-β, **24**:126

V

Vaccinia virus growth factor, **24**:2, 14
Vaginal epithelium, keratin gene expression, **22**:196, 201–204
Vanadate, microtubule motors in sea urchin, **26**:76–77, 80
Variability
    phylogenetic, gastrulation, **33**:240–246
    proliferation and evolution, **25**:186–188
Vascular development, *see* Cardiovascular development
Vascular smooth muscle cells
    fibroblast growth factor, **24**:78
    gax gene expression study, **40**:23–24
Veg-1, actin-binding proteins, **26**:36, 38, 40, 50
Vegetal array, parallel microtubules, **31**:361–362
Vegetal cell, **30**:257, 259, 268, 270

Vegetal cortex
    domain, **30**:273, **31**:12
    reorganization in frog egg, **26**:62–64
Vegetal hemisphere, **30**:218
Vegetal plate
    PMCs displaced from, **33**:179
    primary invagination associated with, **33**:185–187
Vegetal pole
    actin-binding proteins, **26**:38–41, 48, 50
    reorganization in frog egg, **26**:60–61, 66–67
Ventral domain of *Drosophila*, mesoderm, **25**:23–27
Ventral tegmental area, neocortex innervation, **21**:401, 405, 416
Ventral uterine precursor cells, vertebrate growth factor homologs, **24**:308–309
Ventrodorsal axis, egg–embryo axial relationship, **39**:40–41
Vernix caseosa, epidermal development, **22**:133
Vertebral column
    development, segmentation, comparison with compartmentation, **23**:250
    mutations in mouse, **23**:250–251
    En-1 and *Pax-1* role, **27**:369–371
    vertebral identity, *hox* gene role, **27**:366
Vertical induction, **30**:275–276
Vesicles, *see also specific types*
    actin organization in sea urchin egg cortex, **26**:16
    brush border cytoskeleton, **26**:97–98
    chicken intestinal epithelium, **26**:126, 132, 137
    coated, endocytosis mediated by, **31**:121–123
    epidermal growth factor receptor, **24**:15
    insulin family peptides, **24**:146
    microtubule motors in sea urchin, **26**:72, 86
    reorganization in frog egg, **26**:59
    transforming growth factor-β, **24**:103
    vertebrate growth factor homologs, **24**:322
Vestibular ganglia
    inner ear development, **36**:126–128
    organotypic culture
        dissociated cell culture, **36**:123–126
        overview, **36**:115–116
        proliferating culture, **36**:121–122
        whole ganglia culture, **36**:122–123
Vg-1
    axis induction, **30**:267, 269–270, 273
    ectopic axis assay, **30**:262
    as mesoderm inducer, **30**:260, 269–270
    mRNA, **30**:235–236, 241

Vg-1 *(continued)*
　organizer formation, **30:**273
　Xenopus
　　cytoplasmic determinants, **32:**115, 117–118
　　oocyte polarization, **30:**219
Video microscopy
　apoptosis measurement, **36:**273–277
　neuroblast division analysis, **36:**290–291
Villin
　brush border cytoskeleton, **26:**95–98, 112–115
　　differentiation, **26:**109–112
　　embryogenesis, **26:**104–105, 107–108
　　chicken intestinal epithelium, **26:**129, 131, 133–135
　egg, association with actin filaments, **31:**111
　endodermal cell apical domain, **32:**211–212
Villus
　chicken intestinal epithelium, **26:**123, 125–128
　　brush border formation, **26:**128–135
　　regulation of development, **26:**135, 137–138
　crypt axis, amphibian, **32:**205–207
Vimentin
　actin-binding proteins, **26:**38
　asymmetrically organized, **31:**460–461
　CCDs, **31:**20
　chicken embryo, matrix cells, transitory expression, **20:**230–231, 233
　cytokeratins, **22:**166–170
　divergence in *Xenopus* laevis, **31:**457–460
　filament system, **30:**220–222, **31:**466–468
　intermediate filament composition, **21:**155, 159, 161, 166, 167, 171, 173–176
　keratin, **22:**2
　　experimental manipulation, **22:**72, 76–78
　　hair and nail, **22:**61
　　human genes, **22:**21, 30
　　filament, **22:**7–8, 16
　　somatic cell hybrids, **22:**86, 90
Vinblastine
　brush border cytoskeleton, **26:**115
　as kinetic stabilizer, **33:**290–291
Vinblastine-sulfate, microtubules, **29:**300
Vinculin
　colocalized with talin, **31:**445
　oocyte cortex, **31:**437–438
　Xenopus
　　actin-binding proteins, **26:**40
　　oogenesis, **30:**223
Viola odorata
　growth curve, **29:**330
　timing of events in, **29:**332
Vision, *see also specific aspects*

cornea
　epithelium
　　differentiation markers, **22:**117
　　differentiation-specific keratin pairs, **22:**99, 102
　　keratin expression patterns, **22:**111, 115–116
eye development
　drosophila, **39:**119–150
　　antineural genes, **39:**144–145
　　atonal gene function, **39:**142–144, 146
　　cell cycle regulation, **39:**147–150
　　coordination, **39:**141, 149–150
　　dashshund mutant, **39:**125–126
　　daughterless gene function, **39:**142–144
　　differentiation initiation, **39:**127–133
　　differentiation progression, **39:**133–146
　　disruptive mutations, **39:**133–135
　　dpp gene function, **39:**127–130, 139–141, 150
　　dpp–wg gene interaction, **39:**131–133
　　extramacrochaetae gene function, **39:**144–145
　　eyeless mutant, **39:**121–124
　　eyes absent mutant, **39:**124
　　G1 control, **39:**149
　　G2–M transition regulation, **39:**147–148
　　hairy gene function, **39:**144–145
　　hedgehog gene function, **39:**135–139
　　h gene expression, **39:**146
　　overview, **39:**120, 150
　　primordium determination, **39:**121–127
　　proneural–antineural gene coordination, **39:**145–146
　　proneural genes, **39:**142–144
　　regulation, **39:**126–127
　　sine oculis mutant, **39:**124–125
　　wg gene function, **39:**130–131, 150
　zebrafish, rostral brain patterning, **29:**86–87
homeobox gene expression, **29:**45–46
optic nerve
　monoclonal antibodies, **21:**256, 264–266, 273
　regeneration, *Xenopus* laevis, **21:**217–218, 247, 251
　　axonally transported proteins, **21:**220–222
　　changes in, **21:**227–232
　　injury, **21:**243–250
　　neural connections, **21:**218–219, 220

Subject Index

phases, **21**:222–227
proteins, **21**:232–234, 234–243
synapse formation, **21**:277–278, 290
visual cortical plasticity, **21**:380, 381
optic tract development, **29**:143
visual cortex
  neocortex innervation, **21**:419
  plasticity, activation, **21**:372, 378
  plasticity, norepinephrine role
    CA bundles, **21**:373–375
    δ-adrenergic antagonists, **21**:383–385
    δ-adrenergic receptors, **21**:378, 379
    exogenous NE, **21**:378–380
    LC, **21**:382, 383
    ocular dominance, **21**:378–382
    6-OHDA, **21**:369–373, 375–377
    overview, **21**:367–369, 374–378, 383, 385–387
voltage-gated ion channel development, terminal differentiation expression patterns, mammals, **39**:171–173, 175
Vital dye exclusion, apoptosis measurement, **36**:263–264
Vitamin A
  characteristics, **35**:1–2
  deficiency effects, **35**:10–11
  human keratin genes, **22**:29–30
  induction of embryonic carcinoma cell differentiation, mouse
    refractoriness to, **20**:354–355
    reversibility, **20**:350–352
  keratin, **22**:3–4
    expression patterns, **22**:116–117
    gene expression, **22**:196, 204, 206
  monoclonal antibodies, **21**:257
  skin disease, **22**:63
Vitamin C
  functions in testis, **33**:85
  PEC transdifferentiation, **20**:30, 32
Vitamin E, functions in testis, **33**:85
Vitelline envelope, series of waves, **31**:9–10
Vitellogenesis
  marsupial, **27**:181–182
  stages, *bicoid* message localization, **26**:24–25, 27–28, 30–31
Vitellogenin
  honeybee reproduction role, **40**:57–59, 62
  oocyte growth, **30**:108–110, 185–186
Vitrification, oocytes, **32**:85–87
V lineage, modular programming in, **25**:184–186
v7 mutation (cotton), **28**:71

Voltage-gated ion channels
  development, **39**:159–164
    early embryos, **39**:160–164
      cell cycle modulation role, **39**:162–164
      fertilization, **39**:162
      oocytes, **39**:160–162, 175
    terminal differentiation expression patterns, **39**:164–175
      action potential control, **39**:166, 168
      activity-dependent development, **39**:166, 169–171, 173, 179
      ascidian larval muscle, **39**:166–170
      channel development, **39**:171, 177–178
      developmental sensitivity, **39**:165–166
      embryonic channel properties, **39**:169–170
      mammalian visual system, **39**:171–173, 175
      potassium ion currents, **39**:166
      resting potential role, **39**:168
      spontaneous activity control, **39**:168–170, 175–176
      weaver mouse mutation, **39**:173–175
      Xenopus embryonic skeletal muscle, **39**:170–171, 178
      Xenopus spinal neurons, **39**:164–165, 175–178
  gamete signaling, **34**:117–149
    egg activation, **34**:144–148
    gamete characteristics
      egg, **34**:119–121
      sperm, **34**:118–119
    importance, **34**:117–118
    ionic environment influence
      fish sperm, **34**:121–122
      mammalian sperm, **34**:123
      sea urchin sperm, **34**:121–122
    long-range gametic communication, **34**:124–131
      mammals, **34**:130–131
      sea urchins, **34**:124–130
    short-range gametic communication, **34**:131–144
      mammals, **34**:137–144
      sea urchin, **34**:131–136
      starfish, **34**:136–137
  overview, **39**:159–160, 175–179
Vomeronasal organ neuron
  pheromone receptor gene cloning, **36**:245–249
  single neuron isolation method, **36**:249–251
von Hippel Lindau's disease, characteristics, **39**:262

VPC fates, combinatorial control, **25:**215–217
Vul and *Muv* genes, inductive signal, **25:**210–214
Vulva
  cell induction in *Caenorhabditis elegans* larvae, **33:**31–36
  induction, combination of intercellular signals specifies cell fates during, **25:**207–219
    comparative aspects, **25:**217–218
    inductive signal and the *Muv* and *Vul* genes, **25:**210–214
    interplay of inductive and lateral signals, combinatorial control of VPC fates, **25:**215–217
    lateral signal and *lin-12*, **25:**214–215
    model for, **25:**208
    sequential cell interactions, **25:**218–219
VYTHE peptide, **30:**134

W

Waardenberg's syndrome, **29:**35
Wardlaw model, flower development, **29:**328–329
Wax, on maize leaf surface and cell wall, **28:**63–64
WD-40 repeats, echinoderm MAP, **31:**73–74
weaver gene, voltage-gated ion channel development, terminal differentiation expression patterns, **39:**173–175
weel gene product, **28:**136
Western blot
  apoptosis measurement, **36:**269–271
  ascidian eggs and embryos, **31:**272
  meiotic protein function analysis, **37:**216, 224
  neuroretina cell differentiation assay, **36:**138–139
  organocultured otic vesicle analysis, **36:**119
  Xenopus vimentins, **31:**459
wg gene
  Drosophila eye development, differentiation initiation
    dpp gene interaction, **39:**131–133
    gene function, **39:**130–131, 150
  expression in Drosophila cellular blastoderm, **29:**125
Wiedemann–Beckwith's syndrome, characteristics, **39:**262
Wilms' tumor, genetic imprinting, **29:**239–240
Wilms' tumor-associated gene, sex determination role, **34:**15
Wing bud, retinoic acid role in development (chick), **27:**324–325

Wingless, vertebrate growth factor homologs, **24:**319–324
W locus, growth factor regulation, **29:**196–197
Wnt genes
  endoderm induction, **39:**97–102
  En regulation by, **29:**24–26
  expression maps, **29:**44
  kidney development role, **39:**278–279
  midbrain-hindbrain expression, **29:**84–86
  mutations, **29:**26
  vertebrate limb formation, **41:**44–45, 54–55, 59
  zebrafish, **29:**72
Wnt protein, signal pathway dissection paradigms, **35:**244–249
Wölffian duct
  Müllerian-inhibiting substance effect on, **29:**177, 180
  Müllerian-inhibiting substance/*Tfm* mutant effect on, **29:**182
Wölffian lens regeneration, **28:**36
Wo mutation (tomato), **28:**73
Worms, *see specific species*
Wounds
  embryonic
    closure by purse string, **32:**188–189
    reepithelialization, **32:**182–183
  healing
    adult, review, **32:**176–180
    embryonic
      historical studies, **32:**180–181
      role of cell proliferation, **32:**190
    fetal, environment, **32:**193–196
    fibroblast growth factor, **24:**82–83
    proteases, **24:**237
    transforming growth factor-β, **24:**123–124
wrl mutation *(Drosphila),* **27:**300
WT1 gene, kidney development role, **39:**264–266

X

Xanthophores, *Rana catesbeiana,* transdifferentiation into melanophores, **20:**82, 203
X:A ratio role, *Caenorhabditis elegans* sex determination
  chromosome count, **41:**117–119
  dosage compensation, **41:**104–108
  overview, **41:**100
  primary sex determination, **41:**104
XCAT-2, **30:**219

Subject Index

X chromosome
  cell differentiation, **29**:230–31
  dosage compensation, **32**:8
  gene isolation, **32**:3–4
  inactivation, **29**:242–248
  inactivation, genetic mosaicism, mouse, **23**:124–125, 133–134, 137, 139
  persistent difference between maternally and paternally derived in embryo, **23**:63–64
  recombination, **29**:293
  Sry expression, **32**:25–28
Xenopus
  actin-binding proteins in, **26**:35, 50–51
    fertilization, **26**:37–38
    gastrulation, **26**:38–41
    MAb 2E4 antigen, **26**:41–50
  advantages for study, **30**:258
  antibodies used in, **29**:137
  bottle cells, *see* Bottle cells
  breeding, **29**:138
  cadherin function control mechanisms, **35**:179
  cell lineage determination, **32**:103–130
  convergent extension, **27**:154–158
  cortical cytoskeleton, **31**:433–449
  cytokeratins, **22**:159, 167, 170–171
  cytoskeleton positional information, **26**:3
  development, **25**:52–53
  dorsoanterior axis specification, **30**:257
  egg
    calcium release, **30**:72
    inositol 1,4,5-triphosphate and calcium, **30**:73–74
  egg reorganization in
    cytoplasm in fertilized egg, **26**:61
      cortical rotation, **26**:61–62
        mechanisms of force generation, **26**:64–67
        vegetal microtubule array, **26**:62–64
      cytoplasm localization, **26**:59–61
      microtubule dynamics, **26**:54–56
        cell cycle progression, **26**:56–57
        microtubule-associated proteins, **26**:58–59
        microtubule-organizing centers, **26**:57–58
      overview, **26**:53–54, 67
  embryo
    hemopoietic stem cells, from mesoderm dorsolateral plate, commitments, **20**:319–322

    ventral blood island, commitments, **20**:319–322
    mesonephros, hemopoiesis site, **20**:321–322
    thymus, invasion by hemopoietic stem cells, **20**:316–322
  embryo, regionalization, **25**:49–54
  embryologic studies, **29**:136
  embryonic brain, **29**:144
  embryonic induction in amphibians, **24**:263, 266
    mesoderm induction factors, **24**:276
    modern view, **24**:271–272, 274
    neural induction, **24**:281
    research, **24**:282
  epiboly, **27**:76, 154–158
  epidermal growth factor receptor, **24**:11
  evidence for involvement in homologous molecules in related steps of specification, **25**:71–72
  as experimental system, **29**:136–139
  experimental tool, **29**:136
  fibroblast growth factor, **24**:61, 63–64
  homeo box genes
    homology with murine, **23**:239–240
    transcription, **23**:246
  intermediate filament composition, **21**:173
  intermediate filaments, **31**:455–479, 478–479
  intermediate keratin filament, **32**:188
  intestine
    embryogenesis, **32**:207–212
    remodeling during metamorphosis, **32**:212–227
  mesoderm induction, **33**:36–38
  microtuble assembly and organization, **31**:405–417
  microtubule assembly regulation, **31**:412–413
  as model in relation to vertebrate development, **25**:36, 46–48, 58–62
    body segment patterning, **25**:88–89
  molecular manipulations, **29**:137
  myogenesis, **38**:63–64
  myogenic helix–loop–helix transcription factor myogenesis, **34**:181–182
  natural history, **29**:138–139
  neural induction, **35**:191–218
    antiorganizers, **35**:211–214
    autoneuralization, **35**:199–203
    ectoderm neural default status, **35**:199–203
    future research directions, **35**:216–217
    gradient formation, **35**:213–215
    historical perspectives, **35**:193–196

Xenopus (continued)
  neuralizing factors, **35**:196–198
  organizer role
    concepts, **35**:203
    establishment, **35**:203–206
    molecular characteristics, **35**:206–207
    neuralizing signal transmission, **35**:207–210
    overview, **35**:191–193
    planar versus vertical signals, **35**:209–210
    polarity establishment, **35**:214–216
    tissue respondents, **35**:198–199
  ontogeny, **29**:138–139
  oocyte, **30**:218–244
  oogenesis, **26**:36–37
  oogenesis and early development, **31**:385–405, 417–419
  PGC *in vivoin vivo* migration, fibronectin role, **23**:151–152
  reorganization in frog egg, **26**:60
  retinotectal stages, **29**:138
  small intestine
    larval, **32**:208–210
    metamorphosis, **32**:214–220
  sperm-egg interaction, **30**:257
  sperm nuclei to male pronuclei transformation
    cell-free preparation comparison, **34**:29–31
    chromatin decondensation
      in vitro conditions, **34**:47–49
      in vivo conditions, **34**:41–42
    male pronuclear activities
      development comparison, **34**:27–29
      replication, **34**:75
      transcription reinitiation, **34**:76–77
    maternal histone exchange, **34**:33–36
    nuclear envelope alterations
      formation, **34**:60
      lamin role, **34**:66–67
    nucleosome formation, **34**:53–54
    sperm protein modifications, **34**:33–36
  stereotyped, **32**:111–112
  study advantages, **32**:105–108
  synapse formation, **21**:292
  transforming growth factor-β, **24**:96, 98
  vertebrate growth factor homologs, **24**:312
  voltage-gated ion channel development, terminal differentiation expression patterns
    embryonic skeletal muscle, **39**:170–171, 178
    spinal neurons, **39**:164–165, 175–178

X-gal staining, studying trapped genes, **33**:272–274
Xist, genetic imprinting, **29**:238, 242–243
X-linked genes, genomic imprinting, **40**:277–281
  dosage compensation, **40**:279–281
  future research directions, **40**:284–285
  sexual differentiation, **40**:278
XMAPs, *see* Microtubule-associated proteins, high-molecular-weight
XTC cells
  embryonic induction in amphibians, **24**:262, 271, 275
  fibroblast growth factor, **24**:64
XTC-MIF
  activin, **27**:356
  embryonic induction in amphibians, **24**:272, 274–279, 282–284
  from *Xenopus,* **25**:57–58, 60, 66–67
  molecule, **25**:58
Xwnt gene
  axis induction, **30**:273
  expression, **30**:256–257, 271
  function, **30**:260, 262, 269
  mesoderm induction, **30**:260, 271–272
  UV rescue assays, **30**:262
XXY chromosome, **29**:309

Y

Y cells, medusa, conversion from striated muscle *in vitro,* **20**:123–124
Y chromosome
  gene isolation, **32**:3–4
  possible gene products, **23**:178–179
  rapid evolution, **32**:23
Yeast, *see Saccharomyces cerevisiae*
Yolk
  cytoplasmic layer, teleost embryo, **31**:363–368
  elimination during marsupial cleavage, **27**:192
  epiboly, **31**:362–371
  marsupial, **27**:181–182, 182
    patterns of distribution, **27**:188–189
  murine, endodermal cells, MHC antigens detection *in vitro,* **23**:224
  nucleus, **30**:232–233, 235
  oocyte growth regulation, **30**:109, 218, 235
  platelets
    excluded from area closest to plasma membrane, **31**:156

Subject Index

uptake from hemolymph, **31**:142
vegetal hemisphere, **31**:393–394
rearrangement zones, **31**:397
region-specific distribution, **31**:12–13
storage products, marsupial, **27**:180–181
syncytial layer, teleost embryo, **31**:363–368
yolk bodies, marsupial, **27**:182
Young arrest, *Drosophila* embryo development, **34**:100–101
y^+Ymal^+ chromosome, synthetic chromosomal sterility, **37**:102

Z

Zea mays, sex determination, **38**:182–185
Zebra finch
　extra-pair copulations
　　benefits and costs for female, **33**:112–117
　　optimal strategies, **33**:143–150
　　success determinants, **33**:118–143
　as model study organism, **33**:109–112
Zebra fish, *see Danio rerio*
Zen (zerknullt) gene, **25**:27–35
Zfh-1 gene, cardiovascular development role, **40**:31
Zinc, proteases, **24**:228
Zinc finger gene, **30**:202
Zinc finger transcription factors, pattern formation, **33**:218–219
Zona pellucida
　characteristics, **30**:4
　fertilization, **30**:1–3, 24–25, 52–53
　fertilization mechanisms, **30**:23–24
　filament, **30**:8, 13–14
　glycoprotein, **30**:4
　human, salt, stored, **32**:67–68
　important properties, **32**:69–70
　of marsupials, **27**:189
　nondisjunction, **29**:310

Zone of polarizing activity
　chick wing bud development, **27**:324–325, 358
　vertebrate limb formation, **41**:46–47, 55–59
Zonula adherens
　brush border cytoskeleton, **26**:97, 104
　chicken intestinal epithelium, **26**:131–132
Zonulae occludens, brush border cytoskeleton, **26**:97
ZP2
　effect of inositol 1,4,5-triphosphate, **30**:30
　sperm interaction, **30**:23
　ZP2$_f$, **30**:25, 30, 40–41
ZP3
　characteristics, **30**:2–3
　fertilization, **30**:4, 9–13, 23
　gene, **30**:4–6
　glycopeptide, **30**:9–10
　immunization with, **30**:12
　inositol 1,4,5-triphosphate effect, **30**:31
　oligosaccharide, **30**:8–12
　protein kinase C effect, **30**:33–34
　species comparison, **30**:4–8, 10–15
　structure, **30**:6–8, 11–15
ZP3$_f$, **30**:24–25, 33
Z-protein, brush cytoskeleton, differentiation, **26**:96, 105
Zygotes
　actin-binding proteins, **26**:39
　cortex, structure and function, **31**:445–446
　cytoskeleton polarization control, PAR protein distribution, **39**:84–86
　early blastocyst axis relationship, **39**:49–55
　microtubules
　　immunocytochemical labeling, **31**:338–339
　　spatiotemporal pattern, **31**:356–359
　triploid, **32**:74
　UV irradiation effects, **31**:366–367
Zygotic ventralizing genes, **25**:31

Contributor Index

A

Abmayr, Susan M., **38**:35
Adamson, Eileen D., **24**:1;**35**:72
Ainsworth, Charles, **38**:168
Albertini, David F., **28**:126
Alder, Hansjurg, **20**:117
Alvarez, Ignacio S., **27**:129
Anderson, Kathryn V., **25**:17
Anderson, Winston A., **31**:5
Aronson, John, **23**:55
Ashley, Terry, **37**:202
Austin, Christopher, **36**:51
Awgulewitsch, Alexander, **23**:233

B

Baas, Peter W., **33**:281
Baker, Robert K., **33**:263
Balsamo, Janne, **35**:161
Bauer, Daniel V., **32**:103
Bearer, Elaine L., **26**:1,35
Behringer, Richard R., **29**:171
Beltran, Carmen, **34**:117
Bennett, Dorothy C., **20**:333
Bennett, Gudrun S., **21**:151
Berking, Stefan, **38**:81
Billington, W. D., **23**:209
Birkhead, T. R., **33**:103
Black, I. B., **20**:165;**24**:161
Bloom, Floyd E., **21**:117
Bode, Hans, **20**:257
Bodenstein, Lawrence, **21**:1
Bogarad, Leonard, **23**:233
Bolton, Virginia N., **23**:93
Bonder, Edward M., **31**:101
Bongso, Ariff, **32**:59
Boucaut, Jean-Claude, **27**:92
Bowden, P. E., **22**:35
Bower, D. J., **20**:137
Bradley, Allan, **20**:357
Braude, Peter R., **23**:93
Breitkreutz, D., **22**:35

Brower, Danny L., **28**:82
Buchanan-Wollaston, Vicky, **38**:168
Bunch, Thomas A., **28**:82
Bunn, Clive L., **22**:69
Burgess, David R., **26**:123

C

Capco, David G., **31**:277
Capel, Blanche, **32**:1
Carmena, Mar, **27**:275
Carre, Daniele, **31**:41
Cavanagh, Alice C., **23**:73
Cepko, Constance, **36**:51
Cha, Byeong Jik, **31**:383
Chang, Patrick, **31**:41
Chien, Chi-Bin, **29**:135
Clayton, R. M., **20**:137
Collas, P., **34**:26
Conlee, John W., **21**:309
Cooke, Jonathan, **25**:45
Cossu, Giulio, **23**:185
Crone, Wilson, **29**:325
Cserjesi, Peter, **34**:169
Cummings, W. Jason, **37**:117

D

Dale, Beverly A., **22**:127
Dawid, Igor B., **24**:262
De Filici, Massimo, **23**:147
de la Rosa, Enrique J., **36**:133,211
de los Angeles Vicente, Maria, **36**:293
de Pablo, Flora, **36**:31,133
Darszon, Alberto, **34**:117
DeSimone, Douglas W., **27**:92
Diaz, Begona, **36**:133
DiCicco-Bloom, E., **24**:161
Dolci, Susanna, **23**:147
Donovan, Peter J., **29**:189
Dreyfus, C. F., **24**:161
Droms, Kurt, **20**:211
Dulac, Catherine, **36**:245

Dunne, John, **20:**257
Dupin, Elisabeth, **36:**1

E

Eckberg, William R., **31:**1
Eddy, E. M., **37:**142
Eguchi, Goro, **20:**21
Eichenlaub-Ritter, Ursula, **29:**281
Eisenberg, Carol, **35:**161
Elinson, Richard P., **26:**53;**30:**253
Engstrom, Lee, **35:**229
Eppig, John J., **37:**333
Errington, L. H., **20:**137
Evan, Gerard I., **36:**259

F

Fainsod, Abraham, **23:**233
Fann, Ming-Ji, **36:**183
Farber, Martin, **24:**137
Fath, Karl R., **26:**123
Feiguin, Fabian, **36:**279
Ferguson, Edwin L., **25:**17
Ferguson-Smith, Anne, **23:**233
Ferrell, Jr., James E., **33:**1
Ferrus, Alberto, **36:**303
Fields-Berry, Shawn, **36:**51
Fienberg, Allen A., **23:**233
Fisher, Chris, **22:**209
Fishkind, Douglas J., **31:**101
Fitch, Karen R., **38:**2
Fjose, Anders, **29:**65
Fluck, Richard A., **31:**343
Foltz Daggett, Melissa A., **31:**65
Foote, Stephen L., **21:**391
Freeling, Michael, **28:**47
Fuchs, Elaine, **22:**5
Fujisawa, Toshitaka, **20:**281
Fujita, Setsuya, **20:**223
Fujita, Shinobu C., **21:**255
Fusenig, N. E., **22:**35

G

Gallicano, G. Ian, **31:**277
Galvin, Sharon, **22:**97
Gard, David L., **30:**215;**31:**383
Garrido, Juan J., **36:**115
Giacobini, Ezio, **21:**207
Giraldez, Fernando, **36:**115
Giudice, George J., **22:**5

Goetinck, Paul F., **25:**111
Gold, Joseph D., **29:**227
Golden, Jeffrey, **36:**51
Gong, Zhiyuan, **30:**177
Gonzalez, Cayetano, **36:**279
Gospodarowicz, Denis, **24:**57
Gossler, Achim, **38:**225
Graham, C. F., **23:**1
Grbic, Miodrag, **35:**121
Green, Howard, **22:**1
Greenfield, Andy, **34:**1
Grunz, Horst, **35:**191

H

Hainski, Alexandra M., **32:**103
Hake, Sarah, **28:**47
Hamilton, Richard T., **24:**193
Handel, Mary Ann, **37:**333
Harada, Hiroshi, **20:**397
Hardin, Jeff, **33:**159
Harris, William A., **29:**135
Hart, Charles P., **23:**233
Hart, Nathan H., **31:**343
Hassold, Terry J., **37:**383
Hatta, Kohei, **25:**77
Heimfeld, Shelly, **20:**257;**25:**155
Heintzelman, Matthew B., **26:**93
Hemmati-Brivanlou, Ali, **36:**75
Heng, Henry H. Q., **37:**241
Herrup, Karl, **21:**65
Hew, Choy L., **30:**177
Heyner, Susan, **24:**137
Hill, David P., **28:**181
Hill, Jeffrey P., **29:**325
Hinton, Barry T., **33:**61
Hoffman, Stanley, **35:**161
Hoffmann, F. Michael, **24:**289
Hogan, Brigid L. M., **24:**219
Holbrook, Karen A., **22:**127
Holowacz, Tamara, **30:**253
Holst, Alexander V., **36:**161
Houliston, Evelyn, **26:**53;**31:**41
Hrabe de Angelis, Martin, **38:**225
Huang, Lydia, **20:**257
Huang, Sen, **32:**103
Hunt, Patricia A., **37:**359

I

Iannaccone, P. M., **27:**235
Ide, Hiroyuki, **20:**79

Contributor Index

Imamura, Jun, **20**:397
Ishikawa, Tomoichi, **20**:99
Ishizuya-Oka, Atsuko, **32**:205

J

Jackson, Hunter, **21**:309
Javois, Lorette, **20**:257
Jeanny, J.-C., **20**:137
Jeffrey, William R., **31**:243
Johnson, Kurt E., **27**:92
Jonakait, G. Miller, **20**:165

K

Kanayama, Yoshio, **20**:325
Karr, Timothy L, **34**:89
Kasamatsu, Takuji, **21**:367
Katagiri, Chiaki, **20**:315
Katsu, Yoshinao, **30**:103
Keller, Cheryl A., **38**:35
Keller, Ray, **27**:40
Khaner, Oded, **28**:155
Kimmel, Charles B., **25**:77
Kitamura, Yukihiko, **20**:325
Klymkowsky, Michael W., **31**:455
Knapp, Loren W., **22**:69
Koizumi, Osamu, **20**:257
Kondoh, Hisato, **20**:153
Koopman, Peter, **34**:1
Kopf, Gregory S., **30**:21
Kostriken, Richard G., **29**:101
Krull, Catherine, **36**:145
Kulesa, Paul M., **36**:145
Kyo, Masaharu, **20**:397

L

Labus, Jacquelyn C., **33**:61
Lagna, Giorgio, **36**:75
Lan, Zi Jian, **33**:61
Larabell, Carolyn A., **31**:433
Le Douarin, N., **20**:291;**36**:1
Lehtonen, Eero, **22**:153
LeMaire-Adkins, Renee, **37**:359
Lennnarz, William J., **32**:39
Lerma, Juan, **36**:293
Levine, Richard B., **21**:341
Lievano, Arturo, **34**:117
Lievre, Christiane Ayer-Le, **20**:111
Lilien, Jack, **35**:161
Linney, Elwood, **27**:309

Litscher, Eveline S., **30**:1
Liu, Jun, **35**:47
Llamazares, Salud, **36**:279
Lobe, Corrinne G., **27**:351
Loh, Y. Peng, **21**:217
Loomis, William F., **28**:1
Lopez, Jacqueline M., **35**:47
Lord, Elizabeth M., **29**:325
Lyons, Gary E., **33**:263

M

Maeno, Mitsugu, **20**:315
Maines, Jean, **37**:301
Malotsky, A. Gedeon, **22**:255
Mamajiwalla, Salim N., **26**:123
Marchuk, Douglas, **22**:5
Marshall, Vivienne S., **38**:133
Martin, Paul, **32**:175
Martinez-Padron, Manuel, **36**:303
Matrisian, Lynn M., **24**:219
Matsunami, Hiroaki, **36**:197
McCarthy, Nicola J., **36**:259
McDaniel, Carl N., **27**:1
McKee, Bruce D., **37**:78
McLaren, Anne, **23**:163
McManus, Michael T., **20**:383
Meins, Jr., Frederick, **20**:373
Miller, Kathryn G., **31**:167
Millis, Albert J. T., **24**:193
Milner, Robert J., **21**:117
Mino, Masanobu, **20**:409
Miura, Masayuki, **32**:139
Moens, Peter B., **37**:241
Mohr, Christian D., **34**:207
Molina, Isabel, **27**:235
Molinaro, Mario, **23**:185
Moody, Sally, **32**:103
Moor, Robert M., **30**:147
Moore, Daniel P., **37**:264
Mooseker, Mark S., **26**:93
Morales, Aixa V., **36**:31
Morales, Miguel, **36**:293
Morrison, John H., **21**:391
Morton, Halle, **23**:73
Moscona, A. A., **20**:1
Muskavitch, Marc A. T., **24**:289

N

Nagahama, Yoshitaka, **30**:103
Nakagawa, Shinichi, **36**:197

Nakamura, Harukazu, **20**:111
Nakano, Toru, **20**:325
Nathanson, Mark A., **20**:39
Navara, Christopher, **31**:321
Ng, Y. K., **27**:235
Nilsen-Hamilton, Marit, **24**:96
Nishimiya, Chiemi, **20**:281
Noce, Toshiaki, **20**:243
Noll, Elizabeth, **35**:229
Nuccitelli, Richard, **25**:2

O

O'Brien, Deborah A., **37**:142
Ogawa, Masaharu, **20**:99
O'Guin, W. Michael, **22**:97
Ohlendieck, Kay, **32**:39
Ohta, Hitoshi, **20**:99
Okada, T. S., **20**:153
Ordahl, Charles P., **26**:145
Orr-Weaver, Terry L., **37**:264
Osborne, Daphne J., **20**:383
Owens, Kelly N., **38**:2

P

Palladino, Michael A., **33**:61
Parker, John, **38**:168
Parks, Thomas N., **21**:309
Partanen, Anna-Maija, **24**:33
Patterson, Paul H., **36**:183
Pearlman, Ronald E., **37**:241
Pedersen, Roger A., **29**:227
Perrimon, Norbert, **35**:229
Pfenninger, Karl H., **21**:185
Pimentel, Belen, **36**:211
Pittman, Douglas L, **37**:2
Plug, Annemieke, **37**:202
Poccia, D., **34**:26
Pokrywka, Nancy J., **26**:23;**31**:139
Pratt, Robert M., **22**:175
Puelles, Luis, **29**:1

R

Rabin, Mark, **23**:233
Rao, M. Sambasiva, **20**:63
RayChaudhury, Amlan, **22**:5
Reddy, Janardan K., **20**:63
Represa, Juan, **36**:115
Ripoll, Pedro, **27**:275

Roberts, Richard C., **34**:207
Robertson, Elizabeth, **20**:357
Rogers, Melissa B., **35**:1
Roher, Hermann, **36**:161
Rolfe, Barbara E., **23**:73
Roop, Dennis R., **22**:195
Rosa, Frederic, **24**:262
Rosenberg, Marjorie, **22**:5
Rosenblum, I. Y., **24**:137
Rossant, J., **23**:115
Rubenstein, John L., **29**:1
Ruddle, Frank H., **23**:233
Rudolph, Daniel, **33**:61
Ryder, Elizabeth, **36**:51

S

Sardet, Christian, **31**:41
Sargent, Thomas D., **24**:262
Sawyer, Roger H., **22**:235
Scarpelli, Dante G., **20**:63
Schatten, Gerald, **23**:23;**31**:321
Schatten, Heide, **23**:23
Schermer, Alexander, **22**:97
Schilling, Thomas F., **25**:77
Schimenti, John C., **37**:2
Schimmang, Thomas, **36**:115
Schmid, Volker, **20**:117
Schoenwolf, Gary C., **27**:129
Scholey, Jonathan M., **26**:71
Schroeder, Marianne M., **31**:383
Schultz, Richard M., **30**:21
Selwood, Lynne, **27**:175
Serna, Jose, **36**:211
Shames, Rose B., **22**:235
Shankland, Marty, **21**:31
Shapiro, Lucy, **34**:207
Shen, Sheldon S., **30**:65
Sherman, Michael I., **20**:345
Shi, Yun-Bo, **32**:205
Shimizu, Takashi, **31**:197
Sidman, Richard L., **21**:1
Simerly, Calvin, **31**:321
Sinha, Neelima, **28**:47
Solter, Davor, **23**:55
Sonoda, Takashi, **20**:325
Southworth, Darlene, **34**:259
Spudich, Annamma, **26**:9
Stark, H.-J., **22**:35
Stephenson, Edwin C., **26**:23
Stern, Claudio D., **36**:223

Contributor Index

Sternberg, Paul W., **25**:177
Strand, Michael R., **35**:121
Sueoka, Noboru, **20**:211
Sugiyama, Tsutomu, **20**:281
Sun, Fang Zhen, **30**:147
Sun, Tung-Tien, **22**:97
Suprenant, Kathy A., **31**:65
Sutcliffe, J. Gregor, **21**:117
Szaro, Ben G., **21**:217

T

Takeichi, Masatoshi, **36**:197
Takeuchi, Ikuo, **20**:243
Tasaka, Masao, **20**:243
Thomson, James A., **38**:133
Tochinai, Shin, **20**:315
Tokumoto, Toshinobu, **30**:103
Torres, Miguel, **36**:99
Traut, Walther, **37**:241
Trisler, David, **21**:277
Trounson, Alan, **32**:59
Truman, James W., **21**:99
Tyner, Angela L., **22**:5

U

Utset, Manuel F., **23**:233

V

Venuti, Judith, **34**:169

W

Wahls, Wayne P., **37**:38
Wakimoto, Barbara T., **38**:2
Wassarman, Paul M., **30**:1
Wasserman, Steven, **37**:301
Watanabe, Kenji, **20**:89
Wedeen, Cathy J., **29**:101
Weisblat, David A., **29**:101
Weissman, Irving L., **25**:155
Westerfield, John, **20**:257
Weston, James, **20**:195;**25**:134
Wickramasinghe, Dineli, **28**:126
Wiley, Lynn M., **35**:72
Winklbauer, Rudolf, **27**:40
Wolfner, Mariana F., **35**:47
Wright, Brent D., **26**:71
Wu, Gwo-Jang, **31**:321
Wurst, Wolfgang, **28**:181

Y

Yamada, Yasuyuki, **20**:409
Yamashita, Masakune, **30**:103
Yaross, Marcia, **20**:257
Yasuda, Glenn K., **38**:2
Yoshikuni, Michiyasu, **30**:103
Yuan, Junying, **32**:139

Z

Ziller, Catherine, **20**:177;**36**:1
Zolan, Miriam E., **37**:117